# 印刷色彩基础与实务


吴 欣 皮阳雪 李洪波 付香芹 林璟琪 编著

陈广学 主审



中国轻工业出版社

图书在版编目（CIP）数据

印刷色彩基础与实务 / 吴欣等编著. —北京：中国轻工业出版社，2024.1
ISBN 978-7-5184-2403-0

Ⅰ. ① 印… Ⅱ. ① 吴… Ⅲ. ① 印刷色彩学 Ⅳ. ① TS801.3

中国版本图书馆CIP数据核字（2019）第044295号

责任编辑：杜宇芳　　责任终审：劳国强　　整体设计：锋尚设计
策划编辑：林　媛　杜宇芳　　责任校对：吴大朋　　责任监印：张　可

出版发行：中国轻工业出版社（北京鲁谷东街5号，邮编：100040）
印　　刷：艺堂印刷（天津）有限公司
经　　销：各地新华书店
版　　次：2024年1月第1版第4次印刷
开　　本：787×1092　1/16　印张：11.75
字　　数：410千字
书　　号：ISBN 978-7-5184-2403-0　定价：59.80元
邮购电话：010-85119873
发行电话：010-85119832　010-85119912
网　　址：http://www.chlip.com.cn
Email：club@chlip.com.cn

240035J3C104ZBW

# 前言

《印刷色彩基础与实务》是将印刷复制业用到的印刷色彩理论与颜色处理技能融为一体的实用性教材。

教材按工作过程系统化课程开发理念，将彩色印刷复制的工作环境及生产流程中使用到的印刷色彩理论和颜色处理技能提炼出来，遵循印刷从业人员对印刷色彩理论的认知规律和应用技能间的逻辑关系，分层递进设计为 6 个学习情境：

情境 01　颜色如何形成，有何特点和规律

情境 02　颜色有何属性，如何表示

情境 03　印刷颜色如何形成，有何特点和规律

情境 04　如何辨识和调校印刷品颜色

情境 05　如何调配印刷专色

情境 06　如何测量与评价印刷品颜色

课程介绍视频

每个学习情境均以问题为线索，以典型案例或项目训练为引导，以落实立德树人为根本任务，以培养德智体美劳全面发展的社会主义建设者和接班人为宗旨。将爱岗敬业、诚实守信的社会主义核心价值观，将相关的行业法规、行业标准、团队协作和劳动光荣的职业素养以及精益求精的工匠精神，将爱党爱国、文化自信、道路自信、立志报国的人文情怀有机融入到每个学习情境中，让学生在知识与技能层层递进，工作与学习反复交递的过程中，培养学生的综合素养，使学生具备应用印刷色彩知识和相应的软硬件进行交流沟通、辨色、校色、配色和颜色测量与评价的职业能力。

教材的编写坚持“自主学习、理实结合、实用简明、学教互动、启发探究、易读好用”的理念，强调学生自主学习，突出学习的主动性、针对性、实用性和有效性。在处理学员与教师的关系、学习目标与内容、学习过程与评价、信息化课程资源开发与利用等方面，具有以下特点：

### 1. 学生学习自主化

每一个学习情境都有明确的学习目标、引导问题和学习评价项目，学生可以对照学习目标，学习评价项目，在问题引导下开始学习，并监控自己的学习效果。开放性的引导问题，强化了学生的自主地位，给学生留下

了充分思考、实践、合作交流的时间与空间，促进学生自主学习、观察、操作、交流和反思等活动，有利于培养学生良好的学习习惯，引导学生深入理解印刷色彩理论知识，提高其分析和解决问题的能力。

### 2. 学习目标工作化

课程的学习目标就是工作目标，通过真实的工作情境、案例或项目组织的学习过程，以问题引导、自主评价和小组评价相结合的主动参与式的学习模式，让学生在学习理解印刷色彩基本理论与色彩应用技能训练的过程中，达到学会工作的目的。

### 3. 学习过程行动化

每个学习情境都要学生从明确目标开始，在引导问题的指引下，开展学习讨论、实践体验、归纳总结、检查评价与反馈，让学生经历实践学习和解决问题的全过程，在实践行动中进行学习。

### 4. 评价反馈过程化

每一个学习情境的最后环节是评价与反馈，是对学习过程和结果的整体性评价，是学习的延伸和拓展。过程化的学习评价，可帮助学生初步获得总结、反思及自我反馈的能力，为提高其综合职业能力奠定必要的基础。

### 5. 学习媒体多样化

教材配备了全程微课，学员利用手机扫描二维码，即可直面聆听老师讲解，模拟操作。课程以微慕课的形式上线“学堂在线：https://www.xuetangx.com/course/GZLIS65011000692/10321421?channel=i.area.recent_search”和“智慧职教：https://mooc.icve.com.cn/course.html?cid=YSSGZ324776”平台，系统化、碎片化的慕课资源，将知识与技能化整为零、分层递进地呈现，有利于学员利用碎片化时间学习，提升学习质量和效率，学员可在开放互动的慕课平台中与老师和全国各地的学员交流探讨，开阔眼界，启迪思维。配套的雨课件，使课前预习、课上学习和课后练习紧密结合，学习变得更加智慧和生动有趣，让学生真正成为学习的主人。丰富的课程资源，便于学员选择不同的学习方式学习。构建人人皆学、处处能学、时时可学的良好生态。

教材适合于印刷从业人员及职业院校印刷类、包装类专业的学生学习，也适用于印刷行业协会组织的各类短期培训。

教材由广州市轻工职业学校高级讲师吴欣策划，并负责编写情境 1、情境 2 的内容，统稿汇编全书；中山火炬职业技术学院的皮阳雪高级工程师负责编写情境 5、情境 6 和情境 3 任务 3；中山建斌中等职业技术学校的李洪波讲师负责编写情境 3 任务 1、情境 3 任务 2 和情境 4 的内容；武汉技师学院的付香芹高级讲师参与部分图片处理与表格绘制；广州市轻工职业学校的林璟琪讲师参与编写情境 4；华南理工大学的长江学者、博士生导师陈广学教授对全书进行了主审。

下列职业院校的教师参与了配套的微课建设：

广州市轻工职业学校的常玉艳讲师，乌鲁木齐职业大学的孔真副教授，广东省新闻出版技师学院的高级讲师李延，东莞理工学校的郁智宏讲师，江门雅图仕职业技术学校的许昌和肖瑞平讲师，惠州市新华职业技术学校的阳冰清讲师。在此，对上述老师的积极参与表示衷心感谢。

特别致谢广州市恒松新材有限公司技术总监周遵炳经理和恒松专色配色中心的龚海森工程师对微课拍摄给予的大力支持。

教材参考了国内外许多相关的印刷专业书籍与技术资料，已将这些著作录入参考文献之中，在此致以诚挚的谢意！在本书编写框架的形成及完成过程中，得到北京今印联图像设备有限公司华南区孙春鹏经理，东莞当纳利印刷有限公司技术专家的热情支持，在此一并致以衷心感谢。

由于编著者学识水平有限，书中难免有不妥之处，恳请读者和同行不吝指正。

编著者

2022 年 11 月

# 致学员

亲爱的同学们、印刷企业的朋友们：

你们好！

欢迎你们学习“印刷色彩基础与实务”课程。

无论你们所学的专业方向是印前图文处理、印刷工艺、数字印刷技术，还是包装设计与印刷营销，无论你所从事的岗位是印前处理、印刷生产，还是管理与业务部门的跟单工作，通过本课程的学习，你将体验到彩色印刷复制的奇妙魅力，你会在真实的学习情境中，学习颜色的基本理论，掌握印刷颜色的混色规律，学会辨色、校色与配色的基本技能，掌握印刷品颜色质量评价的条件、方法与标准，获得从事印刷复制业所需的印刷色彩理论与应用技能。

为了便于引导学员学习、交流与思考，教材的编写以“张老师与小明”的对话形式展开，下面让我们先看看学习目录吧。

# 目录

# 印刷色彩基础与实务思维导图

印刷色彩基础与实务

## 情境01　颜色如何形成，有何特点和规律

### 任务1　颜色如何形成，有何特点

- 颜色-色觉-光-光源-印刷业与光源
- 物体呈色特性-消色物体- 彩色物体
- 眼球结构与功能、明视觉、暗视觉
- 色觉现象、颜色心理效应
- 颜色象征性与喜好
- 光源色对物体色的影响
- 环境、背景与物体色
- 颜色视觉理论

### 任务2　颜色有何规律，如何应用

- 色光加色法、色光混色规律、类型及应用
- 色料减色法、色料混色规律、类型及应用

## 情境02　颜色有何属性，如何表示

### 任务1　颜色有何属性

- 色相、明度、饱和度及相互关系
- 颜色三属性间关系

### 任务2　颜色如何表示

- 习惯命名与分光光度曲线表色
- CIE1931、CIELab、CIELu v、HSB表色
- RGB、CMYK、印刷色谱
- Pantone、孟塞尔表色

## 情境03　印刷颜色如何形成，有何特点和规律

### 任务1　原稿与印刷品颜色的关系

- 印刷颜色形成、原稿类别及分色要点

### 任务2　印前处理与印刷品颜色的关系

- 分色原理-印版-样张-分色参数
- 黑字与黑线条设色
- 灰平衡-UCR-GCR-网点

### 任务3　印刷生产及印后处理与印刷品颜色的关系

- 油墨特性-纸张特性与印品颜色
- 印刷色序、印刷状态与印品颜色
- 印后处理与印品颜色

## 情境04　如何辨识和调校印刷品颜色

### 任务1　印刷品中消色系颜色的辨识与调校

- 印刷品白色系颜色的辨识与调校
- 印刷品灰色系颜色的辨识与调校
- 印刷品黑色系颜色的辨识与调校

### 任务2　印刷品中原色系颜色的辨识与调校

- 印刷品黄色系颜色的辨识与调校
- 印刷品品红色系颜色的辨识与调校
- 印刷品青色系颜色的辨识与调校

### 任务3　印刷品中间色系颜色的辨识与调校

- 印刷品红色系颜色的辨识与调校
- 印刷品绿色系颜色的辨识与调校
- 印刷品蓝色系颜色的辨识与调校

## 情境05　如何调配印刷专色

### 任务1　经验法如何调配印刷专色

- 调配专色的原因、油墨颜色分类、配色原理
- 经验法概念、条件、十色图、操作、配色流程、注意事项

### 任务2　电脑配色系统如何调配印刷专色

- 电脑配色原因、配色系统构成、配色原理及特点
- 基础色样制作、建立油墨数据库、配色及注意事项

## 情境06　如何测量与评价印刷品颜色

### 任务1　评价印刷品颜色质量的条件

- 照明、环境、背景、观测、评价者生理和心理

### 任务2　评价印刷品颜色质量的仪器和工具

- 密度计、分光光度仪、放大镜、测控条

### 任务3　印刷品颜色质量评价的方法、内容与标准

- 主观评价、客观评价
- 客实地密度、相对反差、网点扩大、叠印率、灰平衡、色度、色差
- 印品颜色质量测评案例

### 任务4　印品测评

- 密度与反差测评、网点扩大测评、色度值测评、色差值测评

# 教学建议

建议使用本教材教学时，要根据不同学习情境的不同任务特点，采取问题引导、理实一体的策略开展学习，尽可能让学生在真实的工作情境中，通过教师操作示范、学生实践体验、小组学习讨论的“做中学、学中做、做中思”的学习活动，完成学习任务。各学习任务课时安排建议如下表：

| 序号 | 课程内容 | | 教学建议 | |
|---|---|---|---|---|
| | | | 课时 | 小计 |
| 1 | 情境 01 颜色如何形成，有何特点和规律 | 任务 1　颜色如何形成，有何特点 | 4 | 10 |
| | | 任务 2　颜色有何规律，如何应用 | 6 | |
| 2 | 情境 02 颜色有何属性，如何表示 | 任务 1　颜色有何属性 | 3 | 12 |
| | | 任务 2　颜色如何表示 | 9 | |
| 3 | 情境 03 印刷颜色如何形成，有何特点和规律 | 任务 1　原稿与印刷品颜色的关系 | 3 | 14 |
| | | 任务 2　印前处理与印刷品颜色的关系 | 6 | |
| | | 任务 3　印刷生产及印后处理与印刷品颜色的关系 | 5 | |
| 4 | 情境 04 如何辨识和调校印刷品颜色 | 任务 1　印刷品中消色系颜色的辨识与调校 | 2 | 6 |
| | | 任务 2　印刷品中原色系颜色的辨识与调校 | 2 | |
| | | 任务 3　印刷品中间色系颜色的辨识与调校 | 2 | |
| 5 | 情境 05 如何调配印刷专色 | 任务 1　经验法如何调配印刷专色 | 6 | 12 |
| | | 任务 2　电脑配色系统如何调配印刷专色 | 6 | |
| 6 | 情境 06 如何测量与评价印刷品颜色 | 任务 1　评价印刷品颜色质量的条件 | 1 | 6 |
| | | 任务 2　评价印刷品颜色质量的仪器和工具 | 1 | |
| | | 任务 3　印刷品颜色质量评价的方法、内容与标准 | 4 | |
| | | 任务 4　印品测评 | | |
| 合计 | | | 60 | 60 |

# 颜色如何形成，有何特点和规律

## 学习目标

完成本学习情境后，你能实现下述目标：

### 知识目标

❶ 能解释颜色的定义。
❷ 能说明颜色形成的四个要素。
❸ 能说明颜色与光源、光、物体、环境、背景及视觉器官之间的关系。
❹ 能解释物体的呈色机理。
❺ 能解释色光和色料的混色规律、色光互补色与色料互补色。
❻ 能解释常见的颜色现象及心理感受。

### 能力目标

❶ 能正确选择印刷生产和印品检测所用的光源、环境与背景条件。
❷ 能比较色光与色料混色的异同，并能熟练写出混色方程。
❸ 能区分油墨的三原色、间色与复色。
❹ 能利用色料三原色调配出给定的间色。
❺ 能举例说明色料互补色和色料减色代替律的应用。

建议10学时完成本学习情境

## 内容结构

颜色如何形成？有何特点和规律？

- 1. 颜色如何形成？有何特点？
  - 颜色-色觉-光-光源-物体-视觉器官
  - 色觉现象-颜色心理效应-颜色象征性与喜好
  - 光源色-环境色-背景色-物体色
  - 颜色视觉理论
- 2. 颜色有何规律？如何应用？
  - 色光混色规律及应用
    - 色光三原色、色光加色法
    - 色光混色规律、类型及应用
  - 色料混色规律及应用
    - 色料三原色、色料减色法
    - 色料混色规律、类型及应用

学习任务 1

# 颜色如何形成，有何特点

（建议 4 学时）

## 学习任务描述

本学习任务以一组彩色印刷图片为例，展开对颜色的基本概念，颜色视觉的形成过程，颜色与光源、光、彩色物体、视觉器官、环境和背景的关系，光源、光以及物体的颜色特性和人的视觉特性，印刷业对光源、环境和背景的要求，人的色觉现象与颜色心理效应的学习与应用。

重点 光源、光以及物体的颜色特性，印刷业对光源的要求。

难点 颜色视觉的三大理论。

## 引导问题

带着问题去学习能提高学习的针对性和有效性，能够引导学员主动思考和学以致用。本任务的学习能解决如下问题：

❶ 颜色是什么？色觉是怎么形成的？

❷ 色觉形成的四要素是什么？

❸ 光是怎么产生的？光与色是什么样的关系？

❹ 光可以分为几类？光有何特性？

❺ 光源是什么？光源与光的关系？印刷业如何选用光源？

❻ 彩色物体与消色物体有何特性？人的视觉器官有何结构与功能？

❼ 颜色有哪些心理感受？常见的色觉现象有哪些？在印刷复制时如何应用？

## 一、颜色基础知识

张老师：彩色印刷品无处不在，请看图1–1。

图1–1中，不管是吊牌、服装广告、产品包装、光盘标贴，还是花卉、书籍的封面，首先映入眼帘的是颜色，颜色体现出先声夺人的力量。在彩色印刷品复制中，颜色质量位于印刷品质量指标之首。

第1讲

小　明：颜色确实非常重要，我上街买衣服时，首先考虑的是颜色，其次才是面料和款式。我很想知道颜色到底是什么？

张老师: 针对这个问题，我们一起来看看图1–2。

### ❶ 颜色是什么

张老师: 颜色实际上是人的一种视觉感受，即色觉。我国印刷行业标准对颜色的定义是：颜色是光作于人眼后引起的除形像以外的视觉特性。图1–2中，人眼所看到的铅笔，除了六棱柱的铅笔杆和削成圆锥体的铅笔尖的组合结构外，剩下的信息就是颜色了。

小 明: 您说颜色是一种视觉感受，那么这种感受是如何形成的?

图1–1 印刷品颜色

图1–2 颜色定义

### ❷ 色觉如何形成

张老师: 图1–3是颜色视觉的形成过程图。彩色物体受到光的照射，根据自身化学特性对光进行选择性吸收，将剩余的光线透射或反射出来，刺激人眼的视觉细胞后，经过视神经传导到大脑中枢，形成颜色感觉。如果光源直接照射人眼，则光源发出的光直接刺激人眼的视觉细胞后，再经过视神经传导到大脑中枢，形成色觉。

小 明: 那就是说，形成颜色感觉首先必须有光的照射，其次还要有彩色物体，第三还需要人眼与大脑。

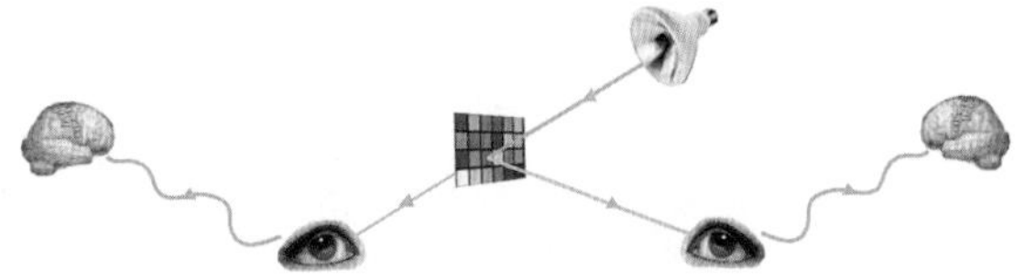

图1–3 色觉的形成

### ❸ 形成色觉的条件

张老师: 是的，光、彩色物体、视觉器官和大脑，是形成颜色的四个基本要素。如果没有光，人眼什么也看不到，更谈不上颜色了；如果有光，但没有物体时，除了能看到光自身的颜色外，看不到其他颜色，如看空气是看不到颜色的；如果人的视觉不健全，如色弱或色盲者，虽然能看到颜色，但其色觉是不正确的；如果大脑不正常，也不可能形成正常的色觉。

小 明: 看来光是形成色觉的第一要素，那么光是怎么产生的? 又有何特点呢?

## 二、光的基础知识

张老师: 从物理学的角度来说，光是光源发出的电磁波，从生活的角度来说，看得见的电磁波称为光，发光体称为光源，如图1–4所示。

小 明: 光是电磁波? 我的手机发射的也是电磁波，怎么看不见呢?

张老师：电磁波的波长范围十分宽广，从$10^{-14}$m至$10^{8}$km，而人眼能看见的电磁波十分有限，其波长范围是380~780nm（1nm=$10^{-9}$m）。光的波长不同，其颜色也不相同，如图1–5所示。

第2讲

光是由光源发出的电磁波；可见光是人眼看得见的电磁波；能发出光的物体称为光源。

小　明：我每天工作、学习和生活在有光的环境里，但我还不知道光有哪些特性呢？

图1–4　发光体

张老师：光最显著的特性是波粒二象性。

① 光在传播过程中以横波的形式进行，如图1–6所示。

② 光照射到物体表面时，以粒子的形式同物体产生作用，引发能量交换或发生光化学反应。如光电倍增管和CCD等光敏元件，受到光的照射后产生电流，即光能转变成电能了；而照相机所用的胶卷，曝光后得到的影像则是光化学反应的产物。

小　明：光除了上述两种特性外，还有其他特性吗？

张老师：我们来看看英国著名物理学家牛顿在1666年做的光的色散实验吧。

从图1–7可以看出，白光经过三棱镜后分解为红、橙、黄、绿、青、蓝、紫等颜色光。为什么会出现这种现象呢？这是因为不同波长的光在空气中和玻璃中的折射率不同，使光的传播方向发生了改变。这一实验证明白光是由多种波长的单色光组成的。我们把由多种单色光混合而成的光称为复色光；而只有一个波长，不能再分解的光叫单色光。太阳光、生活中所用的日光灯、白炽灯等光源所发出的光都属于复色光。不同颜色的光按一定顺序排列而成的色带我们称为光谱；把复色光由棱镜分解为单色光而形成光谱的现象叫作光的色散。

小　明：我明白了，光除了波粒二象性外，在不同介质中传播时还会改变方向，产生色散现象，并且光可分为单色光和复色光。那么光与色是什么关系？

张老师：光是色的源泉，色是光的表现，有光才可能有色，无光便是无色。

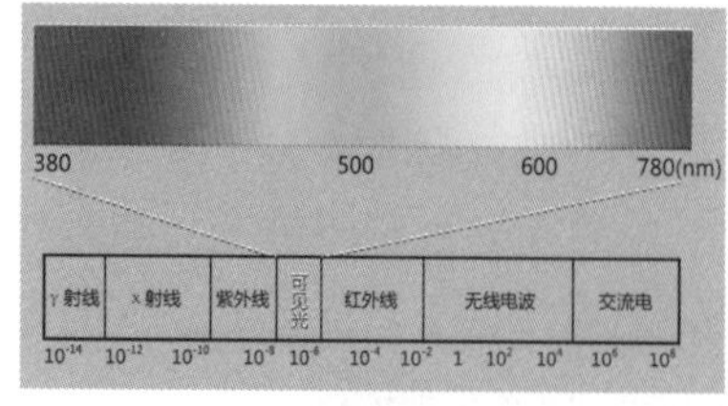

图1–5　可见光波长范围（nm）

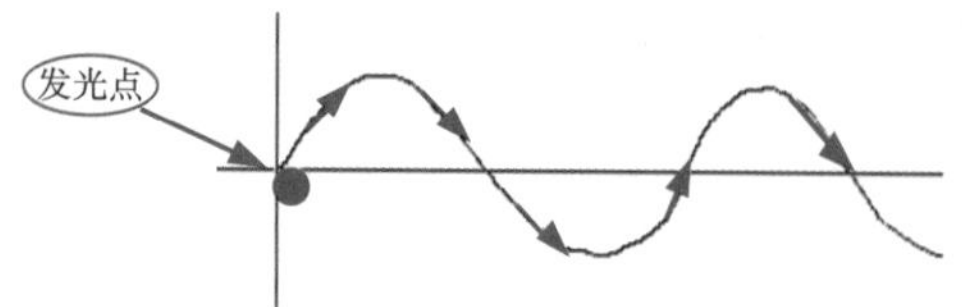

图1–6　光的波动性

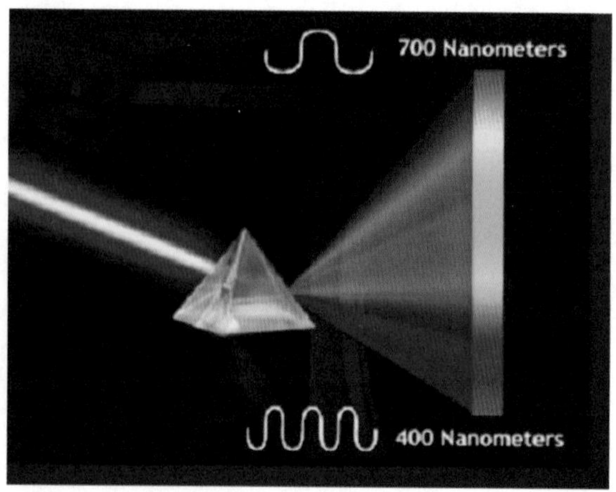

图1–7　光的色散实验

小　明: 光是由光源发射出来的，光源有什么特性呢？印刷业与光源有何关系？

## 三、光源及特性

### ❶ 光源及分类

张老师: 这个问题提得太好了，因为印刷业离不开光源。光源是发射光的物体，可分为自然光源、生物光源和人造光源。太阳是最典型的自然光源，水母和萤火虫是生物光源，家用日光灯、白炽灯泡及LED灯属于人造光源。印刷车间和印前制作室所用的照明光源、晒版机所用光源、电子分色机和扫描仪所用的光源、用于测量颜色的密度计和分光光度计所用的光源都属于人造光源，如图1–8所示。光源的颜色特性通过“色温、显色性和亮度”指标体现。

第3讲

小　明: 印刷业对光源有何要求？如何选择光源呢？

### ❷ 印刷业对光源的色温要求

张老师: 印刷业对光源的要求主要体现在色温、显色性和亮度指标上。色温决定光源发出光的颜色，一般色温高的光源，发出的光色偏蓝，而色温低的光源，发出的光偏红色，如图1–9所示。

小　明: 印刷业如何选用光源的色温呢？

张老师: 我国印刷行业标准规定，观察透射样品时，照射光源应符合ISO3664—2009印刷标准观察条件，即选用相关色温为5003K的D50标准光源；观察反射印刷样品时，选用相关色温为6504K的D65标准光源。因为人们是以日光条件下观色为标准，这两种标准光源发出的光的颜色与正常条件下日光的颜色十分接近。

小　明: 光源的显色性指的是什么？印刷业对光源的显色性又有何要求呢？

第4讲

### ❸ 印刷业对光源的显色性要求

张老师: 显色性是衡量光源发出的光照射到物体之后，再显现物体颜色的能力，一般用显色指数（Ra）来量度光源的显色性，印刷业要求Ra>90。显色指

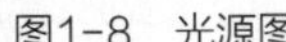

图1–8　光源图

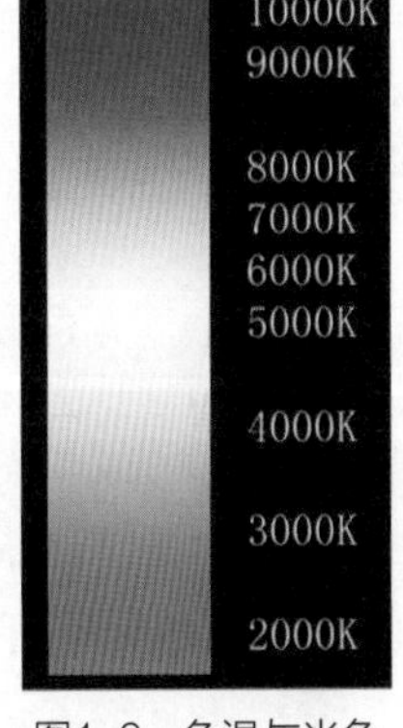


图1–9　色温与光色

数越高，就说明物体在光源下显示的颜色与在日光下显示的颜色越接近，如果二者看起来完全相同，显色指数就是100，如图1–10所示。

小　明：我知道光源的亮度很重要，因为太亮了或太暗了，眼睛都无法看到最佳效果，那么印刷业对光源的亮度又有何要求？

正常日光（显色指数高）

标准光源（显色指数高）

一般光源（显色指数低）

图1–10　显色指数对比图

### ❹ 印刷业对光源的亮度要求

张老师：亮度是指发光体（反光体）表面发光（反光）强弱的物理量。光源的功率小，光源的亮度就低；光源的功效大，但光源使用太久后，其亮度因光衰作用也会降低，如果亮度太低，是不便于查看颜色的。亮度太高的话，光线刺激眼睛，也不可能看出最佳效果。因此，观看反射印刷品时，光源的照度要达到500~1500Lx（Lx：照度单位勒克司）；观看透射印刷品，则其被观察面的亮度要达到（1000±250）cd/m$^2$（cd/m$^2$：亮度单位坎德位）。

图1–11　印刷生产车间照明场景（用普通日光灯照明）

小　明：对于印刷公司来说，购买照明灯管时一定要选购标准光源D50或D65，且还要检测其亮度是否达到要求。

图1–12　印刷机的看样台（标准光源D50/D65）

张老师：是的，标准光源D50和D65的色温符合要求，且显色指数一般都在90% 以上，用它们来观察印刷样品的颜色质量是最理想的。但是，由于标准光源是普通日光灯管价格的十几至几十倍，生产车间照明灯全部选用的话，会增大企业成本，因此一般生产车间还是用日光灯去照明。需要强调的是在看样台和质检处，一定要选用标准光源D50或D65。现在较多的企业在品检处选用D50，严格来说，透射印刷品选用D50，反射印刷品选用D65。图1–11至图1–13所示为印刷企业生产车间与看样

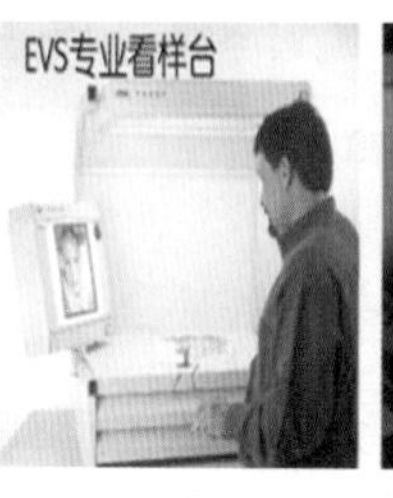

图1–13　比色灯箱（标准光源D50/D65）

台的实境。

小　明: 在实际印刷生产与印刷品质检测中，常用到的标准光源与标准看样台有哪些类型呢?

## ❺ 印刷企业如何选用照明条件?

张老师: 印刷业用的标准光源是D50与D65，其形状就是一根小型的日光灯管，但一般都与灯具组合成一个照明体，常见的如图1-14至图1-17所示。

小　明: 我去印刷公司参观时，发现一些印刷车间的胶印机控制台上的看样灯用的是一般的日光灯，有的公司虽然用的是标准光源D50，但是灯用了很久也不换，这种做法对印刷生产有无影响?

图1-14　反射印刷品看样台

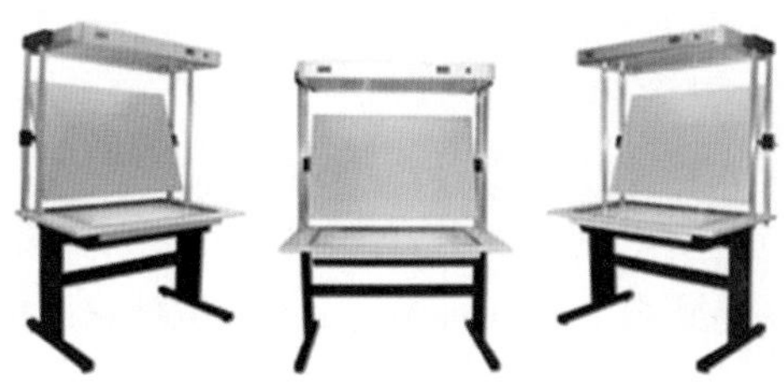

图1-15　透射与反射印刷品两用看样台

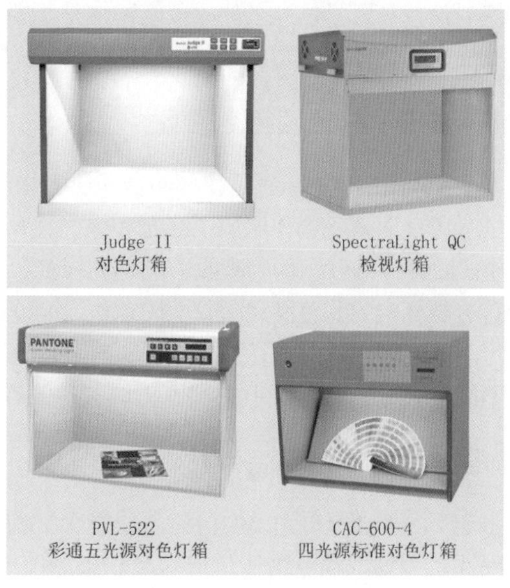



Judge II
对色灯箱

SpectraLight QC
检视灯箱

PVL-522
彩通五光源对色灯箱

CAC-600-4
四光源标准对色灯箱

图1-16　桌面比色灯箱

## ❻ 企业使用光源存在的问题?

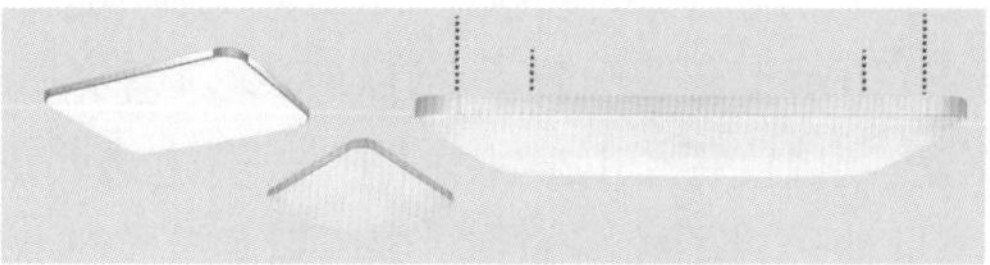

图1-17　印刷吊射光源

张老师: 你说的这种现象确实普遍存在，尤其是一些规模较小的印刷公司，生产与管理很不规范，无论是公司的老板还是印刷生产主管与机长，他们都忽视了标准光源的重要性。如果印刷机的看样台和印品检验台选用普通日光灯，会因普通日光灯的光色偏冷，给印刷样张的颜色评价带来较大的影响，从而误导生产，增大废品的风险。使用标准光源D50看样时，用久了不换，由于其光能量衰减，亮度不够，也会直接影响观测结果。因此，定期更换标准光源十分重要，一般标准日光灯的使用寿命为1500h，而标准LED灯为10000h。

小　明: 如果印刷公司没有购买标准光源，能否创造条件看样呢?

张老师: 在天气晴好时，可利用生产车间北窗下的自然光看样，而避免在强烈直射的日光下评价颜色。因为北窗下的自然光线柔和稳定，色温接近5000~6000K，显色性优良。当然最好的办法是说服老板购买标准看样台了，其实也不贵，一般的看样台2000元左右，好点的上万元。

小　明: 色觉形成的第二个要素是物体，为什么花有红与绿之分？为什么我们生活和工作的空间里，不同物体呈现出了不同的颜色？对印刷品的呈色我更感奇妙？我很早就想弄明白这其中的道理了。

## 四、物体的呈色特性

张老师: 你问的这个问题太重要了，因为色彩丰富的印刷品都是通过不同种类的油墨叠印或套印而成，明白了物体的呈色原理，就能很好地理解油墨的呈色特性。虽然自然界的物体无数，但从颜色的角度进行分类是很简单的，只有彩色与消色（无彩色）之分。彩色物体是指具有选择性吸收和反射（透射）不同波长光的物体，如图1–18和图1–19所示。

第5讲

### ❶ 彩色物体的颜色特性

张老师: 图1–18中，绿色物体吸收了白光中的蓝光和红光，反射了绿光，所以人眼看到该物体呈绿色；而蓝色物体吸收了红光和绿光，反射了蓝光，所以人眼看到该物体呈蓝色。而图1–19中，酒杯中的红色酒因吸收了蓝光和绿光，透过了红光，所以人眼看到左边的酒杯呈红色，而右边酒杯中的蓝色酒因吸收了红光和绿光，透过了蓝光而呈现出蓝色。

小　明: 我明白了，彩色物体之所以呈现出不同颜色，是因为其具有选择性吸收与反射（透射）不同波长光的特性。但是黑、白、灰色的物体为何又看不到彩色呢？

### ❷ 消色物体的颜色特性

张老师: 在这里首先要明白消色的概念：消色是指从白到黑的一系列灰色，人们也把它们称为中性灰系列。消色物体是指具有非选择性地吸收和反射（透射）不同波长光的物体，如图1–20所示。

在图1–20中，左边浅灰色茶杯非选择性即等比例地吸收了白光中少量的红、绿、蓝光，等量地反射了较多的红、绿、蓝光刺激人的眼睛，虽然人眼受到红、绿、蓝光的刺激是相等的，但由于杯子吸收了少许红、绿、蓝光，使人眼看到的色光相加混合的亮度降低，所以呈现出浅灰白色杯子的效果。同理，右边透明玻璃杯等量地吸收了极少量的红、绿、蓝色光，同时等量地透过了较多的红、绿、蓝色光，人眼看到该玻璃杯为透明的浅灰色。

小　明: 在这里我觉得“非选择性吸收和反射（透射）”这一特点不好理解，是不是说只要是照射到物体上的光，该物体如果吸收的话就全部都吸收，不作任何选择，如果反射或透射的话就全部反射或透射。

图1–18　彩色反射体呈色特性

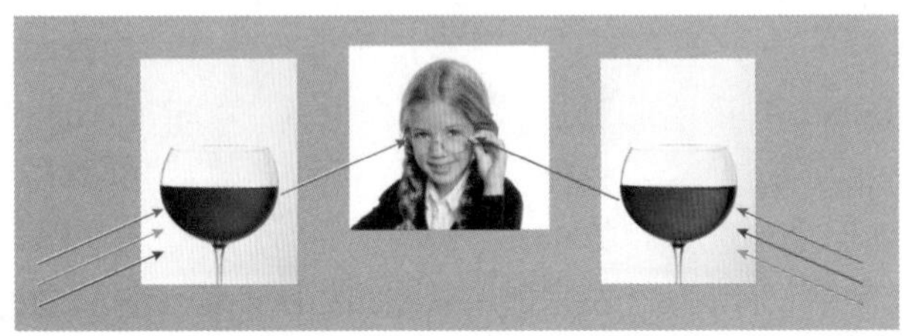

图1–19　彩色透射体呈色特性

张老师: 你只理解对了一半，非选择性吸收和反射（透射）是指对照射到物体上的各种不同波长的光等比例地吸收和反射（透射），并不一定是全部吸收或反射（透射），如图1–21所示。

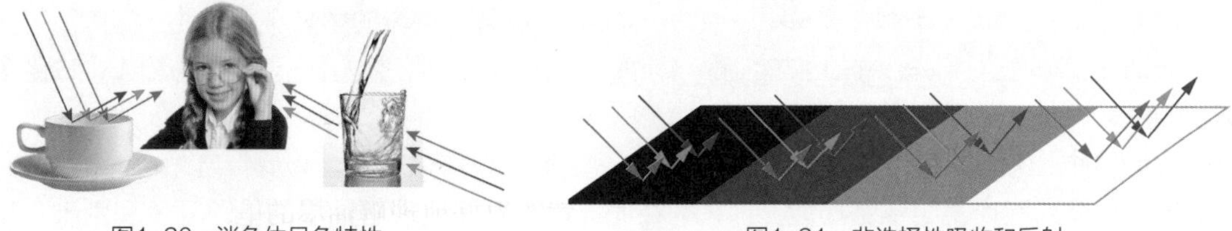

图1-20　消色体呈色特性　　图1-21　非选择性吸收和反射

小　明: 我现在清楚了：消色物体等比例反射光的能量越多，物体的颜色就显得越明亮，如果100% 的等比例反射所有波长的光，则消色物体看起来就是白色了。如果等比例地反射（透射）的光能量很少，则消色物体看起来就是深灰色或接近黑色了。色觉形成的第三个要素是人的视觉器官，我每天睁眼享受生活中的美色，但并不清楚眼睛的构成及其功能。

## 五、眼球的结构与功能

张老师: 了解人的眼球结构与功能，对认识颜色的特性与合理运用颜色的规律十分重要，我们先看看图1–22及相应的标示。

第6讲

从图1–22中可看出，眼球由外层、中层和内层构成。外层由角膜和巩膜构成，分别起到透过光线和保护眼球的作用；中层由虹膜和脉络膜构成，虹膜向内收缩形成瞳孔，调节进入眼球内的光量，而脉络膜起到吸收杂光的作用；内层的视网膜起到感光成像的作用，是眼球中最重要的部分了，晶状体起折射光线作用，玻璃体就像照相机的暗箱。

小　明: 您说视网膜是眼球中最重要的部分，那么视网膜有什么样的构造与功能？

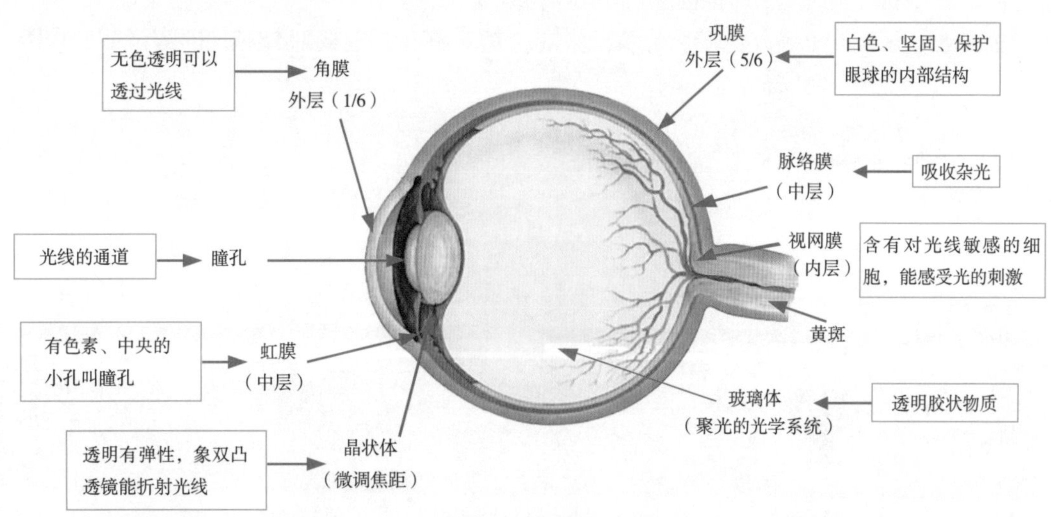


图1-22　眼球结构与功能

## ❶ 视网膜有何结构与功能

张老师：在人眼的视网膜中分布着700万个锥体细胞和12000万个杆体细胞，其中锥体细胞的外形呈锥状，此处因锥体细胞数量多而呈黄色，故称为黄斑，黄斑的中央有一凹处，如图1–22所示，此处是人的视觉最敏锐的地方。而杆体细胞呈细长的杆状形，分布在除黄斑以外的整个视网膜上。

小　明：两种不同的细胞分别有何作用？

张老师：锥体细胞产生明视觉功能，即只有在光亮的条件下，才能分辨物体的颜色和细节，执行颜色视觉功能。杆体细胞产生暗视觉功能，即在较暗的情况下分辨物体的明暗和轮廓，是没有颜色感觉的视觉功能。

小　明：那就是说，要想看到物体丰富的颜色和细微层次的变化，必须在较明亮的情况下，依靠锥体细胞来辨别；在较暗时，则依靠杆体细胞来识别物体的明暗和轮廓了。

张老师：是的，在印刷复制过程中除了对光源的色温和显色性有要求外，如前面所述：看透射印刷品，则其被观察面的亮度应为（$1000 \pm 250$）$cd/m^2$，看反射印刷品，必须要求光源的照度达到（500~1500）Lx。同时还应调节观察部位的距离和角度，使之正对瞳孔，使物体影像恰好聚焦在视网膜的中央凹处，这样才能清晰准确地观察和评价物体的颜色与细节。

小　明：视网膜中的锥体细胞是形成颜色视觉的重要部分，如果视觉器官中的锥体细胞不正常，人眼就看不到正常的颜色了，印刷复制业对人的视觉有没有特殊要求？

## ❷ 印刷复制业对人的色觉要求

张老师：彩色印刷复制业需要工作人员有真实辨别颜色的能力，现实生活中的绝大多数人都具有健全的视觉器官，都能准确地辨认各种颜色，但也有少数人，因视网膜或视神经的缺陷而不能正常辨别颜色，即存在色觉缺陷，也称异常色觉者。色觉异常又分为色盲和色弱两大类。图1–23为红绿色盲测试图，如果不能正确辨认图中的数字即为红绿色盲或全色盲。

色盲种类很多，有全色盲、红色盲、绿色盲、红绿色盲、蓝黄色盲，但最常见的是红绿色盲，即只能看到黄色和蓝色，而不能辨别红色和绿色。

色弱分为全色弱和部分色弱，与色盲不同的是对所有彩色或部分彩色的辨色能力较差。

> 色盲通常男多于女，发生率在我国男性约为 5% ~ 8%、女性 0.5% ~ 1%；日本男性约为 4% ~ 5%、女性 0.5%；欧美男性 8%、女性 0.4%。

正常者15
（非正常者17）

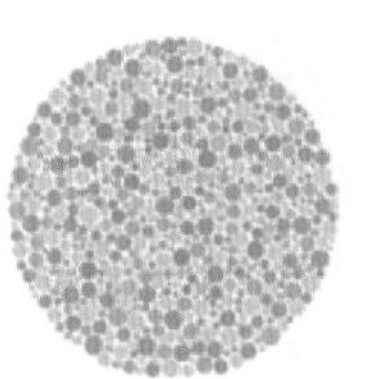

正常者29
（非正常者70）

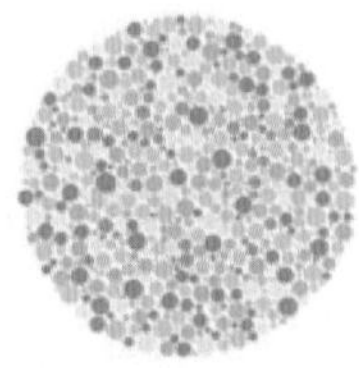

正常者73
（非正常者62）

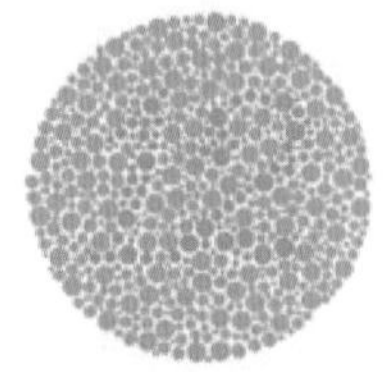

认不出12
为全色盲

正常者6
（非正常者9）

图1–23　红绿色盲测试图

因此，请记住："色盲和色弱者都不能从事彩色印刷复制工作，但可以在印刷公司中从事与颜色无关的工作岗位，如装订等印后加工、行政管理或其他与颜色不相关的事务。"

小　明：我在观察物体颜色时，发现同样的一种颜色，放在不同背景上，物体的颜色会呈现出不同的效果。有的人喜欢红色，但也有一些人看到红色就心情烦躁，这是怎么回事呢？

## 六、色觉现象及应用

张老师：人眼的视网膜受到光的刺激后，会将信息传送到大脑，随后大脑将按它贮存的经验、记忆和对比去识别这些传来的信息。不同的人因其经验和感受不同会产生不同的色觉，这是人类在自然环境中长期生活所具有的适应性和保护性造成的，从而造成色彩设计和复制的复杂性。因此，颜色复制工作者了解常见的色觉现象及心理效应是十分必要的。

第7讲

小　明：对一般人而言，常见的色觉现象有哪些？

### ❶ 颜色辨认

张老师：前面讲过："光的波长不同其颜色不同"，但在实际的颜色视觉中，波长与颜色并不完全是一一对应的恒定关系，随着光强度的变化，颜色在一定的范围内变化。经过实验测定，发现随着光强度的增加，在可见光谱区域，颜色会向红色或蓝色方向变化，只有黄色（572nm）、绿色（503nm）和蓝色（478nm）这三点的颜色不变，如图1–24。人眼可分辨出16000多种不同的颜色，最敏感的波长在490nm及590nm附近，最迟钝的是光谱两端的颜色，如图1–25所示。

### ❷ 颜色对比

张老师：在视场中，相邻区域不同颜色的相互影响叫作颜色对比。颜色对比分为明度对比、色相对比和饱和度对比。

明度对比如图1–26所示，可以看出：同一灰度的正方形在不同背景下所感觉到的明暗程度是不相同的，同一朵鲜花在不同明度的背景下，所感受到的效果也不相同，这就是明度对比产生的不同效应。在书刊印刷中文字之所以用黑墨印刷就是因为黑与白放在一起，明暗对比鲜明、清晰醒目，便于阅读。

图1-24　光强度改变人眼颜色感觉不变的三点颜色

图1-25　光谱两端的颜色人眼感受最迟钝

图1-26　明度对比

色相对比如图1–27所示，可以看出：不同色相的颜色配置在一起时，会使每一颜色的色调向另一颜色的互补色方向变化。图中的三对互补色放在一起，彼此对比更加强烈、鲜明。

饱和度对比如图1–28所示，可以看出：饱和度不同的颜色配置在一起时，饱和度高的显得更鲜艳，饱和度低的显得更浑浊。

小　明: 在生活中从暗处走到亮处时，眼睛看东西感觉有点不适应，但过会又正常了，这是什么现象呢?

图1-27　色相对比

图1-28　饱和度对比
（图中小圆饱和度均为-50，其余处饱和度均为+50）

### ❸ 颜色适应

张老师: 这是一种颜色适应现象，在了解颜色适应之前先认识亮度适应。众所周知，正常人的视觉有很强的适应性，既可以在阳光灿烂的中午或灯光明亮的车间里观察物体，也能在朦胧的月光或微弱的灯光下观察物体。当照明条件改变时，眼睛通过一定的生理调节过程对光的亮度进行适应，以获得清晰的影像，这个过程称为亮度适应。亮度适应分为暗适应和明适应两种情况。

① 暗适应

张老师: 暗适应：当光线由亮变暗时，人眼在黑暗中视觉感受性逐渐增强的过程。如看日场电影时，从明亮的阳光下走进已开演的影院内，刚开始眼前漆黑一片，过几分钟后，能够隐隐约约看到观众的影子，十几分钟后，基本适应了周围的环境，甚至可以借助银幕影像的微弱光看清椅背上的号码，其过程如图1–29所示。

② 明适应

明适应：当光线由暗转亮时，视网膜对光刺激的感受性降低的过程。如看完日场电影后走出影院，来到日光下，起初会感到强光耀眼，但很快便能看清周围的景物，其过程如图1–30所示。

一般暗适应时间长些，需几分钟至十几分钟，明适应时间短些，只需几十秒至一分钟左右。这两种现象是因为在暗处视网膜中的杆体细胞起作用，而在明处仅锥体细胞起作用，当人处在明暗交替变化的环境中时，视觉的二重功能交替作用的结果。

小　明: 印前制作部门的版房里，工作时用红灯作安全灯，还有工作人员戴红色的眼镜出出进进的，这是什么原因?

张老师: 这是因为版房里常用的拷贝片是正色片，由于正色片对红光不感光，所以可以用红灯作为安全灯。其次是因为红光只对锥体细胞起作用，对杆体细胞不起作用，所以红光不会阻

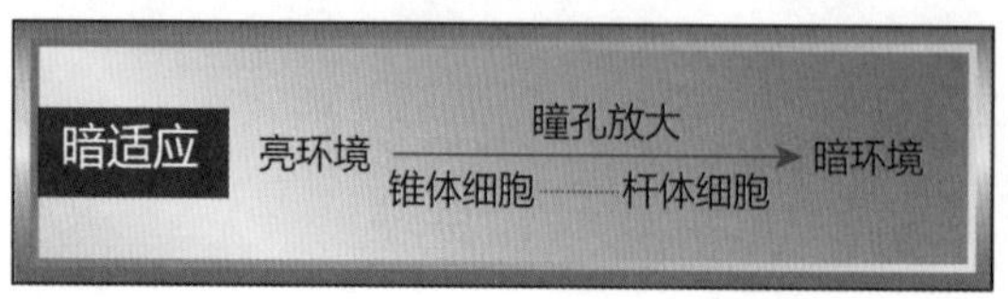


图1-29　暗适应

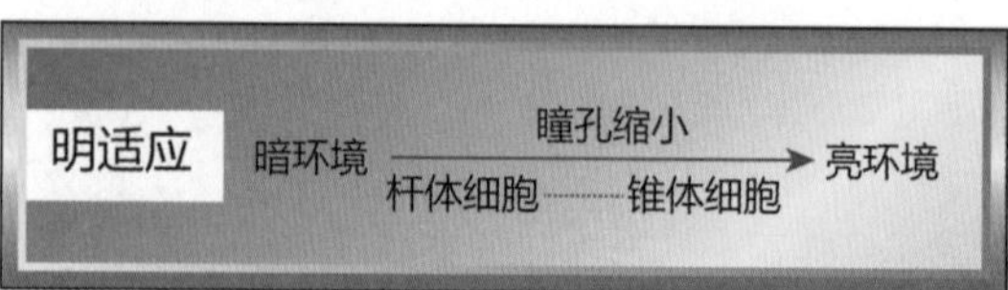


图1-30　明适应

碍杆体细胞的暗适应过程。在暗室工作的人员进出暗室时，戴上红色眼镜，从明亮的地方再回到暗室时，就不需要重新暗适应。这样既可节约工作时间，又可保护眼睛。还有车辆的尾灯采用红灯也是有利于司机在夜晚行车时的暗适应。夜间飞机驾驶舱的仪表采用红灯照明，既可保证飞行员看清仪表，又能保持视觉的暗适应状态，如图1–31所示。

图1-31　明暗视觉适应性运用

小　明: 在生活、工作和学习中，时常有这种感受，当看某一颜色看久了，马上转移去看别的颜色时，会感觉颜色有一些变化，这是什么现象?

③ 颜色适应

张老师 ：这是一种颜色适应现象，颜色适应是指先看到的颜色对后看的颜色的影响所造成的色觉变化。如人眼注视青色几分钟之后，再将视线移至白纸背景上，这时感觉到白纸并不是白色，而呈现出青的补色——浅红色，产生颜色的负后相效应，如图1–32所示。但经过一段时间后又会恢复到白色的感觉，这一过程称为颜色适应。

小　明: 颜色适应对彩色印刷复制有何影响?

张老师: 颜色适应对印刷复制来说是有负面影响的，图1–33为在不同照明条件下的颜色适应，因此在工作中要引起注意，避免频繁地在不同色温的光源下流动工作。对印刷产品作评价时，要抓住最初一瞥的颜色感觉。

小　明: 在日常生活中，人们总是认为一些物体的颜色是不变的，如雪是白色的，而煤是黑色的，这是一种什么颜色现象呢?

## ❹ 颜色恒定

张老师: 这是一种颜色的恒定现象，即在照明和观察条件发生一定变化时，人们对物体的颜色感觉保持相对稳定的特性，叫做颜色恒定。如白天的雪花和月光下的雪花，其颜色肯定是不一样的，但当人们谈到雪花时，都会认同雪花是白色的，如图1–34所示。还有人们经常看到天空的蓝色、树叶的绿色、鲜艳的五星红旗等，不管光源的照明情况怎样变化，人们对这些颜色的感觉都是一致的。这表明物体的颜色并不完全取决于光、物体和视觉器官，还受人们视

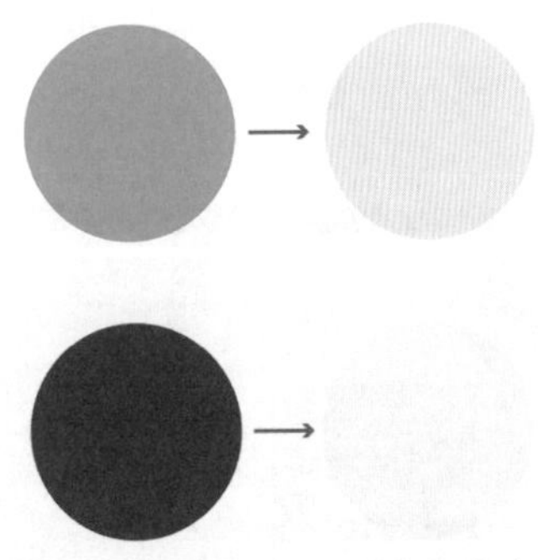

图1-32　颜色适应的负后相效应

在白炽灯照明下的颜色效果

在青色灯光照明下的颜色效果

图1-33　颜色适应

图1-34 颜色恒定

觉经验即大脑产生的心理作用的影响。通常把这些具有颜色恒定性的颜色称为记忆色。因此，对于从事颜色复制工作的人员来说，仅凭目测去评价色彩是不够的，因为人都会受到记忆色的影响，因此必须借助相关仪器才能准确地评价，这也是彩色复制工作不能只凭经验，而必须推行数据化、规范化和标准化的原因之一。

小 明: 通过您的讲解，我对颜色辨认、颜色对比、颜色适应和颜色恒定等常见的颜色视觉现象有了基本的认识，但对颜色的心理感受还缺乏系统的了解。

## ❺ 颜色的心理感受

第8讲

张老师: 颜色的心理感受主要有以下几方面:

① 颜色的冷暖感: 如红色、橙色、橙黄色，使人联想到火、太阳、炽热的金属，给人以温暖的感觉，常称这些颜色为暖色，如图1–35所示。

青色、蓝色、深绿色，使人联想到水、蓝天、树荫，给人阴凉和寒冷的感觉，常称这些颜色为冷色，如图1–36所示。

黑色、灰色、白色、紫色、绿色给人不暖不冷的感觉，故称为中性色，如图1–37所示。

② 颜色的轻重感: 明色有轻飘、上升、轻巧的感觉倾向；暗色有沉重下沉的感觉倾向，如图1–38所示。

③ 颜色的空间感: 高纯度、高明度的暖色具有向前迫近与扩大的感觉，称为前进色，如图1–39所示。

低纯度、低明度的冷色有后退与收缩的感觉，称为后退色，如图1–40所示。

冷暖配合时，形成平面上前后空间层次感，如图1–41所示。

④ 颜色的动力感: 活动性强烈的高纯度色彩组织在一起，有动力效应，感染力强，如图1–42所示。

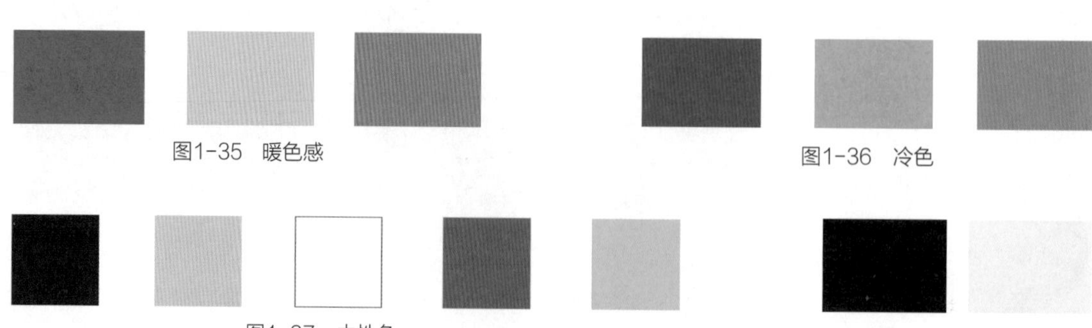

图1-35 暖色感

图1-36 冷色

图1-37 中性色

图1-38 轻重感

⑤ 颜色的透明感：利用明度、色相的层次渐变，通过一定的层次排列，可显示层层透明、轻快柔美的色彩效果，如图1–43所示。

⑥ 颜色的音乐感：一般亮黄色、鲜红色具有尖锐高亢的音乐感，暗浊色如深蓝色、深灰色等具有低沉浑厚的音乐感。色环中邻近色构成的画面，具有柔和的音乐感，如图1–44所示。

小　明：您所讲的这些颜色心理效应，与一个人所处的生活、学习和工作环境有关，我深有同感，但一般人没有系统地去认识和总结。我是男孩子，在给初恋的女朋友送花时，花店老板叫我送粉红色的玫瑰，老板说粉红色代表初恋的感情。看来颜色还可以代表感情？

## ❻ 颜色的情感

张老师：是的，由于人们长期生活在色彩的世界，积累了许多色彩的视觉经验，一旦经验与外来色彩刺激发生一定的共鸣时，就会左右人们的情绪，产生使人兴奋或沉静的作用，这种作用称为色彩的情感效果。色彩的情感表现如图1–45所示。

这些情感表现符合大多数人的颜色感觉，我们可以在不同的场合和不同的情景交往中，恰当地利用色彩去表达情感，使我们的生活和工作变得更加丰富多彩。

图1–39　前进色

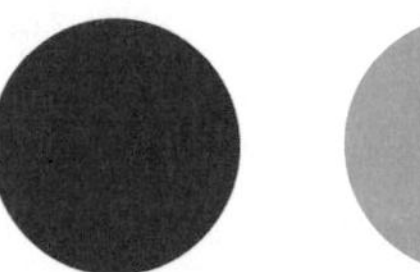

图1–40　后退色

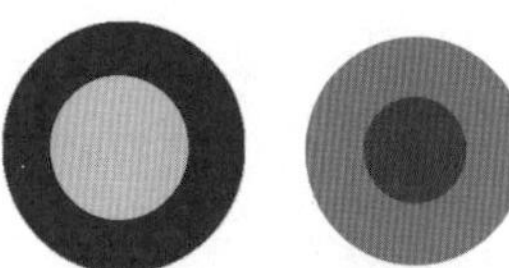

图1–41　空间感

图1–42　颜色的动力感

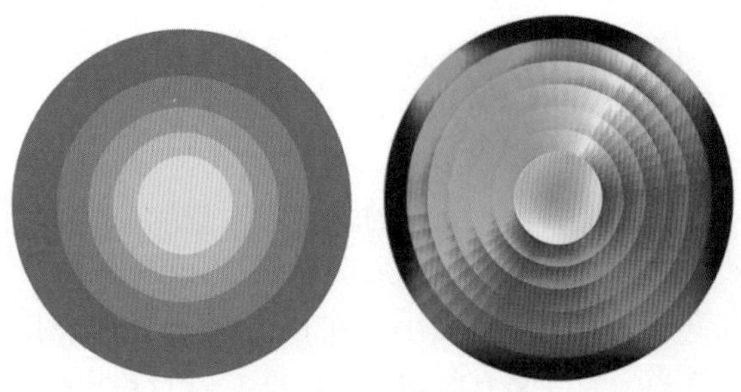

图1–43　颜色的透明感

图1–44　颜色的音乐感

| 色　彩 | 色彩名称 | 抽象联想 |
| --- | --- | --- |
|  | 红 | 兴奋、热烈、激情、喜庆、高贵、紧张、奋进 |
|  | 橙 | 愉快、激情、活跃、热情、精神、活泼、甜美 |
|  | 黄 | 光明、希望、愉悦、祥和、明朗、动感、欢快 |
|  | 绿 | 舒适、和平、新鲜、青春、希望、安宁、温和 |
|  | 蓝 | 清爽、开朗、理智、沉静、深远、伤感、寂静 |
|  | 紫 | 高贵、神秘、豪华、思念、悲哀、温柔、女性 |
|  | 白 | 洁净、明朗、清晰、透明、纯真、虚无、简洁 |
|  | 灰 | 沉着、平易、暧昧、内向、消极、失望、抑郁 |
|  | 黑 | 深沉、庄重、成熟、稳定、坚定、压抑、悲感 |

图1–45　颜色的情感表现

小　明：看来“色彩就是力量”寓意深刻，在恰当的时候利用色彩比用语言和其他方式表达人们的感情更有效。颜色的象征性又有哪些呢？

## ❼ 颜色的象征性与喜好

### ① 颜色的象征性

张老师：人们对某个色彩赋予某种特定的内容称为颜色的象征性。某个色彩表示某种特定的内容，久而久之这个色彩就逐渐成为该事物的象征色了。象征性意义在于能深刻地表达人的观念和信仰。不同时代、不同地域、不同民族，色彩的象征性不尽相同。在中国常见色彩的象征性如下：

第9讲

红色：象征喜庆、吉祥、革命。

白色：象征死亡、哀伤。

绿色：象征春天、生命、希望、和平、安全。

蓝色：象征理智、尊严、高科技、真理。

紫色：象征优越、优雅、高层次、孤傲、消极。

黄色：帝王的专用色。

而在西方常见色彩的象征性如下：

白色：在婚礼象征纯洁、幸福。

黑色：在葬礼上象征死亡、哀伤；在婚礼上象征庄重、高雅。

绿色：象征和平。

蓝色：象征贵族、蓝色血统、高科技。

紫色：紫色是门第、贵族的象征。

黄色：是背叛、野心、狡诈的象征。

小　明：这就是说除了可以用颜色表达人们的情感外，还可用色彩去象征性地表达人们的观念和信仰。

我喜欢绿色，但我的朋友喜欢蓝色，这说明不同的人对颜色有喜好之分。

### ② 颜色的喜好

张老师：调查表明，由于人的民族、地域、经历、习惯、观念、文化艺术素养等的不同，人们对色彩的爱好常有区别，但也具有相对稳定性。一般来说有如下共同点：

老年人喜欢：青灰、灰暗、棕色、较暗的稳重的色彩。

青年人与儿童喜欢：红色、淡青、绿色等鲜明的色彩。

城市人喜欢：绿色、蓝色等冷色。

农村人喜欢：红色、橙红等暖色。

中国人喜欢：高纯度的红色、绿色。

欧洲人喜欢：蓝色。

随着时代的发展和人们生活环境的变化，人们对颜色的喜好也会发生变化。

小　明：颜色的心理效应真是太丰富了，我们应多观察和留意生活中的色彩感受才行。通过前面内容的学习，我对形成颜色的物理要素——光和物体，生理要素——人眼和大脑与颜色之间的关系，印刷业对光源和人的色觉要求有了清晰的认识。但光源对物体颜色有何具体影响？此外，物体的颜色与环境和背景有无关系？

## 七、光源色对物体色的影响

第10讲

张老师: 你是善于思考的人。物体在不同的光源照射下，以及在不同的背景和环境条件下，其颜色都会发生变化。要搞清楚这些问题，首先要理解物体的固有色、光源色和环境色。

固有色是指物体在日光下呈现出的颜色。光源色是指光源发出的光的颜色。被观察物体周围邻近物体的颜色称为环境色。物体的固有色如图1-46所示。

图1-46中的A、B、C分别是红、绿、蓝三色球体，它们在相同背景条件下，在日光下呈现的颜色。从图中可以看出固有色主要体现在中间调，这说明一个中间色调丰富的图像，它的物象表现最为丰富。

小　明: 固有色是日光下物体中间调呈现的颜色，光源色如何影响物体的固有色呢?

张老师: 图1-47中，浅灰色的圆柱体在红色灯泡照射下呈现出浅红色，而在蓝色灯泡照射下呈现出了浅蓝色，这说明消色物体与光源同色。其原因是浅灰色圆柱体属于消色物体，它具有对照射到其上的可见光有同等程度的吸收与反射的特点，当红光照射到上面时，就反射红光，蓝光照射到其上时就反射蓝光，但由于有部分光被吸收，只反射了一定量的色光，所以看起来是浅红色和浅蓝色了。

小　明: 彩色物体在不同颜色光的照射下，又将呈现出什么变化?

张老师: 我们再看图1-48与图1-49。

在图1-48中，黄光灯发射的红光和绿光照射到花朵上，绿光被花吸收掉，只有红光被花朵反射，所以人眼看到的花朵仍然是红色。但是，当用青色灯泡照射时，其发射的蓝光和绿光全被红花吸收掉，所以人眼看到的是黑色的花朵了。

同样道理，在图1-49中，黄色衣服在红色灯光照射下，只有红光被反射，因此人眼看到的是红色衣服。而黄色衣服在蓝色灯光照射下，蓝光全被黄色衣服吸收掉，所以人眼看到的衣服是黑色了。

小　明: 看来光源色对彩色物体颜色的影响很大，也很复杂，我一下子也弄不明白，那么光源色对物体色的影响主要体现在哪里?

张老师: 光源对物体颜色的影响主要体现在物体的光亮部位，也就是面向光源的那一面，如图1-50所示。

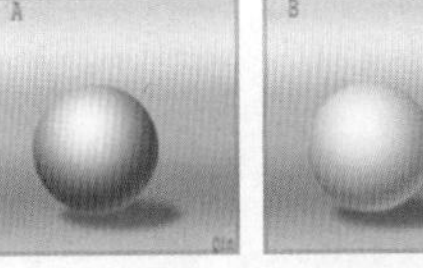

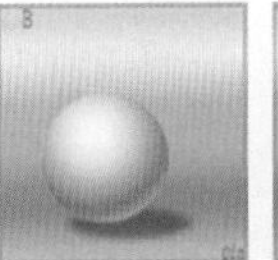

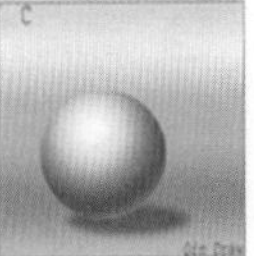


图1-46　物体的固有色

图1-48　彩色物体受光源色影响

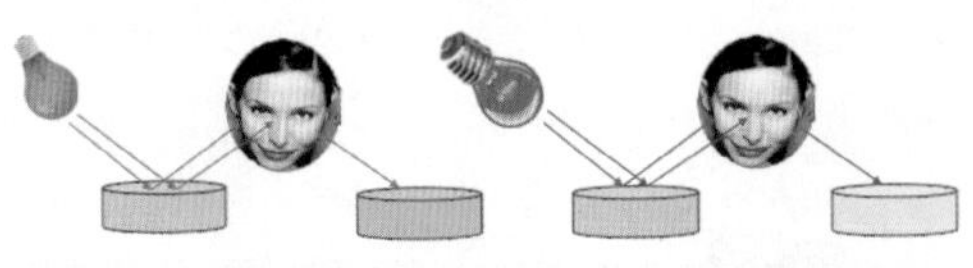

图1-47　消色物体与光源同色

图1-49　彩色物体受光源色影响

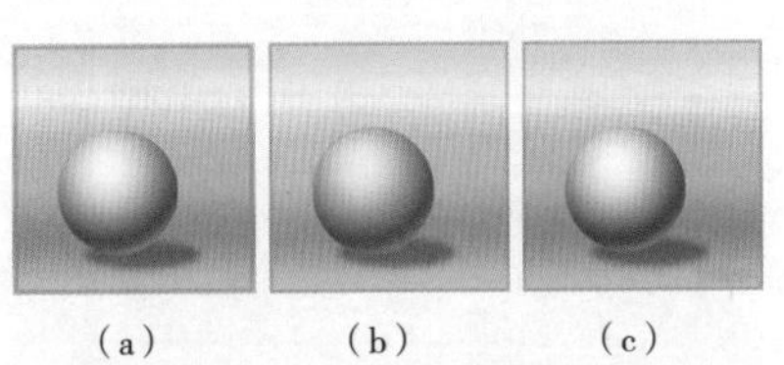


图1-50　光源对物体亮调处影响
(a)太阳光(b)荧光灯(c)白炽灯

图中小球受光部位的颜色明显不同。图1–50（a）中的球体在阳光的照射下呈白色，高光部位白得耀眼；而图1–50（b）中的球体在荧光灯的照射下球体略偏青色，高光部位也没有图1–50（a）显得刺眼；图1–50（c）中的球体在白炽灯的照射下球体略偏淡黄色，高光部位显得柔和。这说明物体的亮调部位是光源色与固有色的综合。另外，光源色的强弱也是至关重要的，光源色越强，对固有色影响越大，甚至可以完全改变固有色，如光滑材质的亮点，又如电焊的弧光，让周围的人和物都蒙上了刺眼的青白，而所有受光部位的固有色显得反而很难区别了。相反，在黑暗的夜晚你什么也看不见，这并不能说明不存在物体或物体没有固有色，只是没有光源而已。

小　明：环境色和背景色对物体色又有何影响？

## 八、环境和背景对物体色的影响及要求

### ❶ 环境和背景对物体色的影响

第11讲

张老师：我们先看看图1–51。图1–51（a）中可看出，小球受环境色光反射的影响，在较暗的区域略成橘红色，呈现出一定的暖色调；图1–51（b）中球的暗部略显草绿色；图1–51（c）中球的暗部略显青色，体现冷色调。可以看出，环境色对物体色的影响主要表现在暗调部位，一般规律是：颜色鲜艳或面积大的邻近物体所产生的环境色影响较大；邻近物体与被观视物体距离近时产生的影响大；被观视物体表面越光滑，受环境色影响也就越大。

小　明：由此说来，光源色与环境色对物体色的再现会产生直接影响，对于印刷公司而言，每天都会接到客户送来的原稿，每天都要面对不同的打样稿和印刷品，怎样做才能使原稿、打样稿和印刷品的颜色得到真实地再现呢？

### ❷ 印刷业对环境和背景的要求

张老师：首先要选择标准光源D65和D50用于印品检验处和印刷机看样台处照明，此外，环境色应为孟塞尔明度值为N6/～N8/ 的中性灰色（彩度小于0.3），观察印刷品的背景色应是无光泽的，孟塞尔颜色为N5/～N7/ 的中性色（彩度小于0.3）。

小　明：颜色的形成过程及相关要素间的关系我已十分清楚了，但对颜色视觉理论，我一概不知？到现在为止，出现过几种颜色理论？

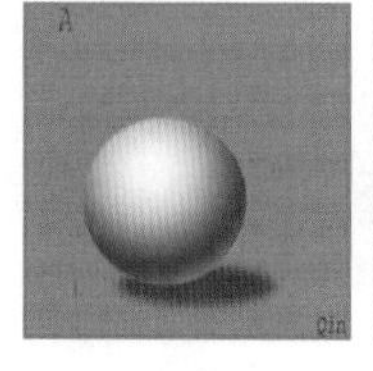

（a）

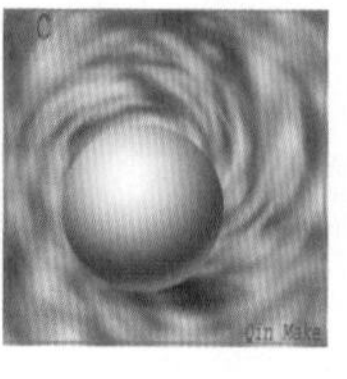

（b）

（c）

图1–51　环境色对物体色影响

受光面的高光区接近光源色；受光面的非高光区是固有色与光源色的综合；侧光面是光源色、固有色与环境色的综合，主要是固有色的影响；背光面是固有色与环境色的综合，主要受环境色的影响。

## 九、颜色视觉理论

第12讲

张老师：了解颜色视觉理论知识也是必要的。颜色视觉理论的发展经历了三色学说、四色学说和阶段学说三个阶段。三色学说的主要观点是人的视神经中含有感红、感绿、感蓝三种感色细胞，当受光刺激时，三种细胞不同程度地受到光的刺激，经合成后产生颜色视觉感受。其优点是能说明各种颜色的混合现象及颜色混合是三种感色细胞按特定比例兴奋的结果。其缺点是不能解释色盲现象，如红色盲也是绿色盲，色盲也有白色的感觉。

四色学说认为人的视网膜中有三对视素即黑—白、红—绿、蓝—黄，当受到不同的光刺激时，三对视素通过同化（建设）—异化（破坏）两种对立的过程，产生颜色和明暗视觉。其优点是能很好地解释负后像和色盲现象，缺点是三原色产生光谱中全部颜色的现象不能解释（负后像是指人眼先看红色一段时间后，再转去看白色时，得到了红色的补色即青色感受时的这种现象）。

阶段学说认为人的视网膜受光刺激发生反应时符合三色学说，颜色信息的传导及合成符合四色机制。阶段学说既能圆满地解释颜色混合这一重要现实问题，又能很好地解释色盲现象，将三色学说与四色学说很好地统一起来了。

小　明：这就是说我们现在所用的颜色视觉理论是阶段学说，所有颜色视觉研究都是基于这一理论的。

张老师：目前来说，阶段学说是比较科学的，被颜色理论界所接受和认可。

## 学习评价

### 自我评价

是否真正理解了颜色的内涵？ 是□ 否□

能正确选用印刷生产车间与品质检测处的光源与照明装置吗？ 能□ 否□

### 小组评价

1. 是否积极主动地与同组成员沟通与协作，共同完成学习任务？

评价情况：

2. 完成本学习任务后，能否解释颜色的四个要素、彩色物体与消色物体的特性？能否正确选用印刷业所用的光源与照明设置？

评价情况：

### 学习拓展

在网络上查找印刷业使用的标准光源、照明装置及著名的经销商。

在网络上查找颜色心理效应在印刷复制业的应用案例。

### 训 练 区

#### 一、知识训练

**（一）填空题**

1. 色觉形成的四个要素是：__________、__________、__________和大脑。
2. 颜色视觉理论的三种学说分别是：__________、__________和__________。
3. 杆体细胞形成__________视觉，锥体细胞形成__________视觉。
4. 光源的色温不同，其发出的光的__________也不同。
5. 物体之所以呈现出彩色，是由于物体对不同波长的光进行__________吸收和反射（透射）所致，呈现消色是由于物体对不同波长的光进行__________吸收和反射（透射）所致。
6. 光源是发射光的物体，可分为__________、__________和__________。

**（二）单选题**

1. 色温表示的是（　　）

（A）光源的温度　（B）颜色的温度　（C）光源的颜色特性　（D）物体的温度

2. 衡量光源显色能力的物理量是（　　）

（A）色温　（B）显色性　（C）明度　（D）密度

3. 印刷机的看样台或产品检验台应选用（　　）
（A）日光灯　（B）白炽灯　（C）标准照明体 D50 或 D65　（D）标准光源 D50 或 D65
4. 印刷企业生产车间常用（　　）照明
（A）日光灯　（B）白炽灯　（C）标准照明体 D50 或 D65　（D）标准光源 D50 或 D65

（三）多选题

1. 下列光源能发出可见光的是（　　）
（A）太阳　（B）日光灯　（C）萤火虫　（D）手机发射的电磁波
2. 下列光源所发出的光属于复色光的是（　　）
（A）太阳　（B）日光灯　（C）白炽灯　（D）红色激光器
3. 人眼的锥体细胞能够分辨物体的（　　）
（A）大小　（B）颜色　（C）形状　（D）细节
4. 人眼的杆体细胞能够分辨物体的（　　）
（A）明暗　（B）颜色　（C）轮廓　（D）细节

（四）判断题（在题后括号内正确的打√，错误的打 ×）

1. 彩色物体之所以呈现其缤纷的色彩是因物体对光的选择性的吸收。（　　）
2. 黑色、白色及不同亮度的灰色统称为消色。（　　）
3. 光的波长不同，其颜色也不同。（　　）
4. 阳光是白光，所以阳光是单色光。（　　）
5. 光是色的源泉，色是光的表现。（　　）
6. 印刷业要求照明光源的显色指数大于 90。（　　）
7. 通常将波长在 380nm ~ 780nm 的电磁波称为可见光。（　　）
8. 形成无彩色的根本原因是选择性吸收。（　　）
9. 色盲和色弱不能从事彩色印刷复制工作。（　　）

（五）名词解释

1. 颜色；2. 单色光；3. 复色光；4. 色温；5. 显色性；6. 颜色对比；7. 颜色适应；
8. 颜色恒定

## 二、课后活动

请每一位同学写出你参观印刷会展（见习或实习）时看到的标准光源、标准看样台、辨色箱的种类及相关公司的名称，并结合本学习任务谈谈印刷企业应如何选用光源。

## 三、职业活动

将几种不同的彩色商业广告和彩色期刊放于标准看样台、日光灯和自然光下观察对比，体验颜色的视觉变化。并从网络上查找印刷标准光源、标准看样台、辨色箱的种类与专门的销售公司，列举出国内最有名的几家公司。

## 学习任务 2

# 颜色有何规律，如何应用

（建议 6 学时）

### 学习任务描述

印刷品的颜色是油墨吸收和反射不同波长色光的结果，那么被吸收和反射的色光，以及作为吸收色光的色料（油墨），在颜色形成的过程中各自体现出何种特性与规律？本任务通过理论与实践相结合的学习体验，去认识色光与色料三原色及其特点，掌握色光与色料的混色规律，并学会应用色料混色规律进行间色调配。

重点　色料减色混合规律

难点　色料减色混色律的应用

### 引导问题

❶ 色光三原色是什么？常用什么字母表示？
❷ 你能写出色光加色混合的四个混色方程式吗？
❸ 你能写出典型的三对互补色光吗？互补色光混合时，颜色变亮吗？
❹ C、M、Y分别表示色料的哪三个原色？
❺ 你能写出色料减色混合的四个混色方程式吗？
❻ 你能写出三对典型的色料互补色吗？互补色料混合时，颜色变暗吗？
❼ 动画片与电影是色光动态混合呈色吗？画家画的作品符合色料减色呈色规律吗？
❽ 你能比较色光加色法与色料减色法的异同吗？
❾ 你能举例说明色料减色代替律及应用吗？
❿ 你能用色料三原色，调配出三个间色吗？

小　明：徜徉在商店超市，所有的产品无一例外地通过精美的包装、耀眼的色彩吸引着消费者的眼球，刺激着消费者的购买欲望；步入商场的家电部，迎面而来的动感十足、眼花缭乱、色彩艳丽的电脑视频和电视画面令你驻足。看来颜色确实具有先声夺人的力量，那么印刷品与电视机为何能呈现出五彩缤纷的色彩？

## 一、色光混色规律及应用

张老师: 生活中的色彩无处不在，认识物体的呈色特点与规律，不仅对工作有利，对丰富我们的生活都大有益处。电视机和电脑屏幕是通过色光加色混合的方式呈色的，要搞清楚色光混合呈色的特点与规律，首先要认识色光三原色。

小　明: 色光三原色是什么?

### ❶ 认识色光三原色

第13讲

张老师: 研究人员发现：可见光中，红、绿、蓝光所占波长范围较宽，其中400~470nm为蓝光区、500~570nm为绿光区、600~700nm为红光区，通过对人的视觉生理研究发现：人的视网膜中分布着约700万个锥体细胞，其中又分为感红、感绿和感蓝细胞，分别对红、绿、蓝光反应灵敏。当红光照射人眼时，感红细胞迅速兴奋，产生红色的感觉；绿光照射人眼，感绿细胞兴奋，形成绿色的感觉；同样，蓝光的刺激使感蓝细胞兴奋，形成蓝色的感觉。如果用黄色光照射，则感红与感绿细胞同时兴奋，使人产生黄色的感觉。如果是白光作用于人眼，则三种感色细胞同等程度的兴奋，产生白色的感觉。当它们接受不相等的光刺激时，各自产生程度不等的兴奋，形成相应的颜色感觉。研究人员通过大量的实验研究发现，只有700nm的红光（R）、546.1nm的绿光（G）和435.8nm的蓝光（B），具有按不同比例混合，得到自然界中一切可见的色光，而自身却不能由其他色光混合得到的特性。因此，CIE在1931年将上述三个波长的色光确定为色光三原色，简称为三原色光，用中文“红、绿、蓝”或用三个英文单词的第一个大写字母R（Red）、G（Green）、B（Blue）表示，如图1–52所示。

小　明: 我明白了，700nm的红光（R），546.1nm的绿光（G）和435.8nm的蓝光（B）才能称为色光三原色。那么色光在混色时按何种法则进行? 两原色光之间混色时颜色如何变化?

### ❷ 色光加色法与两原色光等量混色

第14讲

张老师: 色光之间的混合是按照加色法进行的，色光加色法是指两种或两种以上的色光混合呈现另一种色光的方法，如图1–53所示。

图1–53为投射红光、绿光、蓝光的三个投影仪在平面上重叠投影的情况，其中二色及三色重叠呈色规律符合图中的四个方程（方程中的各色光均为等量）。从图中可看出色光加色法的实质是色光相加、能量相加，越加越亮。

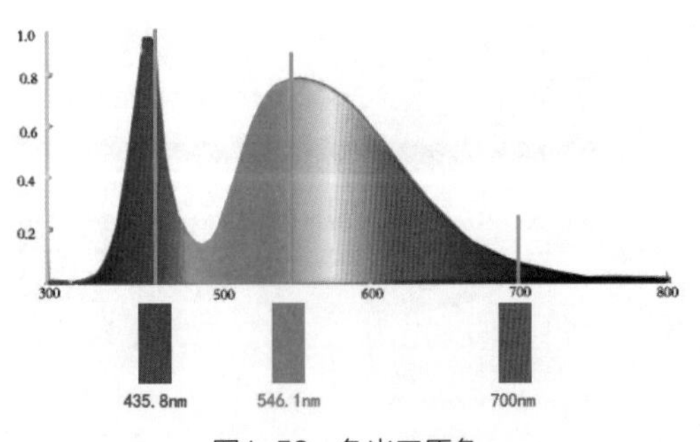


图1–52　色光三原色

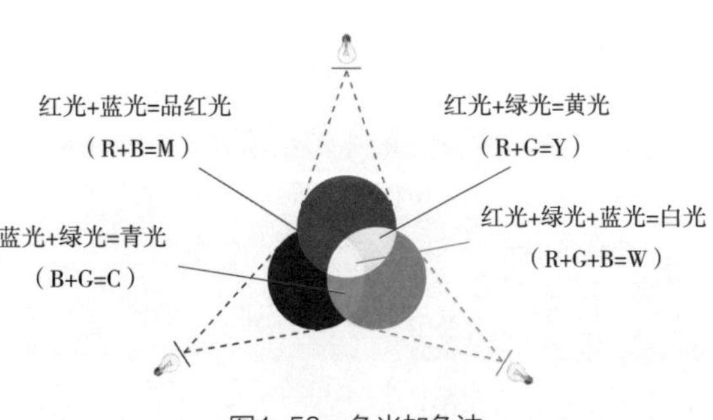


图1–53　色光加色法

小　明: 两原色光之间按不同级次的量等量混色时，其混合光的颜色又将如何变化?
张老师: 首先我们看看红光与绿光等量混色情况，如图1–54所示。其混色规律如下:

图1–54　红光与绿光等量混合

① 等量混合得黄色光，且比单一的色光明亮。
② 随着二原色光强度减少，黄色光越来越暗。
红光与蓝光等量混合时，其呈色规律如图1–55所示。

图1–55　红光与蓝光等量混合

① 等量混合得到品红色光，且比单一色光明亮;
② 随二原色光强度减少，品红色光越来越暗。
绿光与蓝光等量混合时，其呈色规律如图1–56所示。

图1–56　绿光与蓝光等量混合

① 等量混合得青色光，且比单一色光明亮;
② 随着二原色光强度减少，青色光越来越暗。
小　明: 两原色光不等量混色时，颜色又如何变化呢?

### ❸ 两原色光不等量混色

张老师: 当红光与绿光不等量混色时，如图1–57所示。其混合色光的变化规律为: 红与绿等量混色时为黄色，当红色光逐渐减少时，混合色光由黄向黄绿–草绿–绿色方向变化; 反之，向橙黄 – 橙红 – 红色方向变化。

第15讲

当红光与蓝光不等量混色时，如图1–58所示。其混合色光的变化规律为: 红与蓝等量混色时为品红色，当蓝色光逐渐减少时，混合色光由品红向水红–桃红–红色方向变化; 反之，混合色光由品红色向紫红–紫蓝–蓝色方向变化。

当绿光与蓝光不等量混色时，如图1–59所示。其混合色光的变化规律为：绿与蓝等量混色时为青色，当蓝色光逐渐减少时，混合色光由青向青绿 – 绿青 – 绿色方向变化；反之，混合色光由青色向青蓝 – 蓝青 – 蓝色方向变化。

小　明: 色光三原色混色时，颜色又将如何变化呢?

## ❹ 三原色光混色规律

张老师: 首先我们看看色光三原色等量混色时的颜色变化情况，如图1–60所示，红光、绿光、蓝光从0–255不同等级等量混合时，得到黑–灰–白的消色。

第16讲

三原色光不等量混色时如图1–61所示。原色量最少者决定明度，影响饱和度，原色最大量减去最小量（二原色相等时），或原色最大量减去第二大量后与混出的间色量相比（三原色不等时），多者决定主色相，少者引起偏色。

小　明: 在生活中，有时会发现两种色光混合得到白色光，这是什么现象呢?色光在混色时有何特点呢?

第17讲

## ❺ 色光互补色及色光混色的特点

张老师: 你说的是互补色光混合现象，即两种色光等量相加呈现出白色光时，此两种色光为互补色光。最典型的互补色光如图1–62所示，即红 – 青、绿 – 品红、蓝 – 黄互为补色。

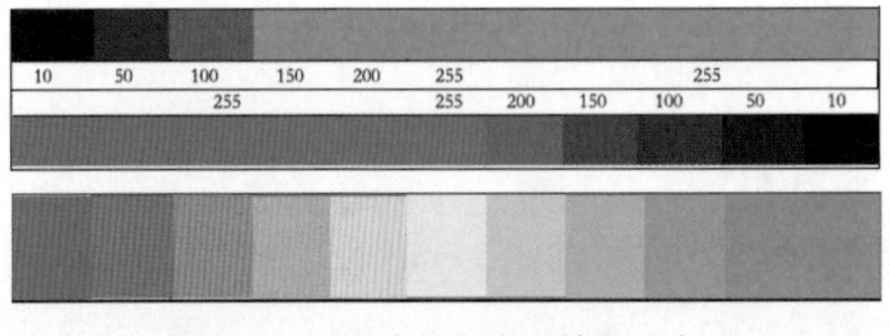


图1–57　红光与绿光不等量混合

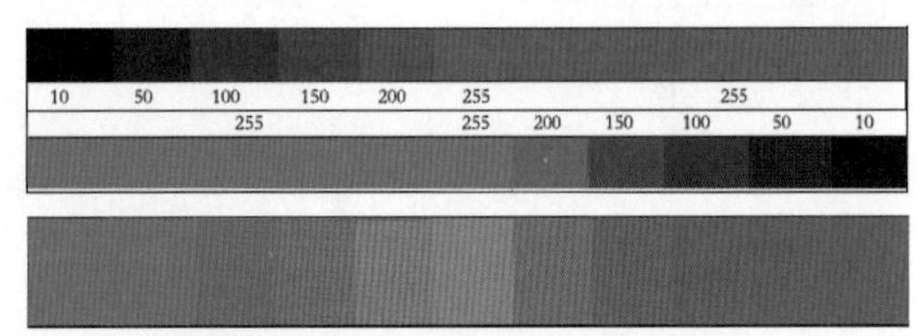


图1–58　红光与蓝光不等量混合

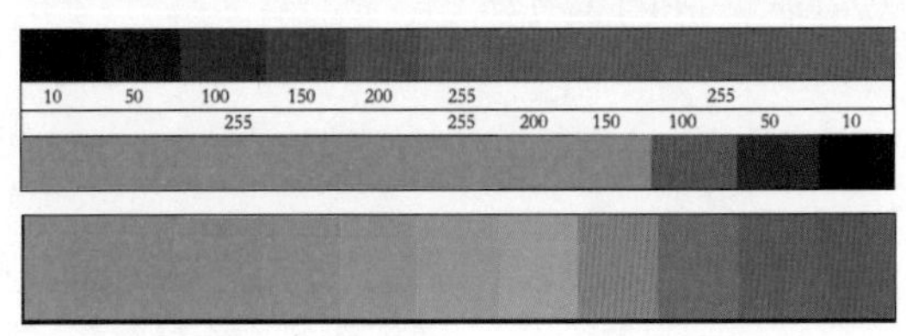


图1–59　绿光与蓝光不等量混合

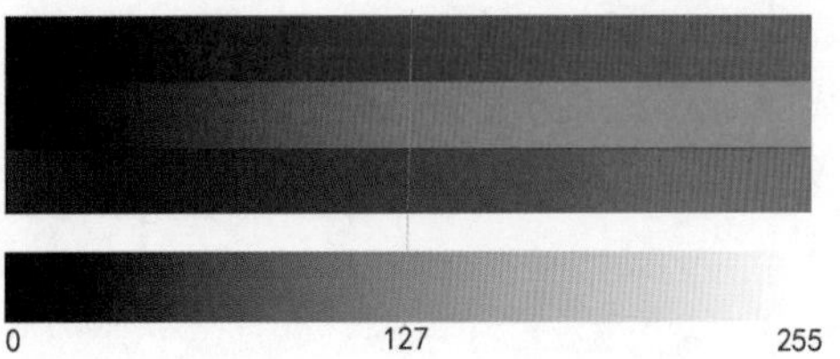


图1–60　三原色光等量混合

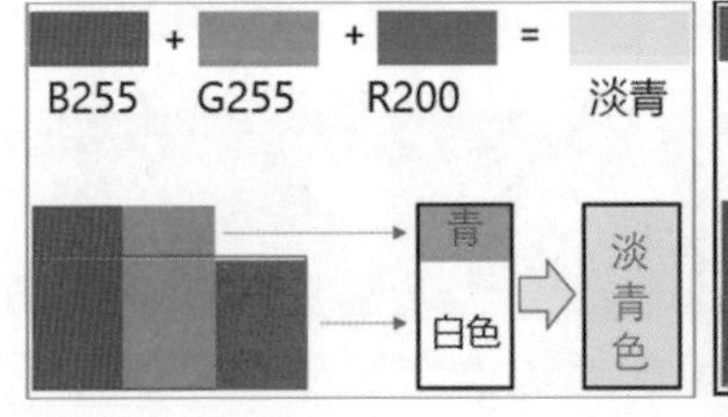


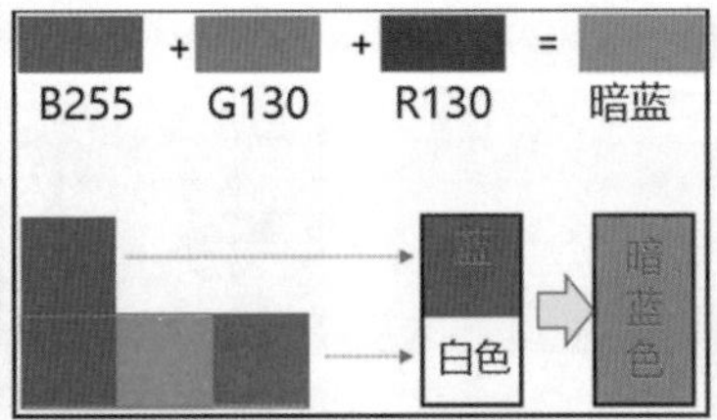


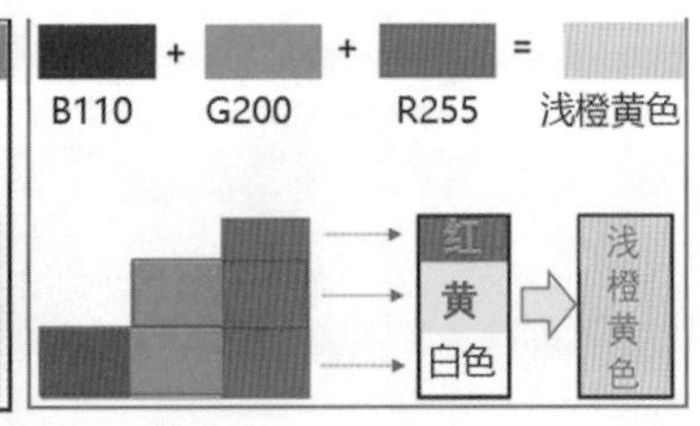


图1–61　三原色光不等量混合

互补色光有很多，如图1-63所示。在该色相环中只要相互间成180°角的色光就是互补色光。

小　明：我明白了，互补色光有很多。您提到颜色环，颜色环是怎么得来的？

张老师：可见光是由红、橙、黄、绿、青、蓝、紫等色光组成的，如果把可见光谱按照此顺序排列成行，在行的两端是红光和紫光，如图1-64所示。从物理学的角度来说，可见光是不成环的，只是呈开放型的一条彩色光带。但将可见光谱两端的色光混合，即红光加上蓝光得品红光、红光加紫光可得品红色系的紫红光，这样就找到了把光谱两端连接起来的纽带——谱外色，在我们的心理上就可以使它们连成环，如图1-65所示。每一种色光在圆环上或圆环内占一确定位置，白色位于圆环的中心。颜色彩度越小，其位置点离中心越近，在圆环上的颜色则是彩度最大的光谱色。

小　明：色光混合有几种方式呢？

## ❻ 色光混色的类型及应用

（1）色光的直接混合

张老师：色光混合分为色光直接混合和色光反射混合两种类型。

第18讲

色光直接混合：是指光源在发射光波的过程中直接混合成色，也称为视觉器官外的混合呈色。如太阳光，在人眼看到日光时，其颜色已混合好了，如图1-66所示。

色光反射混合：参加混合的色光分别作用于人的视觉器官后才使人产生新的色觉的混色方式，也称为视觉器官内的混色。其又分为色光动态混合和色光静态混合两种形式。

（2）色光的静态混合

色光的静态混合：也称色光的空间混合或并列混合，要搞清楚这个问题首先要理解人眼的视觉空间混合原理，如图1-67所示。对于正常人眼而言，明视距离为250mm，空间两点间的距离小于等于0.073mm，人眼不能区分而视其为一点，颜色也变成一个新的颜色。图1-68是用20倍放大镜看某印刷品不同颜色处网点并列的情况。当去掉放大镜时，由于各个色点反射相应的色光到人眼内，不同程度地刺激了感红、感绿、感蓝光的感光细胞，产生了相应的颜色

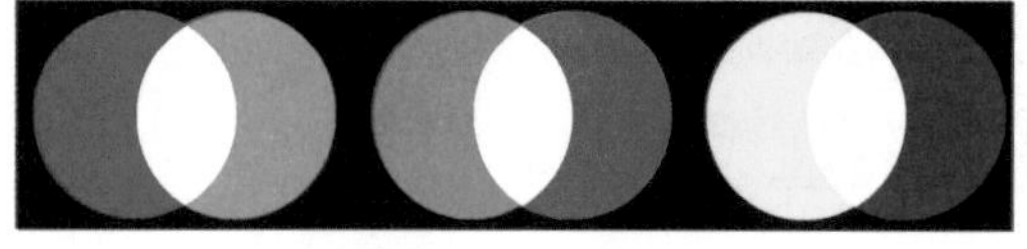

图1-62　互补色光

图1-64　可见光谱色

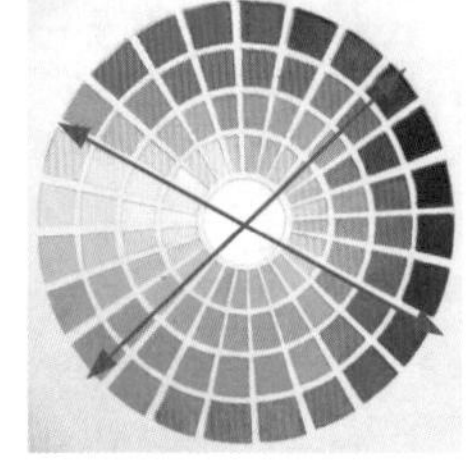

图1-63　色相环与互补色光

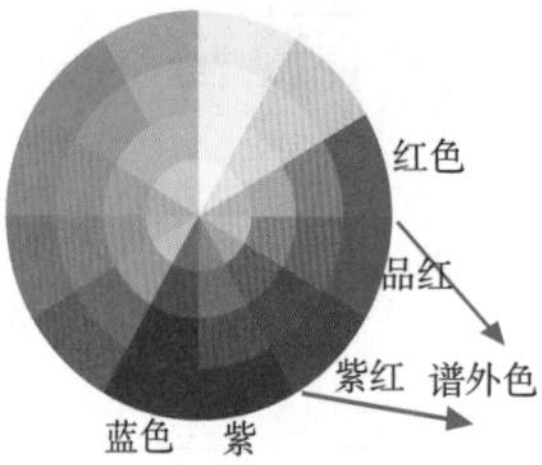

图1-65　色相环与谱外色



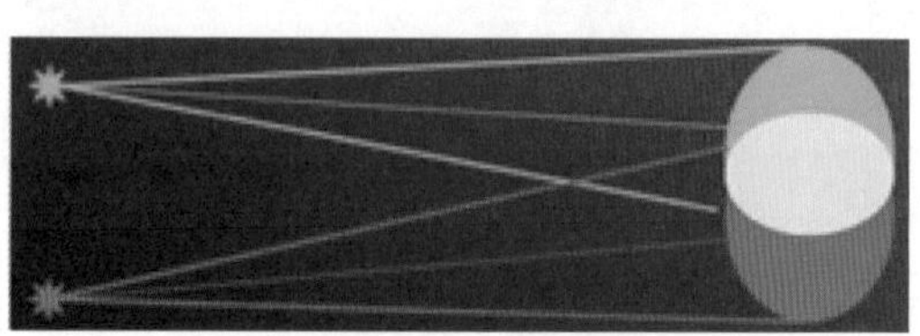

图1-66　色光直接混合呈色

兴奋，由于网点间的距离很小，人眼不能区分单个网点的颜色信息，因此看到的是进行了加色合成的颜色效果。

彩色印刷品实际上是由一个个网点组合呈色的，尤其是在亮调区域，网点以并列呈色为主。图1–69是一张人物头像印刷品，用放大镜看到的是大小不同，颜色不同的网点，但不用放大镜时，人眼看到的是色彩和阶调都十分自然连续变化的效果，看不到一个个网点了。

小　明: 我明白了，彩色加网印刷实际上用到了人眼的视觉空间混合原理和色光加色法。

张老师: 彩色电视机和电脑屏幕呈色也是如此。

小　明: 色光在动态时又是如何混合呈色的呢?

（3）色光的动态混合

张老师: 色光的动态混合也称作色光的时间混合，是指运动状态的色光先后并连续地刺激人眼的视网膜，利用人眼的视觉暂留叠加而合成颜色的一种方式。如电影、电视节目和动画片等就是色光动态混合的应用，如图1–70所示。牛顿色盘中的红、橙、黄、绿、青、蓝、紫色块面积相等，当色盘转到足够快时，人眼看到的色盘为白色。这是七色光等量快速连续不断地刺激视网膜中的感色细胞，形成的颜色刺激反应叠加后的结果。因为人眼有一种视觉暂留现象，即人眼看到的物体消失后，物体的形状和颜色仍会在视网膜上保持约1/10s的时间。当第一色的刺激在视网膜上引起的反应尚未消失，第二色的刺激接踵而来，便与第一色相加混色得到新的颜色，如果后面总是这样连续不断地，快速交替地产生作用，自然地在人的视觉中产生了混合色觉。正是因为人的这种视觉特性，人们才得以愉快地欣赏到电影、电视、动画中彩色的连续画面。

小　明: 色光的静态混合与动态混合有何共同点呢?

张老师: 共同点都是在视觉器官内进行的加色混合。

小　明: 色光混色应用在哪些领域呢?

（4）色光混色应用

张老师: ① 彩色加网印刷复制品在亮调处以网点并列呈色为主，属于色光静态加色混合呈色，

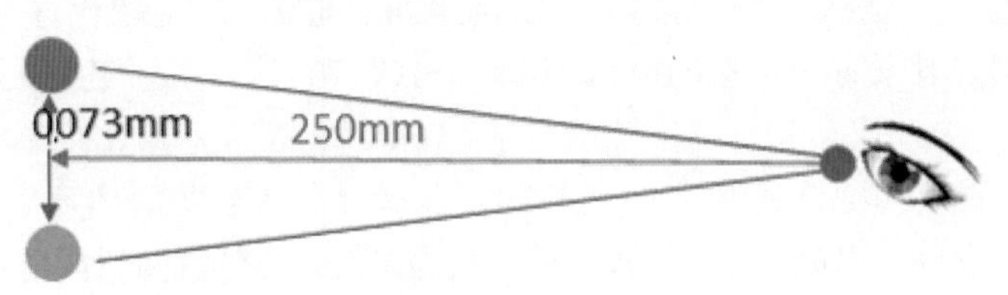


图1–67　人眼视觉空间混合原理图

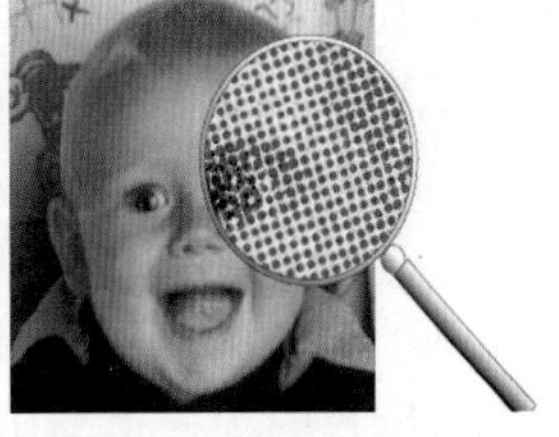

图1–69　网点印刷呈色

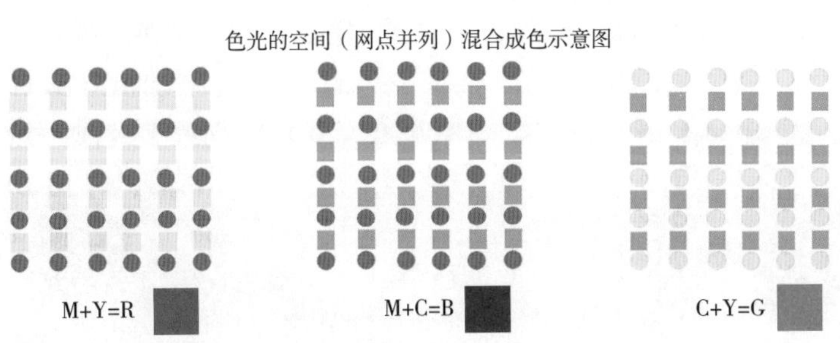


图1–68　色光空间（网点并列）混合呈色

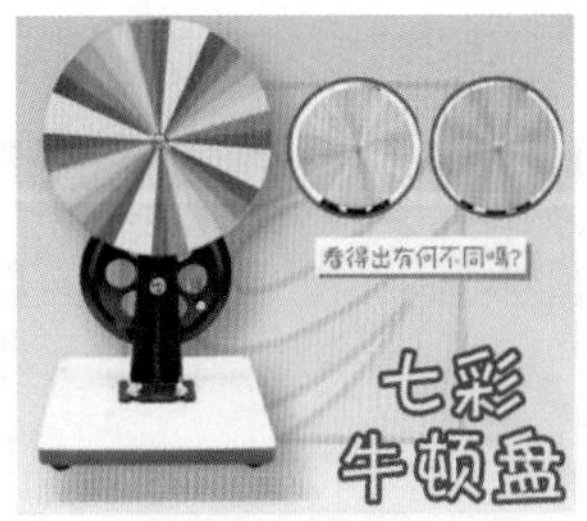


图1–70　牛顿色盘

如图1–71所示。② 自制混合光源及各种场景的照明，如图1–72所示，也属于色光静态加色混合呈色；色光加色混合具有代替律特性，即外貌相同（视觉效果相同）的色光，不管它们的光谱组成是否一样，在加色混合中都具有相同的效果。如不同光谱组成的两个颜色A与B，它们的外貌相同，则可以写成：A≡B，当它们与C混合时，则A+C≡ B+C。③电视、电影、动画片属于色光动态混色呈色。

图1–71　印品高调网点并列呈色

图1–72　照明应用

小　明：通过上述内容的学习，我对色光三原色、色光加色混合规律及应用有了较全面的认识，对印刷品和打印机打出的彩色图片而言，其呈色又是按什么法则进行？有何特点和规律？

## 二、色料混色规律及应用

### ❶ 色料的分类及特点

张老师：印刷品和彩色打印机所用的呈色物质统称为色料，即能够呈色的材料。色料可分为颜料和染料。一般把不溶于水、油、乙醇等有机溶剂的色料称为颜料，如图1–73所示。颜料只能分散在溶剂中，油漆、涂料、印刷用的油墨及绘画用的色料等都属于颜料。把溶于水、油、乙醇等有机溶剂的色料称为染料，如图1–74所示。染料与溶剂融为一体，印染行业和打印行业一般使用染料呈色。

第19讲

小　明：印刷油墨是采用分散方式的颜料来呈色的，其颜料常见的有哪些类别呢？
张老师：常见的有钛白、炭黑、普鲁士蓝、铬绿、色淀红色C、亮胭脂红6B、联苯胺黄、酞化青等。
小　明：不同的色料其颜色各不相同，有没有最基本的色料呢？

### ❷ 认识色料三原色

张老师：研究人员根据色料混合实验发现，以黄、品红、青三种色料为基础，以任意两色或三色按不同比例相混合，可以调配出人们所需要的颜色。反之，自然界中任何其他色料都无法混合出这三种颜色。因此将黄、品红、青三种色料确定为色料三原色，也称减色法的三原色，常用其英文单词的第一个字母表示：即黄Y（Yellow）、品红M（Magenta）、青C（Cyan），如图1–75所示。

一般印刷企业较多的使用中黄、洋红、天蓝作为三原色油墨，但随着印刷标准化、数据

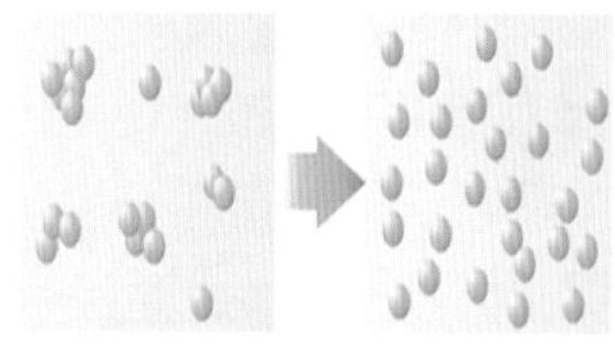
图1–73　颜料分散示意图

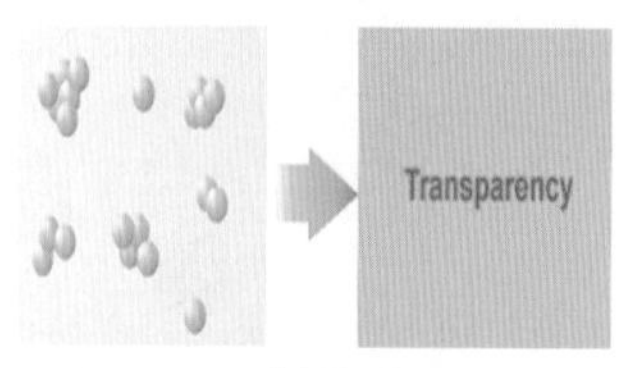

图1–74　染料溶解示意图

图1–75　色料三原色

化、规范化日益受到企业重视，越来越多的印刷企业开始使用四色黄、四色红、四色蓝作为三原色油墨进行印刷生产。需要注意的是，理想三原色油墨与实际油墨企业生产出的三原色油墨还是有一定差距的，如图1–76所示。

图1–76中，虚线表示理想三原色油墨分光光度曲线，实线表示实际三原色油墨分光光度曲线，二者差距明显。

小　明：我知道了，实际使用的三原色油墨并不能达到理想的状态。油墨厂生产油墨时只生产这几种原色墨吗？

张老师：不是的，虽然Y、M、C三原色油墨是彩色印刷复制的基本色，但由于生产油墨的颜料种类不同，加之要适应不同类型产品和客户需求，油墨厂除了生产不同类型如胶印、凹印、丝印、柔印三原色油墨外，还要生产各种间色墨及专色油墨，有的还为一些印刷企业定制专色油墨。如某油墨厂就生产有金光红、大红、洋红、桃红、玫瑰红、橘红、透明黄、浅黄、中黄、深黄、橘黄、孔雀蓝、品蓝、天蓝、深蓝、射光蓝、绿、浅绿、深绿、白、黑墨等品种。但一般三原色油墨“中黄、天蓝、洋红”或四色黄、四色红、四色蓝和四色黑油墨是其主打产品。

小　明：那么色料之间在混合时，其呈色按何法则？有何规律呢？

## ❸ 色料减色法及两原色混色规律

（1）色料减色法

张老师：色料间的混合呈色符合色料减色法。色料减色法是指从复色光中减去一种或几种单色光，而得到另一种色光的方法，如图1–77所示。

图1–77（a）中，当白光（用红、绿、蓝光代替）照射到油墨层时，因为品红油墨吸收（减去）了绿色光，青色油墨吸收（减去）了红色光，只有蓝光能透过重叠区域，透过的蓝光到达纸面后，因纸面的反射率很高，绝大部分的蓝光又被反射出来，所以重叠处呈蓝色。由于绿光和红光被吸收，也就是被

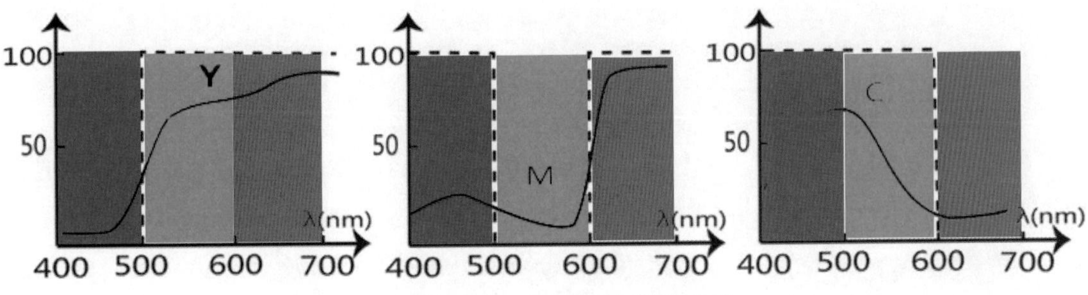


图1–76　理想与实际三原色油墨分光光度曲线

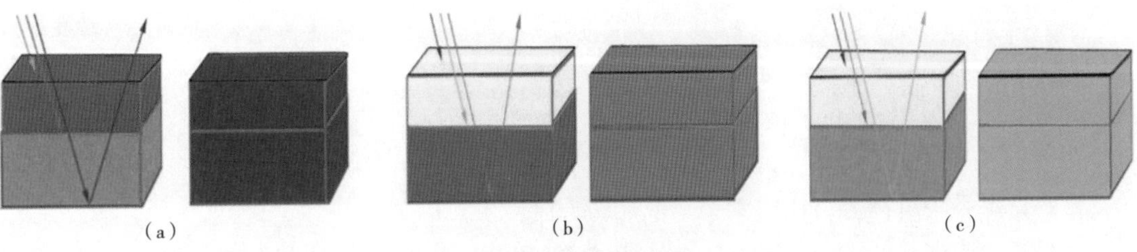


图1–77　色料减色法示意图

减掉，能量被吸收了三分之二，因此看到的蓝色光较白光要暗。图1–77（b）因黄色油墨层吸收了蓝光，品红油墨层吸收了绿光，只有红色光穿透品红油墨层，到达纸面后反射出来，因此叠印色呈较暗的红色。同理图1–77（c）叠印部分的颜色呈较暗的绿色。

小　明：色料二原色间等量混色时，混出的颜色如何变化呢？

（2）色料二原色等量混色规律

张老师：首先我们来看看青与品红等量混色的颜色变化情况，如图1–78所示。青与品红从0~100不同等级等量混合时，得到不同明暗的蓝色，其混色规律如下：

图1-78　青与品红等量混色

① 等量混合得蓝色，且比原来单一的颜色要暗。

② 随着二原色量的减少，蓝色越来越浅淡。

青与黄等量混色的颜色变化情况，如图1–79所示。青与黄从0~100不同等级等量混合时，得到不同明暗的绿色，其混色规律如下：

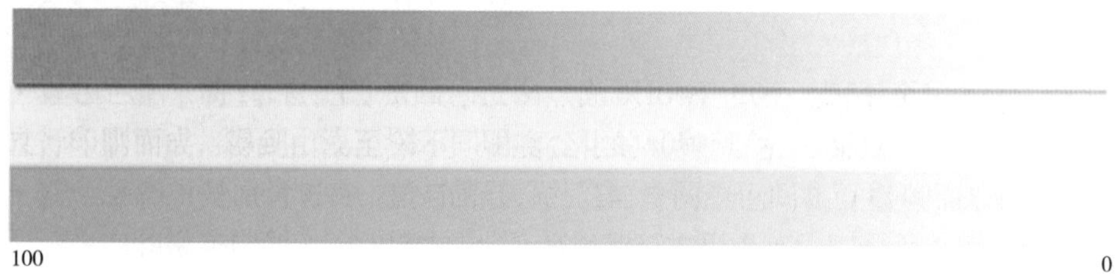


图1-79　青与黄等量混色

① 等量混合得绿色，且比原来单一的颜色要暗。

② 随着二原色量的减少，绿色越来越浅淡。

品红与黄等量混色的颜色变化情况，如图1–80所示。品红与黄从0~100不同等级等量混合时，得到不同明暗的红色，其混色规律如下：

图1-80　品红与黄等量混色

① 等量混合得红色，且比原来单一的颜色要暗。

② 随着二原色量的减少，红色越来越浅淡。

第21讲

小　明：色料三原色间等量混色时，混出的颜色又将如何变化呢？

（3）色料三原色等量混色规律

张老师：黄、品红、青从0～100不同等级等量混合时，如图1–81所示，得到黑–灰–白的消色。

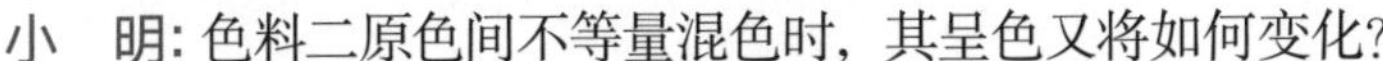

小　明：色料二原色间不等量混色时，其呈色又将如何变化？

（4）色料二原色不等量混色规律

第22讲

张老师：当黄与品红不等量混色时，如图1–82所示，其混合呈色的变化规律为：黄与品红等量混色时为大红色，当品红色逐渐减少时，颜色向橙红–橙黄–黄色方向变化；反之，混合色由大红向桃红–水红–品红色方向变化。

当青与黄不等量混色时，如图1–83所示。其混合呈色的变化规律为：青与黄等量混色时为绿色，当黄色逐渐减少时，颜色向深绿–青绿–青色方向变化；反之，混合色由绿色向草绿 – 黄绿–黄色方向变化。

当青与品红不等量混色时，如图1–84所示。其混合呈色的变化规律为：青与品红等量混色时为蓝色，当品红色逐渐减少时，颜色向青蓝–天蓝–青色方向变化；反之，混合色由蓝向蓝紫–紫红–品红色方向变化。

小　明：色料三原色不等量混色时，其呈色又将如何变化？

（5）色料三原色不等量混色规律

第23讲

张老师：首先我们看看三原色中二原色相等，另一原色不同时的混色情况，如图1–85所示。其混合呈色规律是：量多者决定色相，量少者影响明度和饱和度。

三原色量不等时的混色情况，如图1–86所示，其混合呈色规律是：原色量最少者决定混色的明度，影响饱和度，原色最大量减去第二大量后与第二大量和最大量混出的间色量相比，多者决定主色相，少者引起偏色。

小　明：也就是说图1–86中的左图，因青色最少，所以其决定了混色的明度，也影响混色的饱和度，最大量黄减去第二大量品红后与间色红的量相比，由于黄多于红，决定了主色相为黄，

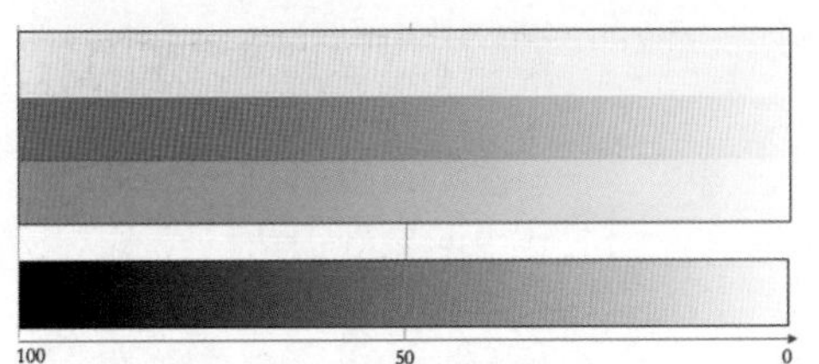


图1–81　色料三原色等量混色

10%　20%　40%　60%　80%　100%　100%
100%　100%　80%　60%　40%　20%　10%

图1–82　黄与品红不等量混色

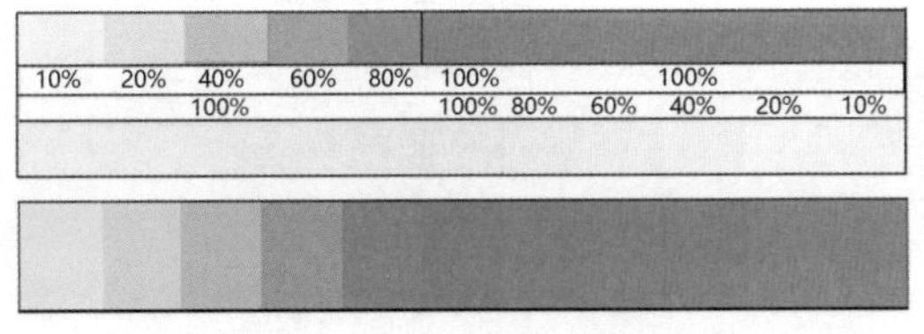


图1–83　青与黄不等量混色

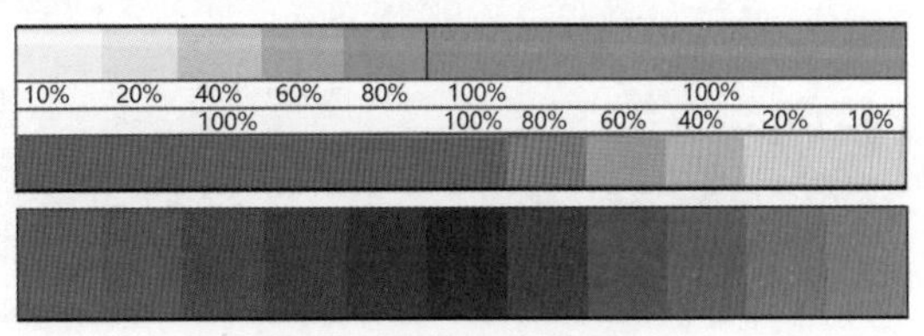


图1–84　青与品红不等量混色

红的存在，使黄偏向红色，故呈橙黄色，再加上最少量青产生的黑，最后混合呈较暗的橙黄色。

张老师: 分析正确。

小　明: 在学习色光混色时，我知道了色光有互补色，那么色料有无互补色呢？

（6）色料互补色与色料混色的特点

① 色料互补色

张老师: 色料也有互补色，当两种色料等量相加呈现出黑色时，此两种色料为互补色料。如图1–87所示，黄与蓝、品红与绿、青与红为三对典型的互补色料。

第24讲

色料互补色也有很多对，如图1–88所示的印刷十二色相环，通过圆心成180° 角两端的颜色都是互补色。

小　明: 色料混色有何特点呢？

② 色料混色特点

张老师: a. 明度降低：即色料相加，能量减少，越加越暗，如图1–89所示。

b. 色料减色代替律：两种成分不同的颜色，只要视觉效果相同，就可相互代替。如2Y+1M+1C=1Y+1K；1Y+2M+1C=1M+1K；1Y+1M+2C=1C+1K。

小　明: 也就是说在用色料混色时，调出同一个颜色可以有几种组合。

张老师: 是的，但要注意：由于色料混色属于减色混合，所加色料种类越多，吸收的色光也越多，混出的颜色越暗，即明度越低，颜色的鲜艳度也相应降低。因此，实际调色时，以最少种类的色料混合出的颜色其明度和饱和度最佳。

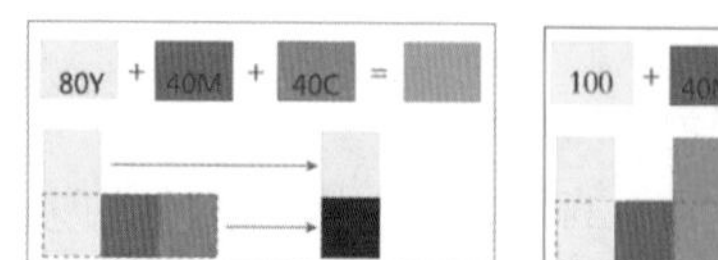


图1–85　二原色相等，另一原色不等混色

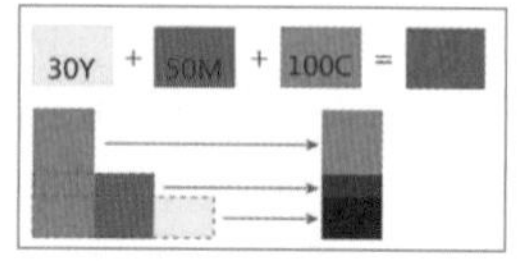


图1–86　三原色量不等的混色

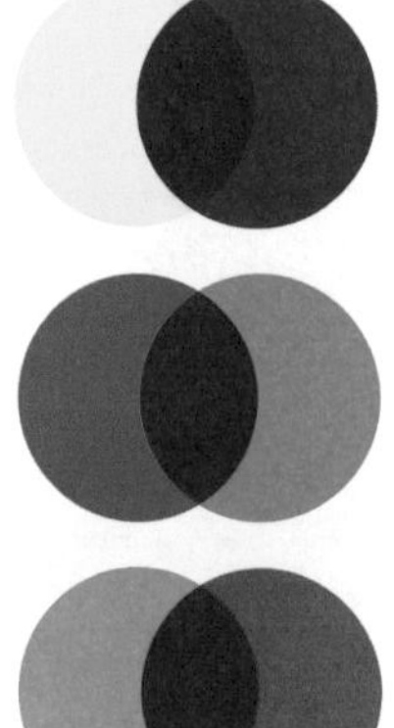

图1–87　色料互补色等量混合呈色

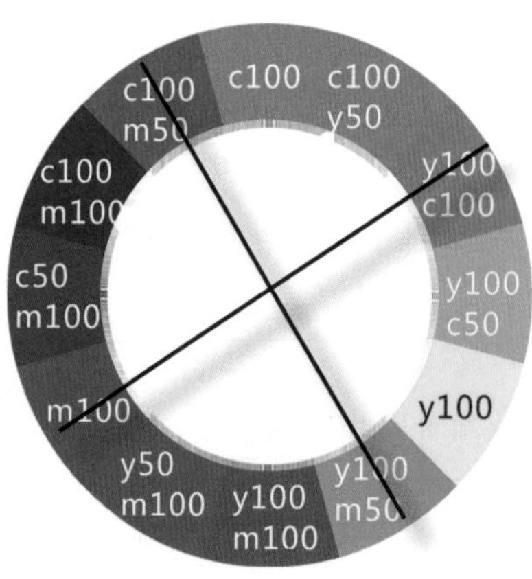


图1–88　色相环中的互补色

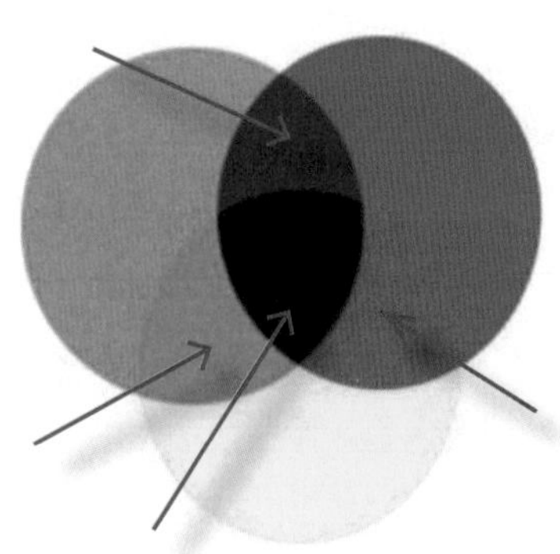

图1–89　色料混色特性

小　明：色料减色混合有几种类型？主要应用在哪些方面？

（7）色料混色类型及应用

① 色料混色类型

张老师：色料混色分为三种类型，一种是透明色层叠合，如图1–90和图1–91所示，四色加网叠印油墨都具有良好的透明性，在加网印刷品的暗调处以网点重叠呈色为主；第二种是色料调和呈色，如图1–92所示的专色油墨调配，调匀后的油墨颜料呈均匀分散状，如同网点并列和重叠呈色效果；第三种是网点并列呈色，四色加网印刷品的高调处以网点并列呈色为主，如图1–93所示。

第25讲

② 色料混色规律应用

张老师：色料混色规律应用十分广泛，在调墨时发现所调的专色偏色时，可以加入少量互补色墨纠正色偏。如墨色偏品红时，可加入适量的绿色墨；墨色偏青色时，可加入适量的红色墨；偏黄色时，可加入适量的蓝色墨。还有画家绘画时，有时要使某处色彩更暗淡，在该处涂上适量的补色可获得比涂黑更加生动的效果，如图1–94所示。

在颜色设计时，互补色的对比应用会使对比着的双方更加鲜明和醒目，如黄与蓝、青与红、绿与品红色间的配色，就能起到相互突出的效果，如图1–95所示。还有印刷剩余油墨收集起来混合后不能产生理想的黑色时，可加入适量的所偏色的补色墨调成黑色墨，用于书刊印刷，可节省油墨。此外，还可帮助分析分色和打样稿的颜色状况，如某色的彩度不高，颜色暗淡，往往是其补色过量所致，降低其补色墨量即可解除彩度不足的问题，还可帮助调校颜色。

图1–90　透明色层重叠

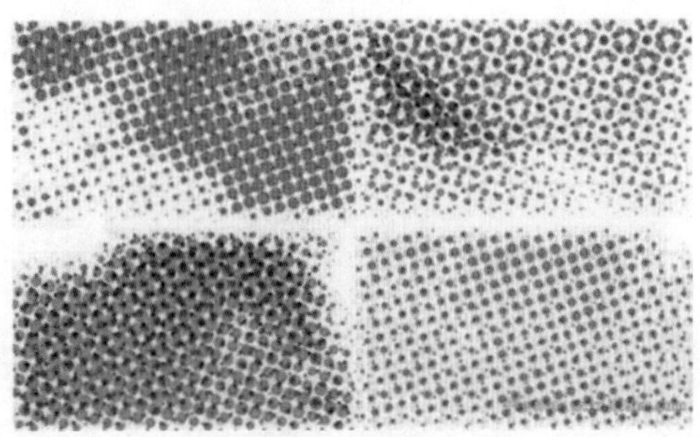

图1–91　印刷网点重叠

图1–92　专色调配

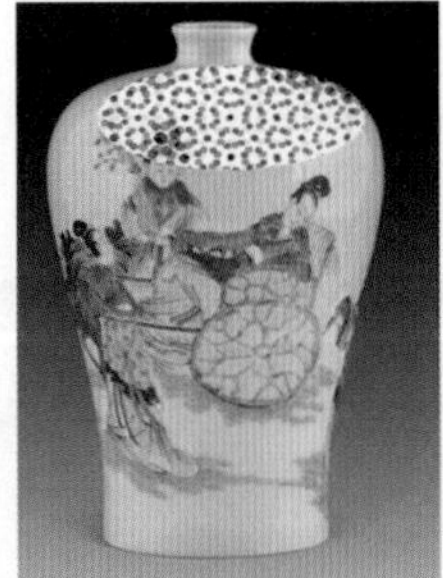

图1–93　高调处网点并列

调黑时用补色纠正色偏

加补色涂黑更生动

图1–94　色料互补色律应用

小　明：色料混色规建在应用时，需要注意什么呢？

张老师：在调配鲜艳的彩色油墨时，如果调墨刀或调墨台等物件没有擦干净，残留有其补色时，会使所调的专色墨变得灰暗，颜色发脏。印刷过程中换墨时，如果墨辊上留有余墨，同样会使下一色印刷，尤其是补色的印刷产生颜色混浊的弊病，这些都是要避免的。为了加深三原色油墨呈色规律的印象，用图1–96表示其单色、双色、三色印刷后的呈色效果。

图1–95　设计中互补色律应用

图1–96中，青色油墨因吸收了红光、反射了绿光和蓝光，而绿光 + 蓝光= 青色光，因此人眼看到青色油墨呈现出的颜色为青色；当黄、品红油墨叠印时，因黄墨吸收了蓝光、品红墨吸收了绿光，只有红光被反射，因此人眼看到的叠印效果为红色；而当黄、品红、青三色叠印时，因黄墨吸收了蓝光、青墨吸收了红光、品红墨吸收了绿光，白光中的颜色光全部被吸收了，无光反射，所以人眼看到的叠印处呈现出黑色。

小　明：从分析来看，油墨呈色实际上是：先经过减色，再加色而呈色。

张老师：是的，所有的色料混合呈色，如油漆、涂料、染料等都是如此。

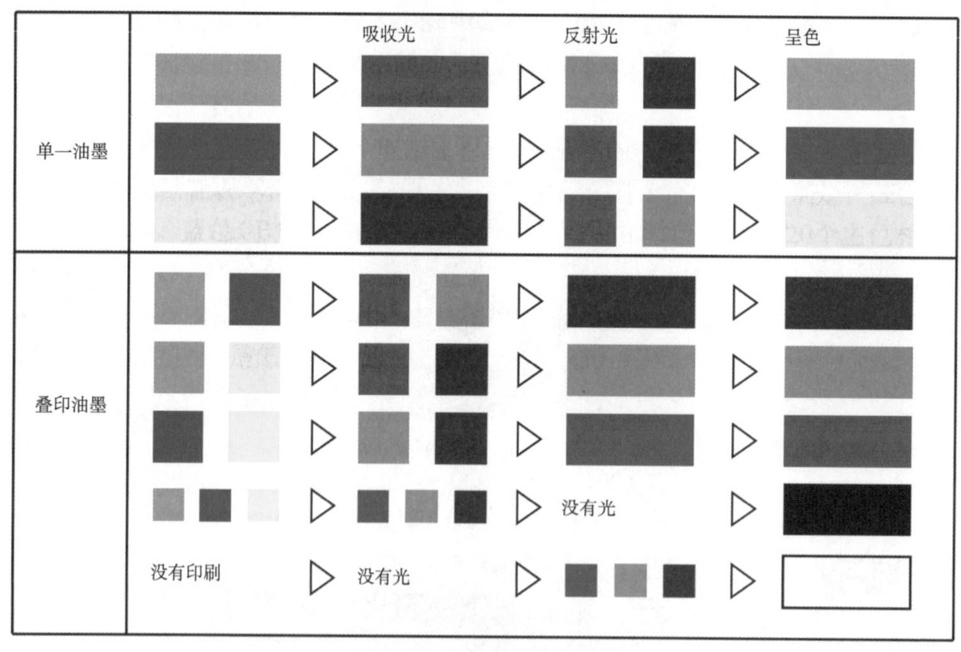


图1–96　三原色油墨呈色规律

## 学习评价

### 自我评价

能否解释色光加色混色规律和色料减色混色规律？　能□　否□

能正确运用色料互补色律吗？　能□　否□

### 小组评价

1. 是否积极主动地与同组成员沟通与协作，共同完成学习任务？

评价情况：

2. 完成本学习任务后，能否分析和利用色料减色混色规律调配基本间色？能否说明色光加色法与色料减色法的区别？能否列举色料减色代替律的应用案例？

评价情况：

### 学习拓展

在网络上查找印刷生产中使用减色法原理调配专色的应用案例。

在网络上查找色光加色法在印刷生产中的应用案例。

### 训 练 区

一、知识训练

（一）填空题

1. 色光三原色是_________、_________、_________，分别用字母_________、_________和_________表示。

2. 色料三原色是_________、_________、_________，分别用字母_________、_________和_________表示。

3. 色光相混时，颜色越加越_________，色料混色时，颜色越加越_________。

4. 色料两原色相混时，得到_________色。色料三原色相混时，得到_________色。

5. 两色光相混呈白色光，则二者互为_______色；两色料相混呈黑色，则二者互为_______色。

6. 外貌相同的色光，无论光谱组成是否一样，在颜色混合中可以相互_________。

（二）单选题

1. 光源的光色和太阳光呈现的颜色，是色光（　　）混合的结果。

（A）直接　　（B）反射　　（C）并列　　（D）重叠

2. 印刷加网呈色充分利用了（　　）原理。

（A）人眼的视觉空间混合原理　（B）网点重叠

（C）色光加色　（D）互补色

3. 色料 M+C 混色时，如果 M 的量大于 C 墨量，则混出的颜色偏向于（　　）

（A）C　（B）M　（C）G　（D）Y

4. 混合色光的总亮度总是（　　）组成混合色的各色光亮度的总和。

（A）小于　（B）大于　（C）小于或等于　（D）等于

5. 不属于加色法混合的是（　　）

（A）投影　（B）三色油墨叠印　（C）颜色转盘　（D）彩色显示器

6. 色料混合中，等量的 Y+C=（　　）

（A）G　（B）B　（C）K　（D）R

（三）多选题

1. 色光加色混合应用于（　　）。

（A）电视机　（B）电脑显示器　（C）投影仪　（D）印刷叠印

2. 在油墨调色过程中，某一颜色由 2Y+C+M 调出，从理论上来说其也可选（　　）代替。

（A）Y+K　（B）B+2Y　（C）Y+G+M　（D）Y+M

3. 色料互补色律可用于（　　）。

（A）偏色校正　（B）画家绘画涂黑　（C）剩余油墨收集变黑　（D）分析样稿颜色

4. 色料减色法的类型有（　　）。

（A）透明色层叠合　（B）色料调和　（C）网点并列　（D）投影

（四）判断题（在题后括号内正确的打√，错误的打 ×）

1. 色光加色混合时，参与混合的色光种类越多，所混出的颜色越暗。（　　）

2. 色料减色混合时，参与混合的色料种类越多，所混出的颜色越亮。（　　）

3. 油墨厂生产的油墨只有黄、品红、青和黑四种。（　　）

4. 在印刷专色时，按色料减色代替律，调配某一颜色时可采用几种组合。（　　）

5. 色料互补色只有 R–C、G–M、B–Y 三对。（　　）

6. 在色料调色时，用最少种类色料调出所需颜色，其颜色最鲜艳。（　　）

7. 颜料是分散型呈色物质，染料是溶解型呈色物质。（　　）

8. 利用色光代替律可组合所需光源，利用色料减色代替律可调出所需专色。（　　）

（五）名词解释

1. 色光加色法；2. 色料减色法；3. 色光代替律；4. 色料减色代替律；5. 色光互补色；6. 色料互补色

二、能力训练

1. 仔细观察“情境 1 任务 2 能力训练 1”图中的色块，将色料的原色、间色和复色找出并标注，说明各色块包含有了什么原色？

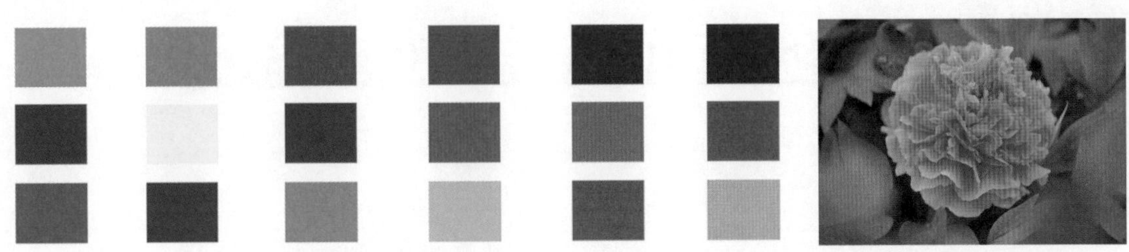

情境1任务2能力训练1　　情境1任务2能力训练2

2. 看情境 1 任务 2 能力训练图 2，理解红花还需绿叶衬的含意，说明其应用了什么效应？

3. 在 Photoshop 中新建一个 CMYK 文件，尺寸为 14cm × 3cm，分辨率为 300dpi，按“情境 1 任务 2 能力训练图 3”所示的纯色与消色混合进行填色，并归纳颜色变化特点。

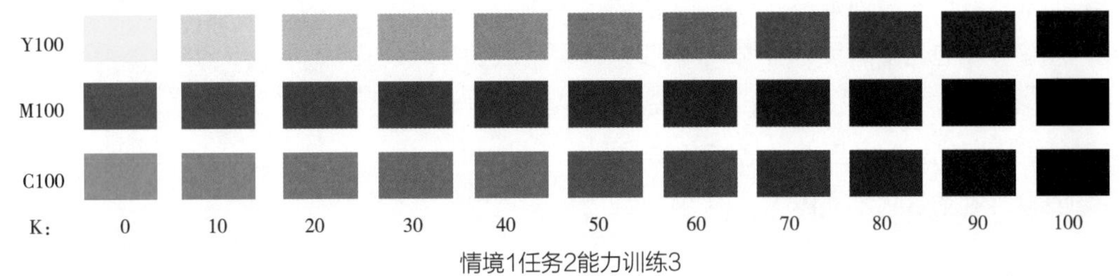


情境1任务2能力训练3

4. 根据色料混色规律，请将“情境 1 任务 2 能力训练 4”图中的左边参与混合的色料与右边相对应的结果用线条连接起来。

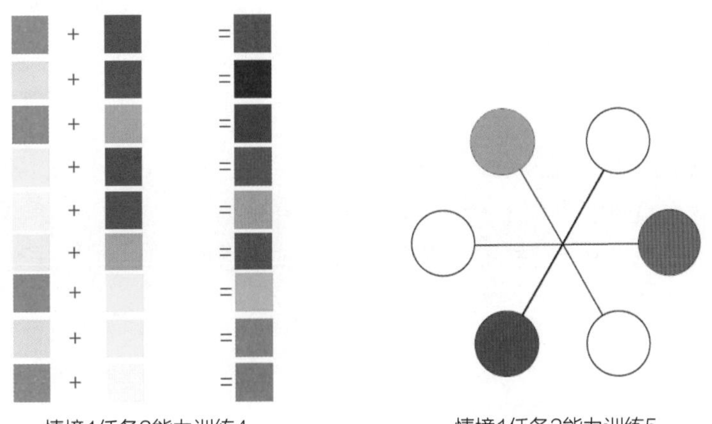

情境1任务2能力训练4　　情境1任务2能力训练5

5. 根据色料混色规律，请将“情境 1 任务 2 能力训练 5”图补充完整。

## 三、课后活动

请每位同学写出对色料减色代替律与互补色律在今后工作应用中的设想。

## 四、职业活动

观察分析可口可乐、冰红茶标签的颜色，从网上查找色料混色规律应用的相关资料。

# 颜色有何属性，如何表示

## 学习目标

完成本学习情境后，你能实现下述目标：

### 知识目标

❶ 能解释颜色的三个属性。
❷ 能解释习惯命名规则。
❸ 能解释分光光度曲线与CIE标准色度系统表色法。
❹ 能说明Lab、Luv、HSB、RGB、CMYK颜色立体的构成。
❺ 能说明印刷色谱与Pantone色卡的构成及作用。
❻ 能说明孟塞尔颜色立体的结构与内容。

### 能力目标

❶ 能区别颜色的色相、明度与饱和度。
❷ 能运用颜色的习惯命名法命名某一颜色。
❸ 能识别分光光度曲线所表示的颜色属性。
❹ 能测量颜色的三刺激值，并能列举其应用案例。
❺ 能在HSB、RGB和CMYK颜色空间中设定颜色。
❻ 能利用Lab颜色空间设定颜色并比较色差。
❼ 能识别并标出印刷色谱中任一色块的网点构成数据。
❽ 能使用Pantone色卡确定色样所用的基色百分比或网点构成。
❾ 能用孟塞尔色册比对色样、查找色块、标定颜色。

建议12学时
完成
本学习情境

## 内容结构

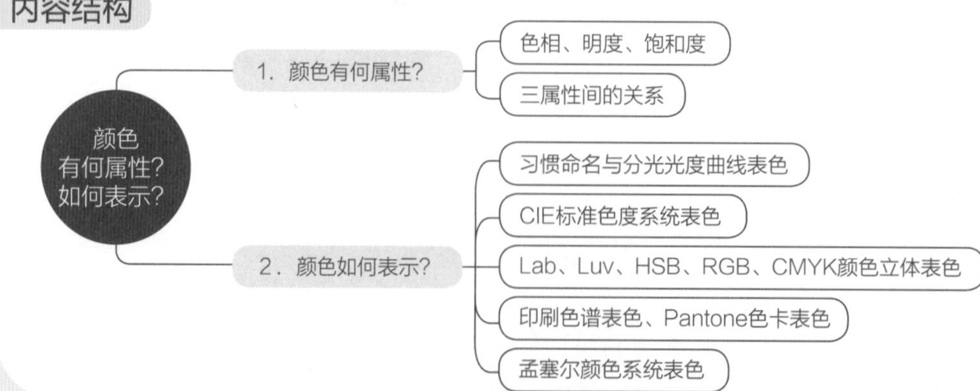

学习任务 1

# 颜色有何属性

（建议 3 学时）

## 学习任务描述

自然界的颜色千变万化，但每一个颜色都有具体的、唯一的属性，只要识别了颜色的属性，就能区别自然界的不同颜色。本任务通过形象直观的图片展示，在理论学习与实践体验相结合的过程中，学会识别颜色的三个基本属性，理解颜色三个属性的内涵、特点及相互间的关系。

重点 识别色相、明度和饱和度。

难点 理解颜色三属性之间的关系。

## 引导问题

1. 颜色有哪三个基本属性？
2. 色相代表颜色的什么？
3. 明度代表颜色的什么？
4. 饱和度代表颜色的什么？
5. 色相与明度是何种关系？色相与彩度是何种关系？明度与彩度是何种关系？

小　明：当我们远离城市的喧嚣，漫步田园，呼吸着新鲜的空气，观赏着火红的石榴、泛黄的麦浪、青翠的棉苗，还有那轻盈翻飞的蝴蝶时，是多么的心旷神怡。在我们生活的周围，物体的色彩千差万别，对一个具体的物体而言，怎样去识别它们的颜色呢？

张老师：要识别物体的颜色，首先要认识颜色的基本属性。

小　明：颜色有哪些基本属性？

张老师：颜色有三个基本属性，分别是色相、明度和饱和度。

## 一、颜色的色相

张老师：色相（Hue）：指颜色的外观相貌，是颜色的主要特征，也是色与色之间的主要区别，也称作色调或色别，如图2-1所示。

图2-1中色盘的每一个角度对应一个确定的色相。通常人们所说的红、橙、黄、绿、青、

蓝、紫就是颜色的色相。印刷业常用的色相环，如图2-2所示，就是对色相形象而简明的表示。

第26讲

小　明：人眼可以分辨多少种色相？

张老师：正常人眼能分辨180多种色相，其中包括150种光谱色和30多种谱外色。但是人眼对不同色相的敏感度是不一样的，一般正常视觉的人眼对494nm的青绿色光和585nm的橙黄色光最敏感，而对光谱两端的红光（655nm~780nm）和紫光（380nm~430nm）最迟钝。在印刷复制时，对敏感色相的复制要特别小心，不甚敏感的色相复制则相对容易。

小　明：颜色的明度指的是什么？

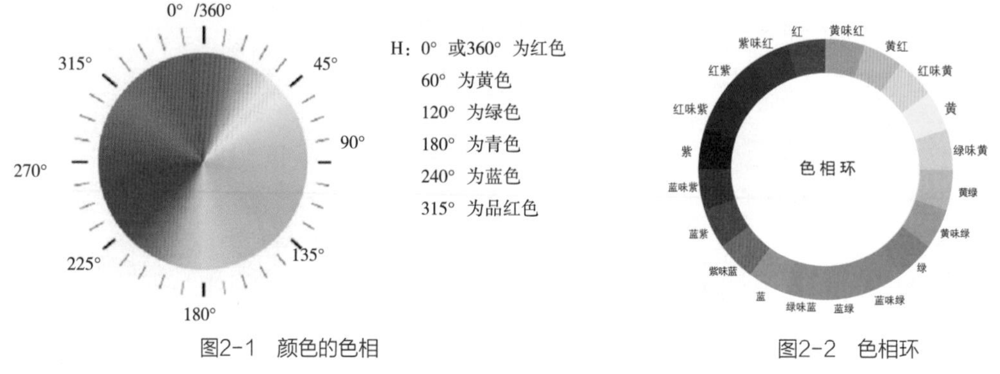


图2-1　颜色的色相　　图2-2　色相环

## 二、颜色的明度

张老师：明度（Lightness）：是表示颜色明暗程度的特征量，是颜色的骨骼，也称为主观亮度或明暗度。黑色的明度最低，为0，白色的明度最高，为100。图2-3和图2-4分别是消色和彩色的明度变化示意图。

第27讲

从图2-4中可看出不同颜色的明度是不同的，这是因为明度是由颜色对光的反射率而定的，反射率大，明度高，反之，明度低。经测试各色光谱的相对明度值如表2-1所示。

表2-1　明度对比

| 彩色 | 黄 | 橙 | 黄绿 | 青绿 | 青 | 红 | 蓝 | 紫 |
|---|---|---|---|---|---|---|---|---|
| 明度值 | 100 | 78.9 | 69.85 | 30.33 | 11.0 | 4.95 | 0.80 | 0 |
| 消色 | 白 | 白灰 | 浅灰 | 中灰 | 深灰 | 暗灰 | 黑灰 | 黑 |

小　明：同一个颜色，我发现放在暗处与放在亮外所看到的鲜艳程度不同，这说明明度对颜色的鲜艳度有影响？

张老师：是的，明度对颜色的鲜艳程度影响很大，只有在明度适中时，颜色的鲜艳度才最高，在任一颜色中加入白色成分，明度就会增加，鲜艳度下降；若加入黑色成分，明度就会下降，鲜艳度也下降，如图2-5所示。

**小　明:** 人眼对不同的明度其敏感性有无区别?

**张老师:** 人眼能分辨600多种明暗层次，亮度有1%的变化，人眼都能觉察到，如日光灯因电压不稳出现的闪烁，人眼都能感受到。但只有在亮度适中时，人眼的分辨力才最佳，太亮或太暗，人眼分辨明度的准确性都会降低。

**小　明:** 针对明度这一特性，在印刷复制时，需要注意什么?

**张老师:** 由于人眼在太亮或太暗时对明度都不太敏感，因此，在制版时可以将高、低调层次适当拉开些，而对中间调层次尽可能保持不变，如图2–6所示。

同时要避免背景色对所观察颜色明度的影响，如图2–7所示，同一明度的颜色在不同背景下其呈现的颜色效果是不一样的。

其次在加网印刷品中，明度是通过网点的大小表现出来的，如图2–8所示，着墨的网点面积越大，颜色越深，明度越低，反之则明度越高。

（从左向右：明度变大）

图2-3　消色明度变化

（从左向右：明度变小）

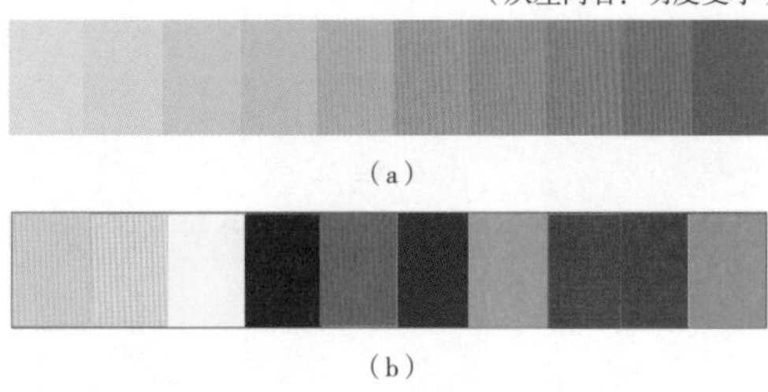

（a）

（b）

图2-4　明度变化

（a）同色相明度变化（b）异色相明度变化

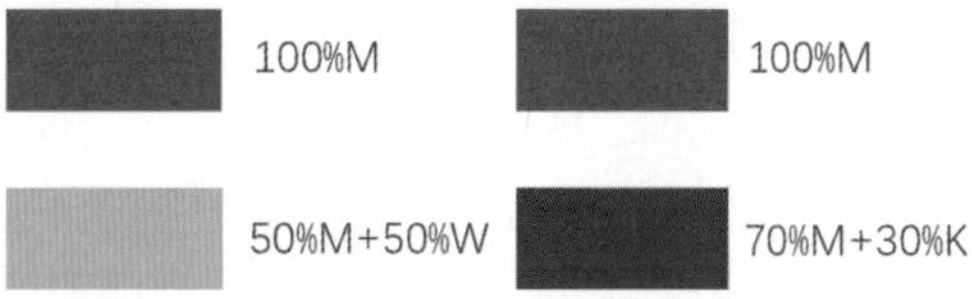

图2-5　明度变化与鲜艳度变化

**小　明:** 明度这一特点对印刷调墨有何作用?

**张老师:** 在印刷调墨时，要使颜色变浅，明度升高，可加入适量冲淡剂，如欲使墨色变深，明度降低，一般可采取两种方法，一种是加黑墨，但易使墨色显得脏一些，故不常用。另一种方法是加入该色的补色墨，即色相环中与该颜色相对的颜色墨，此种方法效果更好。

**小　明:** 颜色的彩度指的是什么?

图2-6　合理利用人眼对明度敏感性调整阶调

图2-8　印刷网点与明度关系

图2-7　不同明度背景对颜色的影响

## 三、颜色的彩度（饱和度）

第28讲

**张老师**：颜色的彩度（Chroma），又称饱和度或纯度，是颜色的鲜艳程度，也是彩色与同明度无彩色差别的程度，是颜色的内在品质。

**小　明**：颜色的彩度有何特点？

**张老师**：如果颜色越鲜艳，那么其彩度就越大，在所有颜色中，光谱色彩度最大，消色的彩度为零。如果向彩色中加入无彩色成分，其彩度会降低。如向红色油墨中加入白色墨或黑色墨，其彩度都会降低，如图2–9所示。

**小　明**：人眼能分辨多少级彩度？

**张老师**：人眼对光谱色两端的颜色即红色和紫色区域的彩度较敏感，尤其是红色最敏感，可以区分25级，而对黄色的彩度最迟钝，只能分辨4级。如白纸上印黄色文字是很难看清楚的，一方面是因为黄色与白纸的明度较接近，另一方面是人眼对黄色的彩度不敏感，如图2–10所示。

**小　明**：针对人眼对彩度的这一特性，印刷生产时需要注意什么呢？

**张老师**：印刷时，如果先印黄版，对检查墨色的深浅会带来较大困难，为避免这种弊端，在印刷过程中应经常用密度计测量黄墨的实地密度，尽量将其控制在允许的范围之内，如果没有密度计进行测试，最好第一色不印黄版。

**小　明**：在实际印刷生产中，影响物体颜色彩度的因素有哪些？

**张老师**：影响的主要因素是彩色物体表面的光滑度，如图2–11所示。

大多数彩色物体的表面除了选择性地吸收和反射颜色光外，还存在着表面反射，即镜面反射现象，而镜面反射是非选择性的，即反射出的光是白光，且是单向反射，如果对着反射的白光看物体时会觉得刺眼，但只要避开这个角度从其他方向观察，就不会影响到物体的彩度。但表面粗糙的物体对照射到其表面的光是漫反射，从任何角度观察都难以避开这种多向漫反射的白光，从而冲淡了颜色的彩度，因此粗糙表面的彩色物体其彩度会降低。如铜版纸印出的产品比新闻纸印出的产品的颜色要鲜艳得多。印后加工的上光或覆膜，目的之一就是为了增加印品表面的光滑度，从而增大颜色的彩度，使产品的外观更加鲜艳和光亮。

**小　明**：看来充分认识颜色三属性的内涵，对高质量地进行彩色印刷复制很有意义。那么颜色三属性之间有何关系？

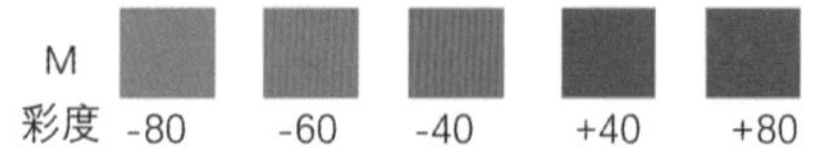


图2–9　同色相不同彩度

白纸印红字，人眼最敏感　白纸印黄字，看不清了

图2–10　彩度敏感性不同

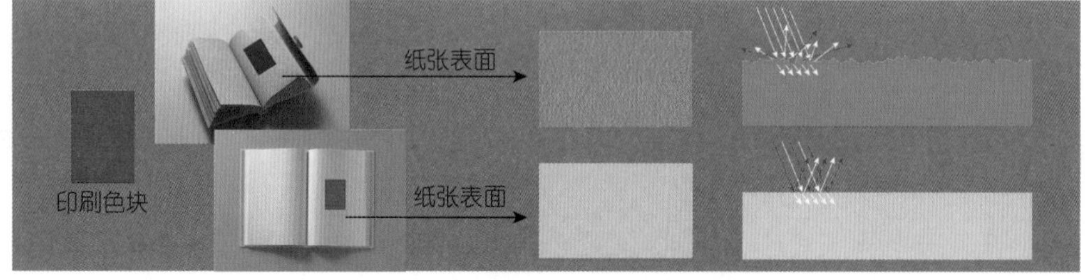


图2–11　承印物表面粗糙度不同彩度不同

## 四、颜色三属性间有何关系

第29讲

**张老师:** 颜色三属性间的相互关系可用图2–12心理颜色立体表示，其颜色立体的中央纵轴表示颜色的明度，上白下黑，中间是一系列的中性灰色，分为不同的明度等级，称为明度轴。水平剖面的圆周上不同位置处表示不同的色相，称为色相环。色相环的中心是无彩色的灰色，各级灰色的明度同色相环上各种色相的明度相同。圆环的半径轴表示彩度，圆心处的彩度为零，圆环外端处彩度最大，即从圆心向外彩度逐渐增大。任何一种颜色都可在立体中找到准确的位置，从图中可看出：当三个坐标中的任何一个坐标发生变化时，另外两个坐标会相应变化。这说明颜色三属性既有独立性，又互相联系、互相制约。

### ❶ 色相与明度的关系

同色相的明度，含白色成分多时，明度高；含黑色成分多时，明度低。不同色相的明度，明度从大到小的排列是：白、黄、橙、绿、青、红、蓝、紫、黑，如图2–13所示。

### ❷ 色相与彩度的关系

光谱色的彩度最大，其中的红色、蓝色和紫色彩度最大；而黄色的彩度最小，青色、绿色彩度居中，如图2–14所示。

### ❸ 明度与彩度的关系

同一色相，明度的变化会引起彩度的变化，明度适中时，彩度最大，当明度升高或降低时，彩度都会降低。如向同一颜色中加入白色或黑色成分时，彩度都会下降，如图2–15所示。

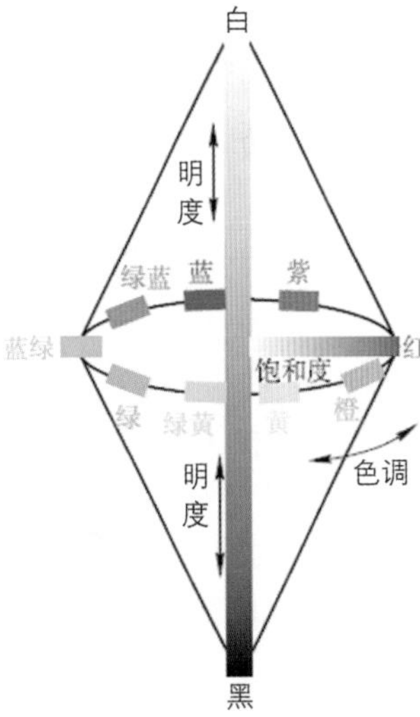

图2–12　颜色三属性关系

**小　明:** 通过这一任务的学习，我明白了任何一种颜色，只要确定了其色相、明度与彩度，这个颜色就是唯一的。但是消色有三个属性吗？

**张老师:** 消色因为是无彩色，所以没有色相与彩度，只有明暗大小之别，这是颜色中的特例，除此之外的颜色具都有三个属性。

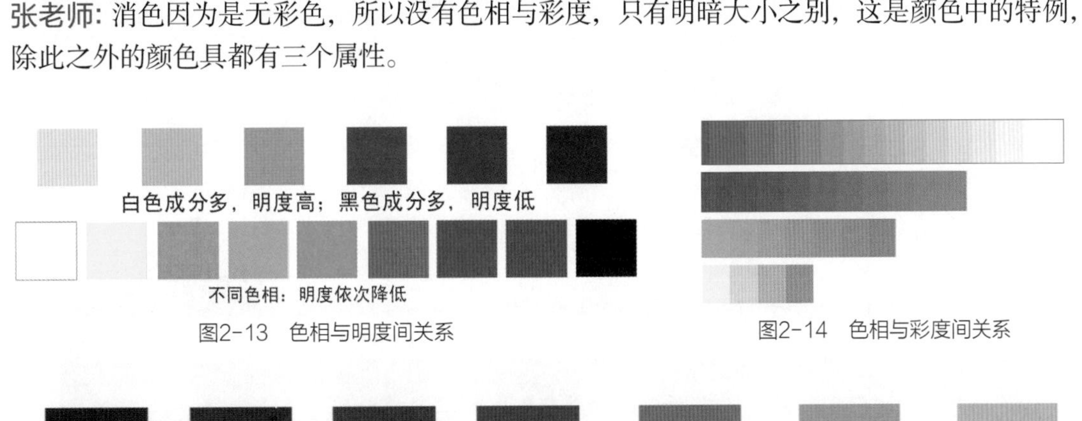

图2–13　色相与明度间关系

图2–14　色相与彩度间关系

图2–15　明度与彩度间关系

## 学习评价

### 自我评价

能否解释色相、明度与彩度的定义？　能□　否□

能区分颜色的色相、明度与彩度吗？　能□　否□

### 小组评价

1. 是否积极主动地与同组成员沟通与协作，共同完成学习任务？

评价情况：

2. 完成本学习任务后，能区分原稿的色相、明度与彩度特性？能说明二者间的关系？

评价情况：

### 学习拓展

在网络上查找颜色三属性的特征及相互关系，以及合理应用的案例。

### 训 练 区

一、知识训练

（一）填空题

1. 色相是颜色的＿＿＿＿＿＿、明度是颜色的＿＿＿＿＿＿、彩度是颜色的＿＿＿＿＿＿。
2. 暗红色的衬衣表述中，“红”表示＿＿＿＿＿＿、“暗”表示＿＿＿＿＿＿。
3. 鲜艳的五星红旗描述中，“鲜艳”表示＿＿＿＿＿＿。
4. 颜色三属性既相互＿＿＿＿＿＿、又相互＿＿＿＿＿＿。
5. 明度适中时，颜色的彩度最＿＿＿＿＿＿。

（二）单选题

1. 在心理颜色立体中，饱和度最高的颜色位于（　　）。

   （A）圆周　（B）圆中心　（C）立体的两个端点　（D）都不是

2. 在心理颜色立体中，色相相同的所有颜色位于（　　）上。

   （A）水平面　（B）圆心到圆周的射线

   （C）由明度轴到色相环某点构成的三角形垂直面　（D）都不是

3. 人眼对（　　）色的彩度最敏感，可以分辨 25 级。

   （A）红　（B）黄　（C）绿　（D）蓝

4. 人眼对（ ）色的彩度最迟钝，只能分辨 4 级。

（A）红 （B）黄 （C）青 （D）蓝

5. 人眼对（ ）光的色相最敏感。

（A）红光和紫光 （B）青绿光和橙黄光 （C）绿光 （D）品红光

6. 人眼对（ ）光的色相最迟钝。

（A）红光和紫光 （B）青绿光和橙黄光 （C）绿光 （D）品红光

（三）判断题（在题后括号内正确的打√，错误的打 ×）

1. 消色系也有色相、明度与饱和度。（ ）

2. 颜色越暗、其彩度越小，颜色越亮、彩度越小。（ ）

3. 明度适中时，颜色的彩度最大。（ ）

4. 往某一颜中加入白色颜料，其明度增大，彩度也增大。（ ）

5. 往某一颜中加入黑色颜料，其明度降低，但彩度增大。（ ）

6. 人眼在太暗与太亮时对颜色明度不敏感，制版时可适当拉开高、低调层次。（ ）

（四）名词解释

1. 色相；2. 明度；3. 彩度

## 二、能力训练

1. 比较图 2-16 能力训练 1 中每行色块的颜色，说明它们颜色三属性的差异?

2. 在计算机中或用颜料与画笔完成图 2-17 能力训练 2 中，颜色三属性的推移训练。

3. 在计算机中或用颜料与画笔完成图 2-18 能力训练 3 中，颜色的推移训练，培养对颜色的敏锐性。

4. 仔细观察图 2-19 能力训练 4 中的颜色变化，体会色相、明度与彩度的变化规律。

图2-16 能力训练1

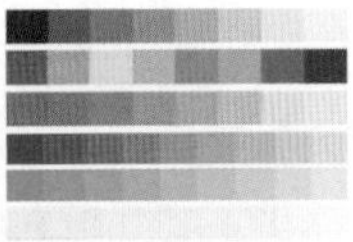

图2-17 能力训练2

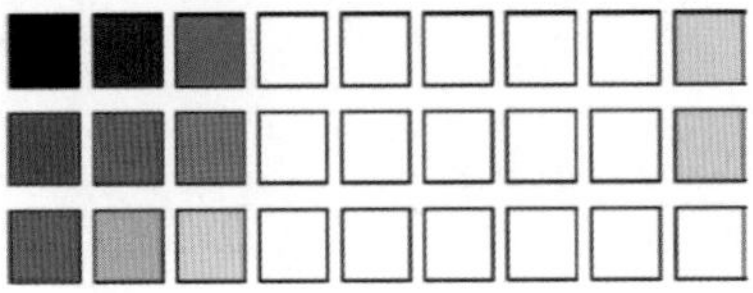

图2-18 能力训练3

图2-19 能力训练4

## 三、课后活动

请每一位同学举例说明你对颜色三属性相互关系的理解。

## 四、职业活动

观察分析日常生活中所接触到的印刷品颜色的三属性状况。

# 学习任务 2

# 颜色如何表示

（建议 9 学时）

## 学习任务描述

彩色印刷品的生产，需要客户与印刷企业针对产品的颜色信息进行充分的沟通与交流。印刷公司内部的生产、管理和营销人员，也要对每一件产品的颜色状况进行沟通，达成控制颜色的一致意见，确保高质量生产。因此，如何将颜色信息准确有效地表示出来，便于人们识别、沟通、比较和评价，是颜色复制领域的一个重要工作。本任务通过形象直观的图片展示，理实一体的学习体验活动，去认识颜色的习惯命名法，学会应用CIE色度系统表色法、分光光度曲线表色法以及LAB、HSB、RGB、CMYK颜色立体表色法、印刷色谱、Pantone色卡和孟塞尔颜色表色系统。

**重点** Lab、RGB、CMYK、印刷色谱和Pantone表色法。

**难点** CIE色度系统表色法。

## 引导问题

❶ 颜色的习惯命名法有几种类别？

❷ 分光光度曲线如何表示颜色三属性？

❸ CIE色度系统由哪两部分构成？三刺激值指的是什么？

❹ Lab、Luv、HSB、RGB与CMYK颜色立体表色法，其字母分别代表什么？各自的取值范围是多少？每种颜色立体与设备是什么关系？

❺ 你能利用计算机任意设定Lab、HSB、RGB和CMYK颜色空间中的颜色吗？

❻ 你能识别印刷色谱和Pantone色卡中任一色块的颜色构成吗？

❼ 孟塞尔颜色立体是怎样构成的？你能在孟塞尔色册中寻找和标定任一色块？

**小　明:** 人离不开颜色，不管是衣、食、住、行，还是学习和工作，总或多或少地涉及颜色。比如吃饭讲究色、香、味俱全，买件衣服首先考虑的也是颜色。在人们谈论颜色好不好看时，更想知道颜色是怎样表示的。

**张老师:** 为了便于人们对颜色信息进行沟通和交流，研究人员通过大量的实验研究和总结，形成了一些科学、实用、有效的表示颜色的方法。

## 一、习惯命名与分光光度曲线表色法

### ❶ 习惯命名表色法

第30讲

张老师：生活中最通俗和常用的颜色表示法是习惯命名法，习惯命名法是用人们熟悉的事或物来命名颜色的一种方法。分为以下三种类别：

① 以植物颜色命名：如草绿、棕色、麦秆黄、橘黄、杏仁黄、枣红、橄榄绿、柠檬黄等，如图2–20所示。

图2-20 植物颜色命名

② 以动物颜色命名：如孔雀蓝、鹅黄、鸭蛋青、乳白、象牙白、鱼肚白、驼色、鼠灰色等，如图2–21所示。

图2-21 动物颜色命名

③ 以自然界其他物质颜色命名：如蓝天、水绿、土黄、月白、金黄、银灰、铁灰、雪白等，如图2–22所示。

图2-22 其他物质颜色命名

小　明：这种命名法很好记忆，生活中的每个人都在自觉或不自觉地使用。

张老师：是的，习惯命名法只是对颜色的一种定性描述，其特点是简便、生动、形象，但不精确，有局限性，只适合一般的生活用色。对于要求精确复制的彩色印刷业，此种表色法是不适用的。

小　明：什么方法能对颜色进行精确地描述呢？

## ❷ 分光光度曲线表色法

**张老师:** 分光光度曲线表色法是一种精确描述颜色的方法。

**小　明:** 分光光度曲线是什么? 它是怎么样表示颜色的呢?

**张老师:** ① 分光光度曲线: 表示物体反射或透射各个波长光辐射能力的曲线，如图2–23所示。

图中纵坐标表示油墨的光谱反射率，横坐标表示波长，红色直线表示理想油墨反射光的情况，黑色曲线为实际油墨的反射曲线。图中可以看出曲线不同，其颜色就不同。因此这种以分光光度曲线来表示颜色特性的方法，就称为分光光度曲线表色法，又称为光谱表色法。

**小　明:** 分光光度曲线是怎样表示颜色的呢?

**张老师:** 分光光度曲线是按照颜色的三属性分别表示的。

② 色相: 用曲线峰值对应的波长来表示，如图2–24所示。

③ 明度: 由曲线的高低来表示，如图2–25所示。

④ 彩度: 以分光光度曲线波峰与波谷之差来表示，如图2–26所示。

**小　明:** 在学习颜色三属性时，您说消色无彩度，可否用分光光度曲线解释?

**张老师:** 好的，图2–27是消色的分光光度曲线，从图中可以看出: 不管是白色、灰色，还是黑色，其分光光度曲线都是一条直线，在同一条直线上其波峰与波谷是重叠的，也就是说波峰与波谷之差为零，因此其彩度为零。

**小　明:** 分光光度曲线有何特点?

**张老师:** 分光光度曲线可精确的描述物体颜色的属性，每一条曲线表示一种颜色，我们可以根据曲线的峰值、宽窄和高低判断其颜色状况，但不直观，要借助测量仪器才能完成，一般用于科学研究和对颜色复制要求非常高的需求。很多油墨厂家对每种油墨也进行分光光度曲线的测定，并印刷在油墨宣传手册上，以宣传其油墨，还有电脑配色需用到分光光度曲线来进行比色。

**小　明:** 现在有没有一个在世界范围内通用的，准确地表示颜色的最基本的系统呢?

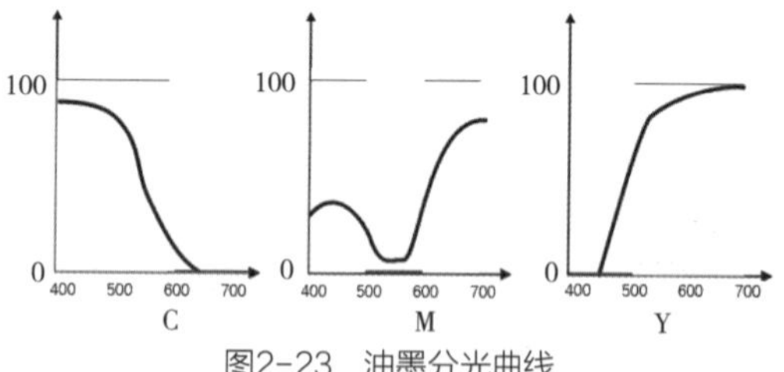


图2-23　油墨分光曲线

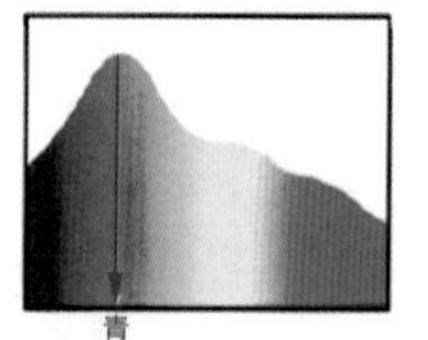


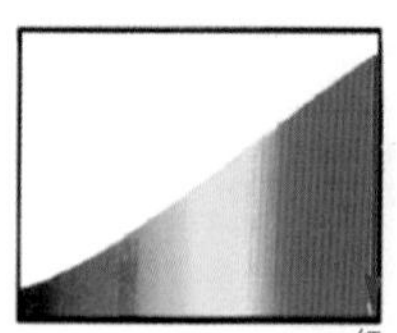


左边曲线峰值对应青色波长，呈青色；右边曲线峰值对应红色波长，呈红色。

图2-24　色相表示

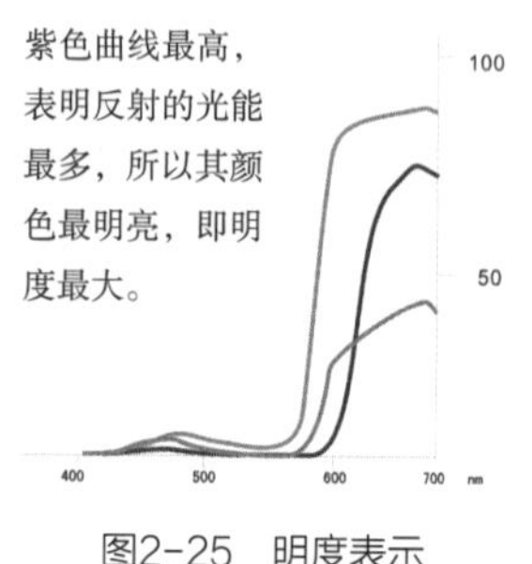


图2-25　明度表示

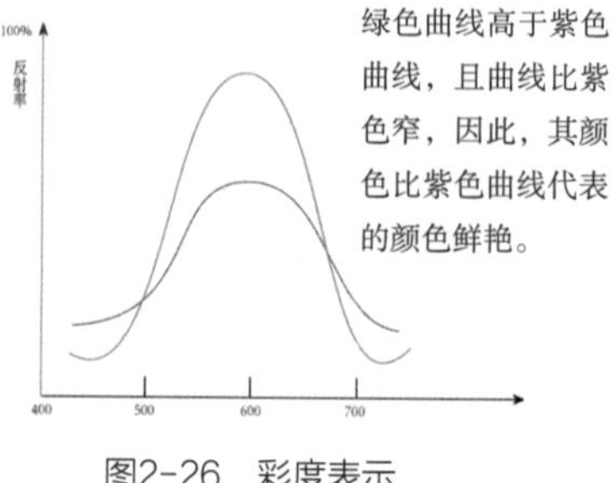


图2-26　彩度表示

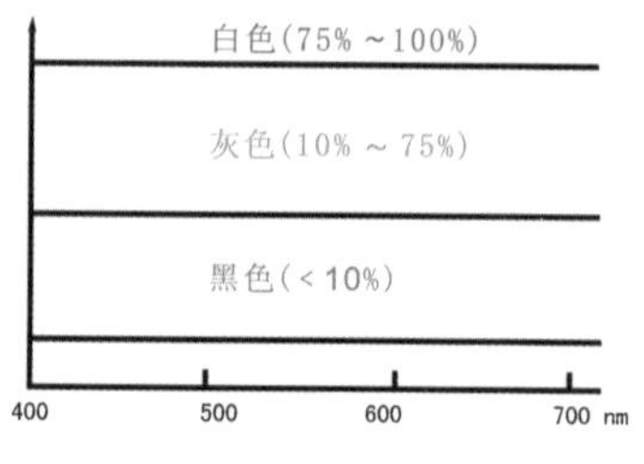


图2-27　消色分光光度曲线

## 二、CIE1931标准色度系统表色法

### ❶ 认识 CIE 标准色度系统

第31讲

张老师: 有的，CIE标准色度系统就是国际通用的表色系统，中国国家标准局于1983年正式推行其颜色表示方法。

小　明: CIE是什么? 其采用何种方式表示颜色?

张老师: CIE是COMMISSION INTERNATIONALE DE L'ECLAIRAGE的简称，即国际照明委员会，其总部设在奥地利的维也纳，是世界上光与色最权威的机构。其使用特定的符号和图，按一系列规定和定义表示颜色。如用CIERGB、CIE-XYZ、CIE-LAB等符号，并结合色度图来表示颜色，此种表色系统称为CIE标准色度系统。在CIE研究颜色表示方法的进程中，先后建立了CIE1931标准色度系统（基础），CIE1960UCS均匀标尺图，CIE1964$W^*U^*V^*$均匀色空间，CIE1976$L^*U^*V^*$色空间和CIE1976$L^*a^*b^*$色空间。

小　明: 您说CIE1931标准色度系统是基础，那么该系统是如何建立的?

### ❷ CIE 1931 标准色度系统

张老师: CIE1931标准色度系统简称为XYZ色度系统，是指在2° 视场角下，通过对标准观察者进行颜色匹配测试后建立的一套表色系统。它包括一系列数据（光谱三刺激值）和一张色度图。

小　明: 也就是说理解了数据和色度图，就掌握了其表色系统。那么数据怎样得来?

### ❸ 光谱三刺激值

第32讲

张老师: 是的，要搞清楚数据是如何得来的，首先要理解视场角这个概念，视场角是指人眼或光学仪器能够观测到的最大范围的夹角。如图2-28所示。接下来我们看如图2-29所示的颜色匹配实验，图中上端是三个投影仪，分别投射红、绿、蓝三原色光并重叠地显示在白色屏幕上，屏幕下端的待测光源直接投射到屏幕上，人眼通过观测孔隙同时观看屏幕上下两端的颜色。当改变红、绿、蓝三个投影仪的光强度时，人眼所看到的屏幕上端色光的颜色就会相应地改变，直到与屏幕下端的颜色相同。这种匹配是一种视觉上一样，而光谱组成却不一样的匹配，即“同色异谱”的颜色配对。国际照明委员会（CIE）根据科学家莱特和吉尔德选择1000名色觉正常者，在2° 视场角范围内匹配等能光谱色得到的平均数据，即匹配等能光谱色所需的三原色光（R、G、B）的数据叫做1931CIE-RGB系统标准色度观察者光谱三刺激值，以R、G、B表示，以此来代表人眼的平均颜色视觉特性，以便标定颜色和计算色度。此实验使用的三原色光的波长分别是700nm（红原色）、

图2-28　视场角

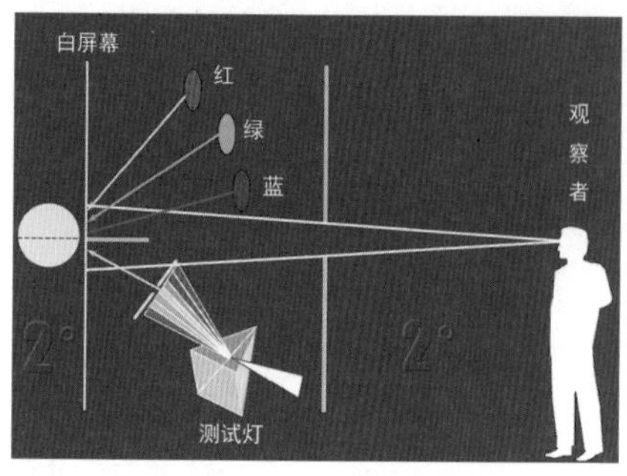

图2-29　色光匹配实验

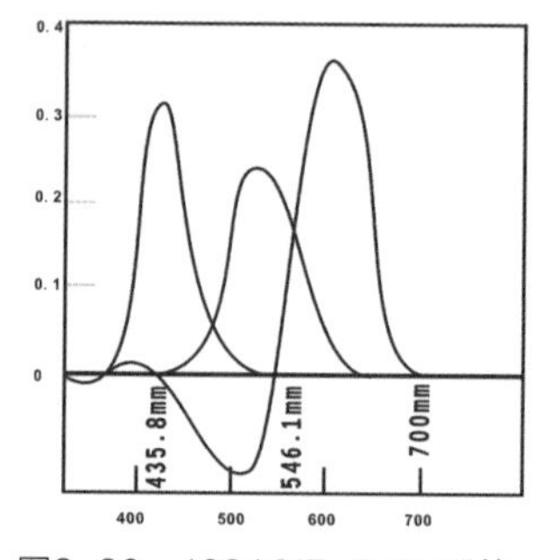

图2-30　1931CIE-RGB系统标准色度观察者光谱三刺激值

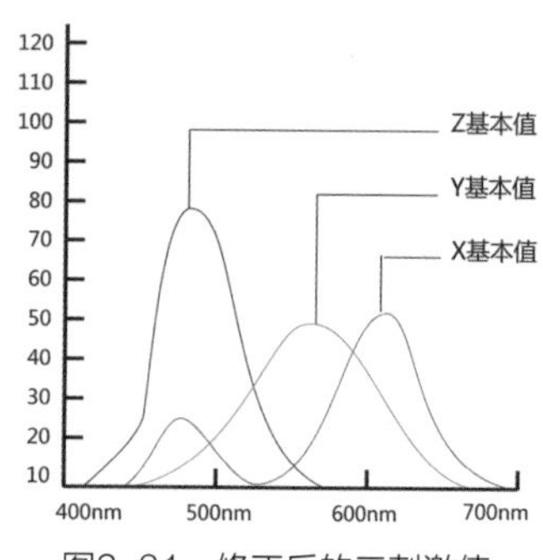

图2-31　修正后的三刺激值

546.1nm（绿原色）、435.8nm（蓝原色）。按此数据所绘出的光谱三刺激值曲线如图2-30所示，在标定光谱色时原色光的三刺激值出现了负值，为了方便计算，经数学变换为$X$、$Y$、$Z$值，此时消除了负值，新的数据$X$、$Y$、$Z$定名为CIE1931标准色度观察者光谱三刺激值，其中$X$代表红原色数量、$Y$代表绿原色数量、$Z$代表蓝原色数量，图2-31就是修正后的三刺激值曲线。

**小　明：**三刺激值还经过了消除负值处理的过程，这么说来现在所用的都是由$X$、$Y$、$Z$所表示的三刺激值了。对于光源、反射体和透射体，其三刺激值如何计算呢？

**张老师：**光源、反射体和透射体，其发出的光或反射（透射）出的光的颜色三刺激值分别按如下公式计算。

$$X = K\sum_{\lambda} S(\lambda)\overline{X}(\lambda)\,\Delta\lambda \qquad X = K\sum_{\lambda} S(\lambda)\overline{X}(\lambda)\,\rho(\lambda)\Delta\lambda \qquad X = K\sum_{\lambda} S(\lambda)\overline{X}(\lambda)\,\tau(\lambda)\Delta\lambda$$

$$Y = K\sum_{\lambda} S(\lambda)\overline{Y}(\lambda)\,\Delta\lambda \qquad Y = K\sum_{\lambda} S(\lambda)\overline{Y}(\lambda)\rho(\lambda)\,\Delta\lambda \qquad Y = K\sum_{\lambda} S(\lambda)\overline{Y}(\lambda)\tau(\lambda)\,\Delta\lambda$$

$$Z = K\sum_{\lambda} S(\lambda)\overline{Z}(\lambda)\,\Delta\lambda \qquad Z = K\sum_{\lambda} S(\lambda)\overline{Z}(\lambda)\rho(\lambda)\,\Delta\lambda \qquad Z = K\sum_{\lambda} S(\lambda)\overline{Z}(\lambda)\tau(\lambda)\,\Delta\lambda$$

光源三刺激值计算公式　　反射体三刺激值计算公式　　透射体三刺激值计算公式

式中$S(\lambda)$表示光源的能量分布，$\overline{X}(\lambda)$、$\overline{Y}(\lambda)$和$\overline{Z}(\lambda)$表示人眼的颜色视觉匹配函数，$\rho(\lambda)$表示反射体分光反光曲线，$\tau(\lambda)$表示透射体分光透射曲线。

**小　明：**那么CIE1931标准色度系统的另一个组成部分——色度图又是如何制得？

## ❹ 色度图

**张老师：**色度图是以三刺激值数据为基础，按特定的坐标公式计算出坐标值后，在直角坐标系中描出来的一个平面图，又名色品图。其坐标计算公式如下所示：式中小写$x$、$y$、$z$表示坐标值，大写$X$、$Y$、$Z$表示三刺激值。

第33讲

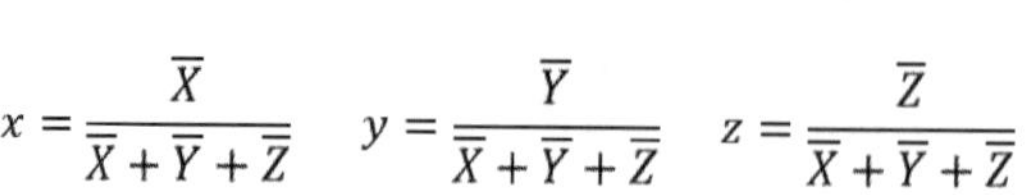

$$x = \frac{\overline{X}}{\overline{X}+\overline{Y}+\overline{Z}} \qquad y = \frac{\overline{Y}}{\overline{X}+\overline{Y}+\overline{Z}} \qquad z = \frac{\overline{Z}}{\overline{X}+\overline{Y}+\overline{Z}}$$

图2-32就是以横坐标$x$表示红原色比例，纵坐标$y$表示绿原色比例所描绘出的色度图。$z=1-x-y$表示蓝色比例，在图中没表示出来。对于任何一个颜色知道其三刺激值，就可计算出坐标

值，根据坐标值就能在色度图中找到相应的位置，知道了位置，就确定了颜色。图中的马蹄形轨迹分布着波长单一、饱和度最高的各种光谱色，称为光谱轨迹。要注意的是在光谱轨迹的两端，即400nm与700nm所连接的直线，是光谱上所没有的从紫到红的颜色，叫做紫红轨迹，这条线上的颜色又称为谱外色。由光谱轨迹和紫红轨迹所形成的马蹄形区域内，包括了一切物理上能够实现的颜色。凡是落在马蹄形区域以外的颜色都是不能由真实色光混合产生的颜色。图中的*E*点为等能白光，由原色各三分之一混合产生。*C*点为CIE标准光源*C*的位置，与中午阳光的光色相同，理想的*C*点与*E*点是重合的。从*E*点向光谱两端所连接的直线与紫红轨迹所构成的三角形是谱外色区域。在色度图中，越靠近中间*E*点，颜色的彩度越小；越靠近光谱轨迹，颜色的彩度就越大。

**小　明：**色度图是平面二维图，只表示了颜色的色相与彩度特征，其明度如何表示？

**张老师：**在二维平面色度图中，明度直接用三刺激值中的*Y*值表示，如*E*点的明度是100，则直接在*E*点旁边标上100即可。

## ❺ CIE Yxy 颜色空间

由于光谱三刺激值中*Y*值与人眼的明视觉光谱光效率函数值相符合，CIE用*Y*值的百分数表示颜色亮度，称为亮度因素，构建了CIEYxy颜色立体，如图2-33所示，*Y*轴从中央白点*E*处垂直穿过，使二维平面色度图变为三维空间形式，由亮度因素*Y*值和色度坐标（$x, y$）表示的颜色空间，称为CIE Yxy颜色空间。

**小　明：**我发现用不同的视角去观察物体时，看到的物体颜色会有所不同，这是什么原因？

**张老师：**这是因为人眼对颜色的分辨力与观察物体时视场角的大小有关。实验表明：人眼用4° 以下的小视场角观察颜色时，辨别差异的能力较低。当观察视场从2° 增大到10° 时，颜色匹配的精度和辨别色差的能力都有所提高。但视场角再进一步增大时，就没什么变化了。因此，在1964年CIE又补充制定了一个10° 视场角的色度系统，称为CIE1964补充标准色度系统，简称为$X_{10}Y_{10}Z_{10}$色度系统。在此系统中其三刺激值测定与色度图的构建方法与2° 视场角时完全相同，只是观察角度变为10° 而已。为区别起见，在三刺激值*XYZ*的下标加上了10，在色度图下标明了CIE1964色度图。

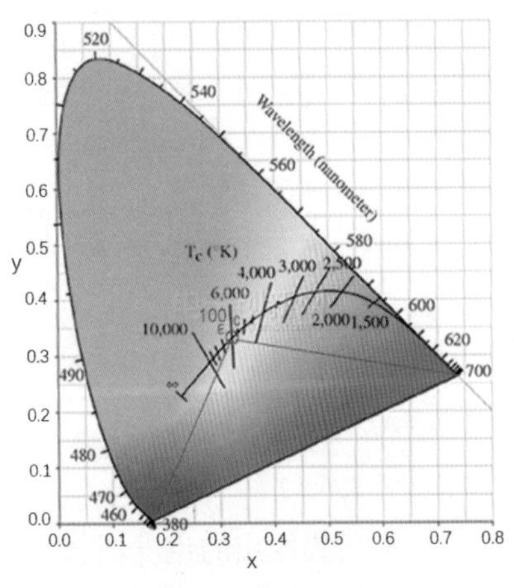


图2-32　色度（色品）图

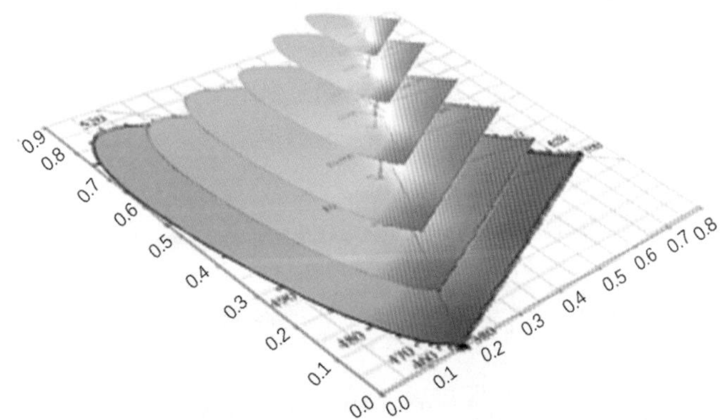


图2-33　CIE $Y_{xy}$颜色空间

**小　明:** 我最关心的是在彩色印刷复制中，会用到CIE1931标准色度系统吗?

**张老师:** CIE1931标准色度系统是对颜色度量的一个最基础的研究和表示，印刷业直接用到的有三刺激值和色度图，如现在很多颜色测量仪器可直接测出颜色的三刺激值，以便于比较和控制印刷品的颜色复制质量，如图2–34所示。还有世界范围内普遍使用的图像处理软件Photoshop中的颜色设置功能，也是基于三刺激值，通过数字图像处理而建立起来的，如图2–35所示，通过测量印刷的9个实地色块的*Y*、*x*、*y*值后，直接将值填写在对应空格处，即可建立符合本印刷企业所需的油墨颜色模式。此外，CIE色度图便于对不同介质、不同印刷状态及印刷方式再现颜色的能力进行直观的比较，即通过其在色度图中的表示范围，直观地对比其颜色的再现能力。CIE标准色度系统也是后来其他颜色空间建立的基础，因此学习其相关内容十分必要。为增进对CIE标准色度系统的理解和应用，我们做一个项目训练。

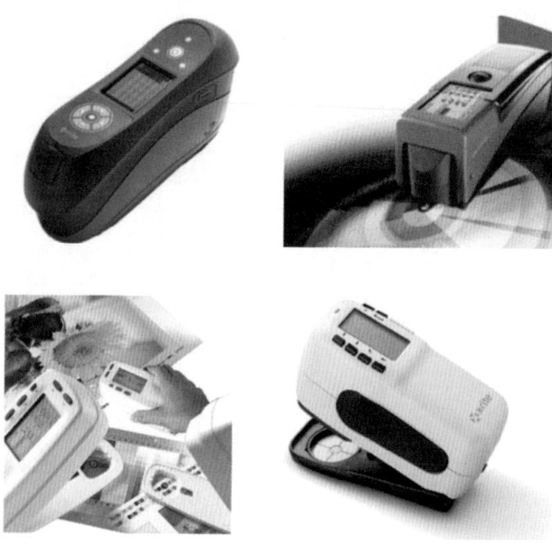

图2–34　测色仪器

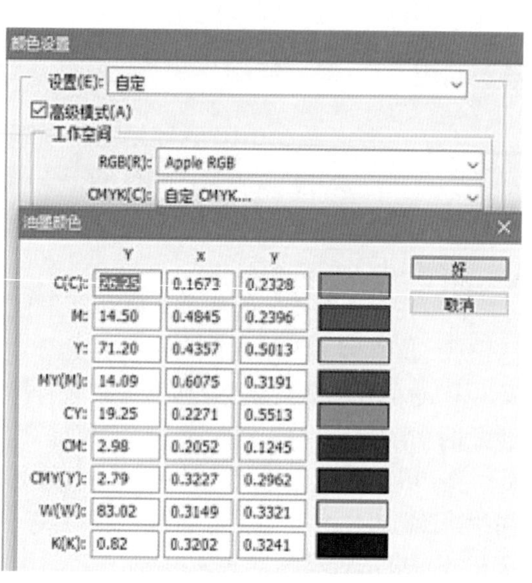


|  | Y | x | y |
|---|---|---|---|
| C(C): | 26.25 | 0.1673 | 0.2328 |
| M: | 14.50 | 0.4845 | 0.2396 |
| Y: | 71.20 | 0.4357 | 0.5013 |
| MY(M): | 14.09 | 0.6075 | 0.3191 |
| CY: | 19.25 | 0.2271 | 0.5513 |
| CM: | 2.98 | 0.2052 | 0.1245 |
| CMY(Y): | 2.79 | 0.3227 | 0.2962 |
| W(W): | 83.02 | 0.3149 | 0.3321 |
| K(K): | 0.82 | 0.3202 | 0.3241 |

图2–35　Photoshop软件应用

## 项目训练一　*Y*、*x*、*y* 刺激值的测量与填表

1. 目的：学会用测色仪器测量颜色的*Y*、*x*、*y*值，加深对CIE标准色度系统的认识。

2. 项目条件：分光光度仪或密度计。

3. 要求步骤：（1）首先校正分光光度仪或密度计，接着测量图2–36中各色块的*Y*、*x*、*y*值，并填写在表格的对应位置；（2）记录本次工作的测量条件和测量过程。

**小　明:** 基于CIE标准色度系统而建立起来的其他表色空间还有哪些?

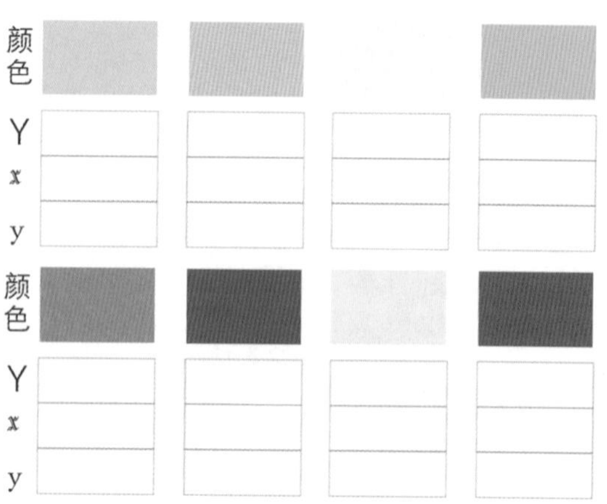


图2–36　CIE $Y_{xy}$刺激值的测量与填表

## 三、CIE $L^*a^*b^*$颜色空间表色法

### ❶ CIEL$^*$a$^*$b$^*$ 颜色空间构成及特点

第34讲

**张老师:** CIE1931标准色度系统表示的颜色并不均匀，经过45年的研究和改进，CIE在1976年宣布确立了CIE1976L$^*$a$^*$b$^*$和CIE1976L$^*$U$^*$V$^*$两个均匀的颜色空间。

**小　明:** CIEL$^*$a$^*$b$^*$色空间是如何构成的？有何特点？

**张老师:** CIEL$^*$a$^*$b$^*$空间是一种均匀的颜色空间，是基于人的视觉生理和心理特性而建立的，其与设备无关，空间构成如图2–37所示。图中的中央轴表示明度轴，用字母$L$表示，从下至上明度从0～100，0最暗，表示黑色；100最亮表示白色。垂直于中央轴的剖面表示色度，用+$a^*$至–$a^*$轴向表示红色至绿色的变化，+$b^*$至–$b^*$轴向表示黄色至蓝色的变化，取值范围为–128～+127，如图2–38所示。

在L$^*$a$^*$b$^*$颜色空间中，色相是由角度（$H$）来表示的，其计算公式为hab=arctan（$b^*/a^*$）；范围为0～360度；饱和度（$C$）范围为0～100，用距L轴距离的远近表示，距L轴越远，饱和度越大，反之，饱和度越小，在圆周边缘上饱和度最大。为巩固对CIE L$^*$a$^*$b$^*$颜色空间的认识，下面我们先做“项目训练二的练习”。

### 项目训练二　依据 L$^*$a$^*$b$^*$ 值判断颜色的色相、明度与彩度

1. 目的：加深对CIEL$^*$a$^*$b$^*$颜色空间的认识，建立L$^*$a$^*$b$^*$值与颜色的对应关系。
2. 项目条件：现有A、B、C、D四个颜色，测得其CIEL$^*$a$^*$b$^*$值分别为：

A：$L^* = 50$　　$a^* = 60$　　$b^* = 40$

B：$L^* = 80$　　$a^* = 40$　　$b^* = 70$

C：$L^* = 30$　　$a^* = -30$　　$b^* = 60$

D：$L^* = 70$　　$a^* = 70$　　$b^* = -40$

请依据上述条件，分析其颜色的三个属性。

对照图2–37和图2–38的基本结构，来试着分析下吧。

**小　明:** 好的，看来熟悉CIEL$^*$a$^*$b$^*$颜色空间的结构与其色品图十分重要，否则没办法分析了。

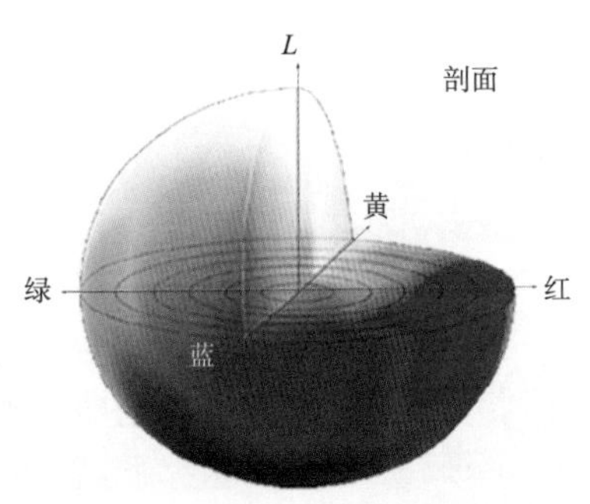


图2–37　CIE L$^*$a$^*$b$^*$颜色空间

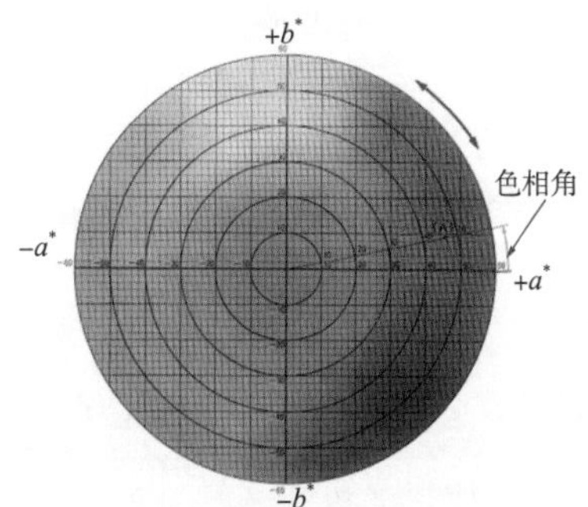


图2–38　CIE L$^*$a$^*$b$^*$色品图

A颜色：由于$a^*$和$b^*$值都为正值，处于CIEL*a*b*色品图的第一象限，界于红色与黄色之间，且$a^*>b^*$值，说明颜色偏向红色，即为橙红类色相；由于$a^*$和$b^*$值都处于50附近，其离$L^*$轴的距离中等，其彩度为中等程度；$L^*$值为50，说明A颜色的明度适中。综合以上分析，可得出A颜色是一个明度适中、中等鲜艳的橙红色。

B颜色：由于$a^*$和$b^*$值都为正值，处于CIEL*a*b*色品图的第一象限，介于红色与黄色之间，因$b^*>a^*$值，说明颜色偏向黄色，即为橙黄类色相；由于$a^*$处于50附近，但$b^*$值是70，其色点距离$L^*$轴较远，彩度较大；$L^*$值为80，说明B颜色的明度较大。综合以上分析，可得出B颜色是一个较明亮、较鲜艳的橙黄色。

C颜色：由于$a^*$为负值，$b^*$为正值，处于CIEL*a*b*色品图的第二象限，介于绿色与黄色之间，且$|b^*|>|a^*|$值，说明颜色偏向黄色，即为黄绿类色相；由于$a^*$较小，但$b^*$值-60，其色点距离$L^*$轴中等距离，彩度为中等；$L^*$值为30，说明C颜色的明度较小。综合以上分析，可得出C颜色是一个较暗、鲜艳度中等的黄绿色。

D颜色：由于$a^*$为正值，$b^*$为负值，处于CIEL*a*b*色品图的第四象限，介于红色与蓝色之间，且$|a^*|>|b^*|$值，说明颜色偏向红色，即为紫红类色相；由于$a^*$较大，$b^*$值-40，其色点距离$L^*$轴较远，表明D颜色的彩度较大，$L^*$值为70，说明D颜色的明度较大。综合以上分析，可得出D颜色是一个较明亮、比较鲜艳的紫红色。

**张老师**：看来你对CIEL*a*b*颜色空间三个坐标所表示的颜色属性理解得不错，你可在Photoshop中多尝试用不同的L*a*b*值去填充色块，并将数据与颜色块建立一一对应关系，多多联想，慢慢你就会越来越熟悉L*a*b*颜色空间的特性了，以后看到L*a*b*数据，马上就会联想到其颜色的属性，这对今后从事彩色印刷生产与管理工作十分重要。

**小　明**：CIEL*a*b*颜色空间在印刷生产中的应用情况如何？

**张老师**：由于CIEL*a*b*颜色空间是基于人的视觉和颜色心理特性建立的，其与设备无关，是其他颜色空间转换的桥梁。如RGB转换到CMYK时就要利用L*a*b*空间进行过渡，即由RGB-L*a*b*-CMYK；世界上最先进的颜色测量仪器，都具有L*a*b*颜色模式，可直接测量出原稿和印刷品颜色的L*a*b*值和色差值。

## ❷ CIEL*a*b* 颜色空间的算法及应用

CIEL*a*b*模式下的计算公式如下所示。

第35讲

$$L^* = 116\left(\frac{Y}{Y_0}\right)^{1/3} - 16 \quad \left(\frac{Y}{Y_0} > 0.01\right)$$

$$a^* = 500\left[\left(\frac{X}{X_0}\right)^{1/3} - \left(\frac{Y}{Y_0}\right)^{1/3}\right]$$

$$b^* = 200\left[\left(\frac{Y}{Y_0}\right)^{1/3} - \left(\frac{Z}{Z_0}\right)^{1/3}\right]$$

Lab值计算公式

$$\Delta E^*_{ab} = \sqrt{(L_2^* - L_1^*)^2 + (a_2^* - a_1^*)^2 + (b_2^* - b_1^*)^2}$$

色差计算公式

$$C^*_{ab} = [(a^*)^2 + (b^*)^2]^{1/2}$$

心理彩度计算公式

$$H^*_{ab} = \arctan(b^*/a^*) = (180/\Pi)\,tg^{-1}(b^*/a^*)$$

心理色相角计算公式

图2-39　CIEL*a*b*空间算法

在Lab值计算公式中，L*：明度指数；a*、b*：色度指数；X、Y、Z：颜色样品光谱三刺激值；$X_0$、$Y_0$、$Z_0$：标准光源三刺激值。色差值在CIEL*a*b*颜色空间中，就是两颜色点间的空间距离，如图2-40所示，其单位为NBS（美国国家标准局全称的缩写）。

小　明：对某一彩色印刷品而言，色差是指印刷品与原稿之间或同一印刷品不同印张间存在的颜色差异吗？

张老师：是的，下面我们做一个色差测量的对比实验，来加深对色差数据与人眼视觉感受间关系的认识。

## 项目训练三　颜色 $L^*a^*b^*$ 值测量、色差测量与对比

1. 目的：学会用测色仪器测量颜色的$L^*a^*b^*$值和色差值$\Delta Ea^*b^*$，加深不同色差数据与人眼的颜色感受。

2. 项目条件：分光光度仪（密度计）、色块。

3. 要求与步骤

（1）分光光度仪（密度计）校准后测量图2-41中各色块的$L^*a^*b^*$值和$\Delta Ea^*b^*$值，并填写在对应的空格内；（2）仔细观察色块视觉感受差异与色差数据之间的关系。

4. 分析对比：将测量与观察结果填写在表2-2中。

表2-2　测量结果分析

| 颜色 | 青 | | | 品红 | | | 黄 | | | 黑 | | |
|---|---|---|---|---|---|---|---|---|---|---|---|---|
| 百分比差 | 1% | 3% | 5% | 1% | 3% | 5% | 1% | 3% | 5% | 1% | 3% | 5% |
| $\Delta E_{ab}$ | | | | | | | | | | | | |
| 感觉差 | | | | | | | | | | | | |

张老师：上面的实验你会发现不同的色差数据与人眼的感觉并不完全一致。研究人员通过大量的实验，得出不同色差数据与人眼的视觉感受关系如表2-3所示。

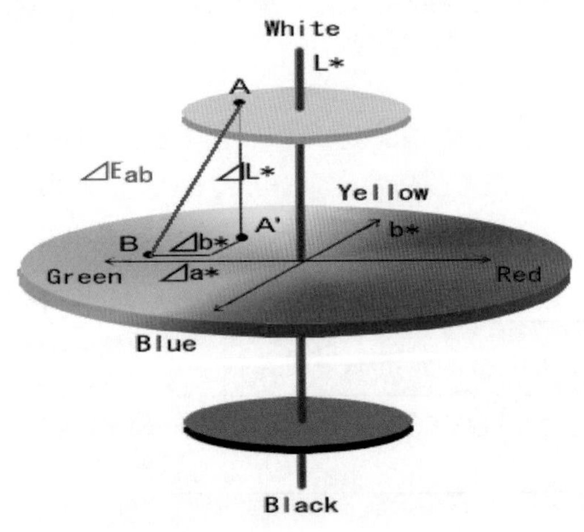


图2-40　CIEL*a*b*空间色差距离

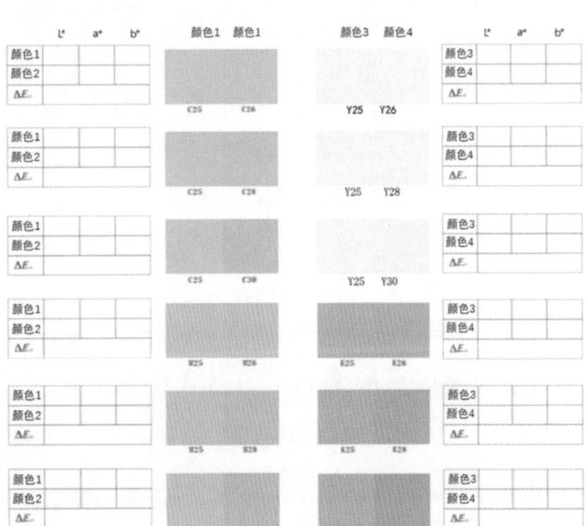

图2-41　色差测量对比

表2-3　　色差大小与视觉感受

| 色差单位（NBS） | 色差程度 | 人眼对色差的视觉感受 |
|---|---|---|
| 小于 0.2 | 微量 | 不可见 |
| 0.2 ~ 1.0 | 轻微 | 刚可察觉 |
| 1.0 ~ 3.0 | 能感觉得到 | 感觉轻微 |
| 3.0 ~ 6.0 | 明显 | 明显感觉 |
| 大于 6.0 | 很大 | 感觉很明显 |

张老师: 此外，各种图形图像处理软件都有Lab模式，可直接在此模式下对颜色进行设定和处理。如在Photoshop中，可按图2-42和图2-43所示进行设定和处理。

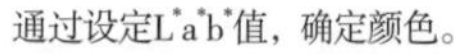


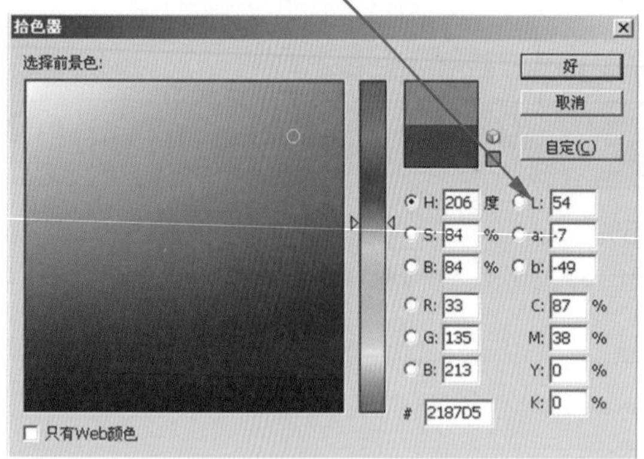


图2-42　L*a*b*颜色空间应用A

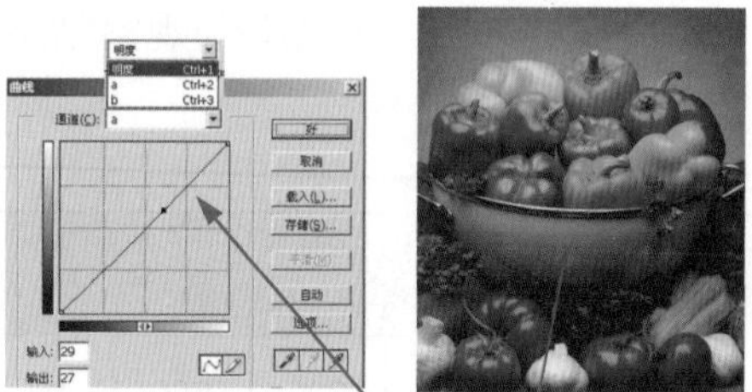

设定数据和调整曲线调校颜色。

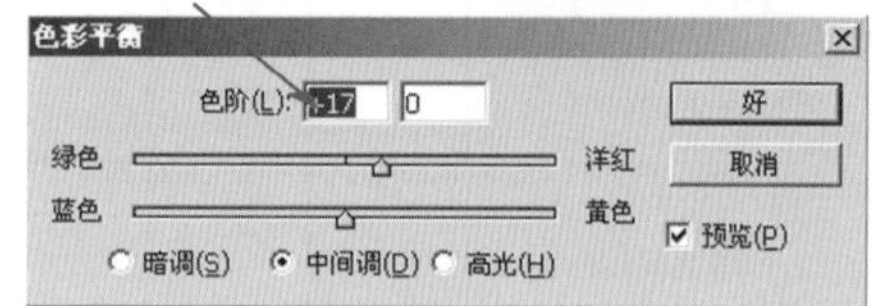


图2-43　L*a*b*颜色空间应用B

## 项目训练四　在 Photoshop 的 LAB 模式下设定颜色

1. 目的：体验Photoshop软件在L*a*b*模式下设定颜色的基本操作，提升对CIE L*a*b*颜色空间的认识和运用能力。

2. 项目条件：计算机、Photoshop软件。

3. 要求与步骤：

（1）按表2-4的数据分别设定1cm²色块的颜色。

表2-4　　颜色数据

| 颜色块 | 1 | 2 | 3 | 4 | 5 | 6 | 7 | 8 | 9 | 10 |
|---|---|---|---|---|---|---|---|---|---|---|
| L a b 值 | 5 30 -10 | 15 60 -35 | 25 90 -70 | 35 -10 -90 | 45 -35 10 | 55 -60 30 | 65 -90 50 | 75 30 70 | 85 60 85 | 95 50 95 |

（2）仔细观察色块颜色变化，并在表2-5中对应空格内打上钩。

表2-5　色块的颜色特性记录表

| 颜色变化 | L 值增大 | L 值减小 | $a$>0 且越大 | $a$<0 且越小 | $b$>0 且越大 | $b$<0 且越小 |
|---|---|---|---|---|---|---|
| 明度增大 | | | | | | |
| 明度减小 | | | | | | |
| 色相偏红 | | | | | | |
| 色相偏绿 | | | | | | |
| 色相偏黄 | | | | | | |
| 色相偏蓝 | | | | | | |

**小　明:** CIEL*u*v*颜色空间其构成又有何特点?

## 四、CIEL*u*v*颜色空间表色法

### ❶ CIEL*u*v* 颜色空间构成及特点

**张老师:** 1976年国际照明委员会基于CIE1931和CIE1964均匀色空间，通过数学方法对Y值作非线性转换，拉伸蓝区，压缩绿区，使其与孟塞尔系统靠拢，成为CIE1976L*u*v*均匀色彩空间，如图2-44所示。

第36讲

CIE1976L*u*v*均匀色彩空间构成如图2-45所示。图中$L^*$轴表示明度，取值为0~100；$U^*$、$V^*$坐标表示色度，取值为0~100。其特点也是基于人的视觉生理与心理特性，表色均匀，与设备无关。

### ❷ CIEL*u*v* 颜色空间的算法及应用

CIE1976L*u*v*均匀色彩空间的算法如下：

$L^*=116(Y/Y_0)^{1/3}-16 \quad Y/Y_0>0.01$

$u^*=13L^*(u'-u_0')$

$v^*=13L^*(v'-v_0')$

$u'=4X/(X+15Y+3Z)$

$v'=9Y/(X+15Y+3Z)$

$u_0=4X_0/(X_0+15Y_0+3Z_0)$

$v_0=9Y_0/(X_0+15Y_0+3Z_0)$

心理明度：$L^*=116(Y/Y_0)^{1/3}-16 \quad Y/Y_0>0.01$

心理彩度：$C^*uv=[(u^*)^2+(v^*)^2]^{1/2}$

心理色相角：$h^*uv=180/\pi \cdot tg^{-1}(v^*/u^*)$

色差$\Delta E^*uv=[(\Delta L^*)^2+(\Delta u^*)^2+(\Delta v^*)^2]^{1/2}$

式中的$u'$、$v'$，$X$、$Y$、$Z$：表示样品色度坐标与三刺激值；$u_0$、$v_0'$，$X_0$、$Y_0$、$Z_0$：表示测色所用光源色度坐标与三刺激值；

CIE1976L*u*v*均匀色彩空间主要应用在光源色及彩色电视机、显示器的色彩监控与测量。

**小　明:** 也就是说在彩色印刷复制领域很少使用CIE1976L*u*v*均匀色彩空间。

**张老师:** 是的，印刷复制业较多使用CIEL*a*b*颜色空间。

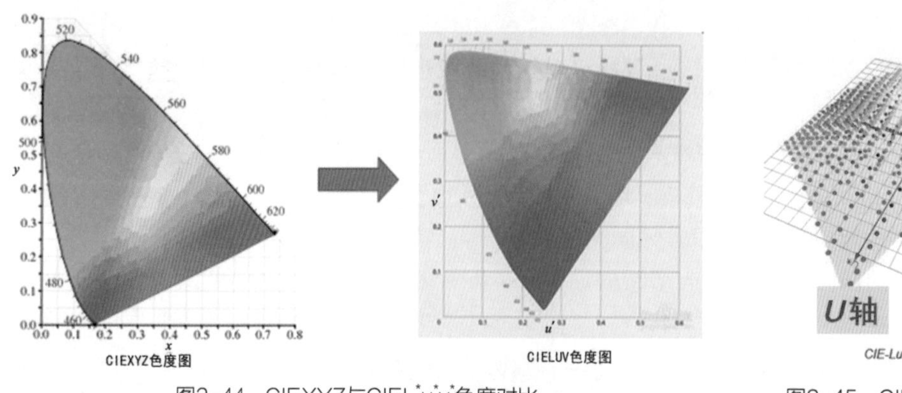


图2-44 CIEXYZ与CIE$L^*u^*v^*$色度对比

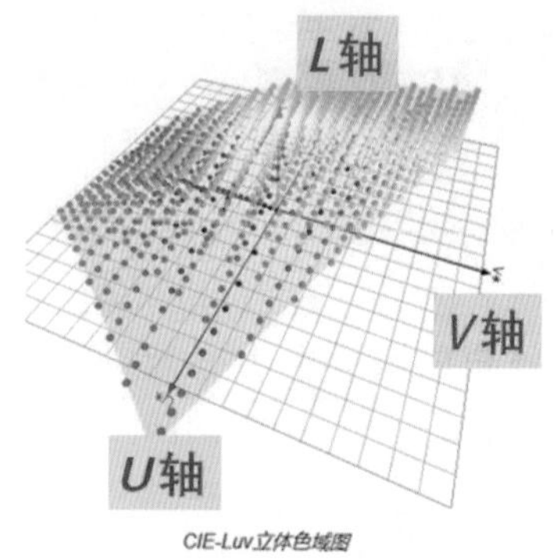


图2-45 CIE$L^*u^*v^*$空间构成

小　明：随着计算机技术的普及与快速发展，各种图形图像处理软件得到广泛应用，对印刷业而言，常用的计算机图形图像处理软件有哪些表示颜色的空间呢？

张老师：计算机技术、网络技术与数字图像处理技术的快速发展与广泛应用，促进了印刷业的转型升级。现在常用的分色与图形和图像处理软件，除了CIE$L^*a^*b^*$颜色空间表色以外，还有HSB、RGB、CMYK表色空间。

## 五、HSB颜色空间表色法

第37讲

张老师：我们首先来看看HSB颜色空间。HSB颜色空间是美国计算机图形学的先驱、美国电脑动画电影界巨擘Alvy Ray Smith（匠白光）于1974年创建的，是基于人眼对颜色的视觉感受建立的一个极坐标三维空间，三个轴分别代表*H*：色相（Hue：0~360），*S*：饱和度（Saturation：0~100），*B*：亮度（Brightness：0~100），也是与设备不相关的，如图2-46所示。在垂直极轴的圆周方向的不同角度处表示不同的色相，用垂直于极轴的剖面截得的圆面表示色相面，如图2-47所示。在极轴上即亮度轴上的饱和度为零，从极轴向圆周边缘方向饱和度逐渐增大，在圆周边上的饱和度达到最大值100，即颜色最鲜艳，如图2-48所示。在HSB颜色立体中，极轴下底点处亮度为零即最暗，上顶点处亮度为100，即最亮。只要确定了*H*、*S*、*B*

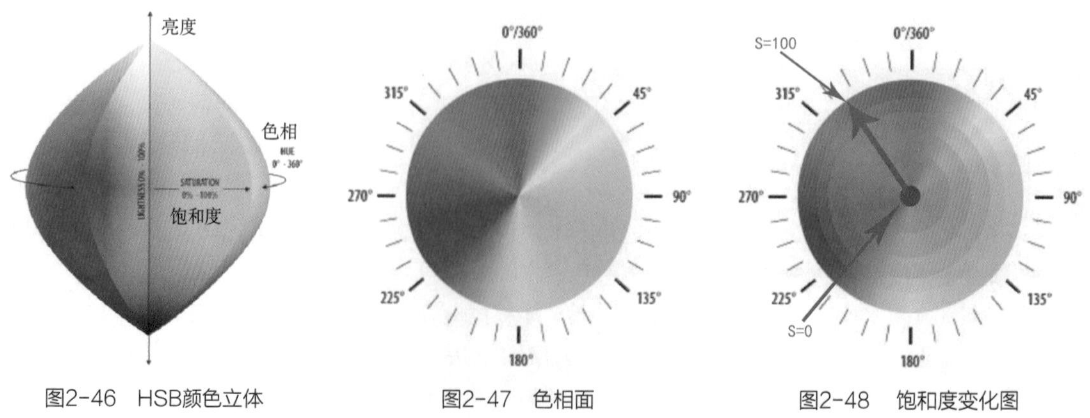


图2-46 HSB颜色立体　　图2-47 色相面　　图2-48 饱和度变化图

的数据，就能在颜色立体中找到其位置，确定其颜色。

小　明：HSB颜色立体有何实际用途？

张老师：由于HSB颜色空间是基于人的视觉心理而建立的，是人类日常观察颜色的习惯表示法，所以很多图形图像处理软件中都设有HSB颜色模式，便于图形设计和图像处理人员直接在HSB模式下对颜色进行设定和处理。如图2-49所示即为Photoshop中通过设定H、S、B值去确定颜色的示意图。

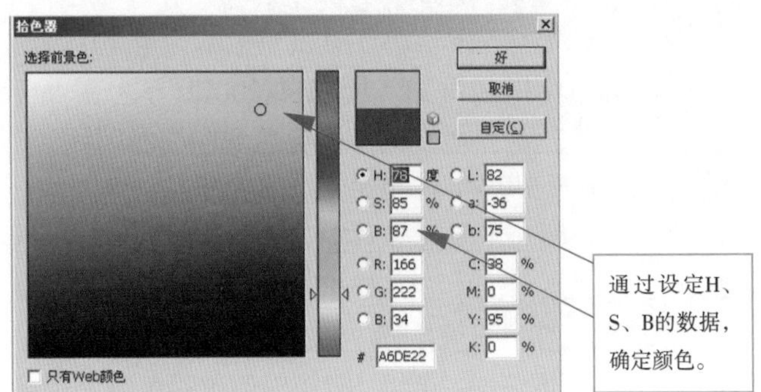


图2-49　HSB颜色空间应用

练一练：进入 Photoshop，利用拾色器工具，在 HSB 模式下，设定各种不同颜色。

小　明：CIE$L^*a^*b^*$、$L^*u^*v^*$颜色空间与HSB颜色空间都与设备无关，其共同点都是依据人眼的颜色视觉特性建立起来的，表示颜色特别方便。RGB与CMYK颜色立方体有何特点，又是怎样表示颜色？

## 六、RGB颜色空间表色法

张老师：RGB颜色空间是用色光三原色红（R）、绿（G）、蓝（B）代表立方体的三个坐标，每个坐标取值范围是0~255所构成的颜色空间。可再现的颜色数量为$2^8\times2^8\times2^8$=16777216，如图2-50所示。电脑屏幕显色和电视机显色都属于RGB颜色空间呈色模式。

第38讲

小　明：我发现不同品牌的电脑或不同档次的电视机，所呈现的颜色效果并不相同，这是什么原因呢？

张老师：这是因为RGB颜色空间是基于色光加色混色原理和呈色材料的特性而建立的，因不同电脑或电视机所选用的荧光材料不同所致，即RGB颜色空间与设备是相关的。

小　明：能否举例说明RGB颜色空间在印刷生产中的实际应用？

张老师：好的，在RGB颜色空间中，只要确定了RGB值，就能在颜色空间中确定其位置，从而确定其颜色。如Photoshop就有RGB颜色模式，通过设定或改变RGB值，就可对某一颜色进行设定或修改，如图2-51所示。我们通过项目训练五来体验RGB颜色空间的应用。

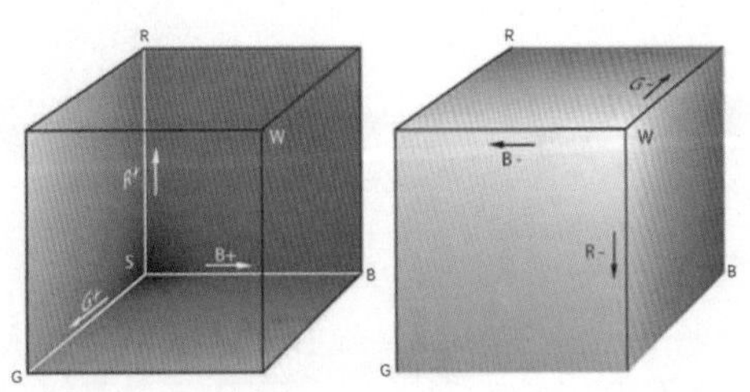


图2-50　RGB颜色空间

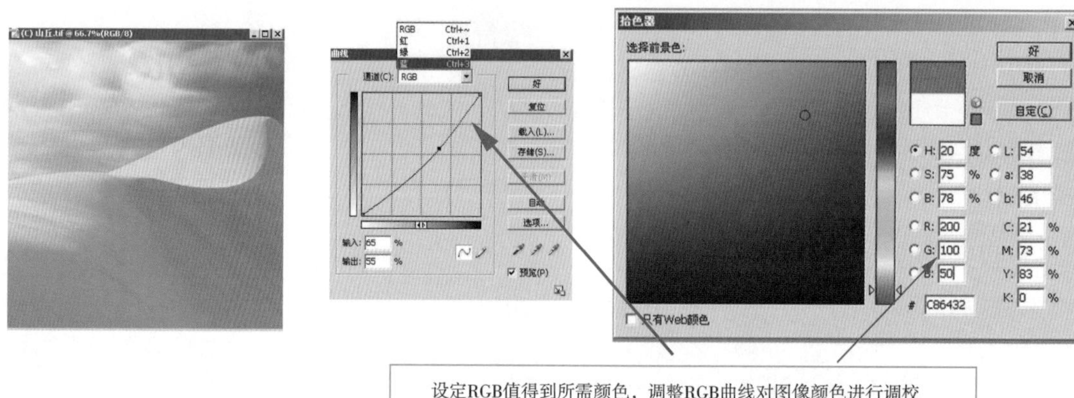


图2-51　RGB颜色空间的应用

## 项目训练五　在 Photoshop 的 RGB 模式下设定颜色

1. 目的：体验Photoshop软件RGB模式下设定颜色的基本操作，加深对RGB颜色空间的认识，建立RGB数据与对应颜色感觉的关系。

2. 项目条件：计算机、Photoshop软件。

3. 要求与步骤

（1）按表2–6数据分别设定1cm$^2$色块的颜色。

表2-6　颜色数据

| 颜色块 | 1 | 2 | 3 | 4 | 5 | 6 |
|---|---|---|---|---|---|---|
| RGB 值 | 0 0 0 | 255 255 255 | 255 255 0 | 255 200 0 | 255 150 0 | 255 100 0 |
| 颜色块 | 7 | 8 | 9 | 10 | 11 | 12 |
| RGB 值 | 0 255 255 | 0 255 200 | 0 255 120 | 0 255 80 | 0 255 40 | 0 255 0 |
| 颜色块 | 13 | 14 | 15 | 16 | 17 | 18 |
| RGB 值 | 255 0 255 | 200 0 255 | 160 0 255 | 120 0 255 | 80 0 255 | 40 0 255 |

（2）仔细观察色块颜色变化，并在表2–7对应空格内打上钩。

表2-7　色块的颜色特性记录表

| 颜色变化 | RGB 增大 | RGB 减小 | R>G>B | R=G=B=255 | G>R>B | B>G>R | R=G=B=0 |
|---|---|---|---|---|---|---|---|
| 明度增大 | | | | | | | |
| 明度减小 | | | | | | | |
| 色相偏红 | | | | | | | |

续表

| 颜色变化 | RGB 增大 | RGB 减小 | R>G>B | R=G=B=255 | G>R>B | B>G>R | R=G=B=0 |
|---|---|---|---|---|---|---|---|
| 色相偏绿 | | | | | | | |
| 色相偏蓝 | | | | | | | |
| 变白色 | | | | | | | |
| 变黑色 | | | | | | | |

小　明：CMYK颜色空间又是怎样表示颜色的呢？

## 七、CMYK颜色空间表色法

张老师：CMYK是油墨四色的代号，C代表青色，M代表品红色，Y代表黄色，K代表黑色。CMYK颜色空间是用三维空间中的三个坐标分别代表C、M、Y，其取值范围为0~100。在其右侧用一纵向轴表示黑色的分量，其变化值为0~100%，如图2-52所示。

第39讲

小　明：CMYK颜色空间的实际应用表现在哪些方面？

张老师：如彩色印刷复制，就是通过Y、M、C、K四色印版上的网点转印油墨到承印物上，得到所需图像的颜色和阶调的。CMYK颜色空间是基于色料减色原理和印刷叠色方式而建立的。在CMYK颜色立体中，只要确定了C、M、Y、K的值，印刷品的颜色就是唯一的。通过调整或改变CMYK的数据，就可对印刷品的颜色进行修正。如图像处理软件Photoshop就设有CMYK颜色模式，在对扫描所获取的RGB图像信息，转换到印刷模式即CMYK模式后，可以通过设定和改变C、M、Y、K的数值得到所需的颜色；也可通过一些功能模块对CMYK进行调整来实行颜

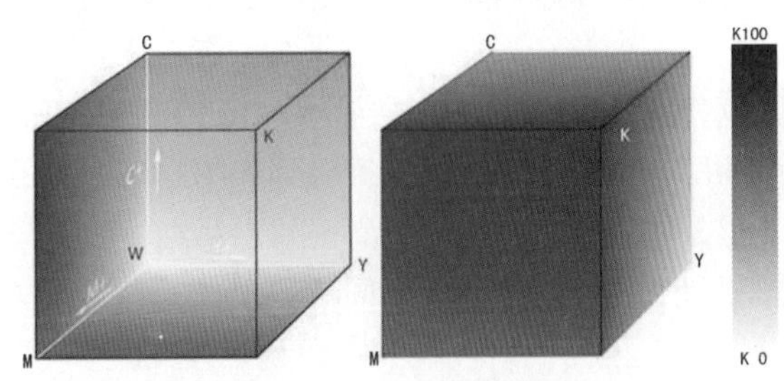


图2-52　CMYK颜色空间

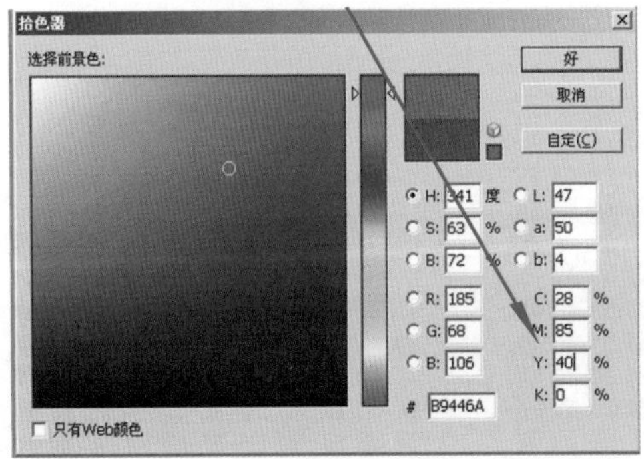


图2-53　CMYK颜色空间应用

通过调整CMYK曲线实现对图像颜色的调校

图2-54　CMYK颜色空间应用

色控制，如图2-53和图2-54所示。

小　明：现在很多广告公司的设计人员，就是在CMYK模式下设计制作印刷产品的。对某一个产品而言其CMYK的数据是一定的，但当将其版面信息制作成印版后，放在不同印刷厂里印刷时，得到的印刷品颜色却相差甚远。这是为什么？

张老师：你是一个善于思考的人，提的这个问题很有价值，因为CMYK颜色空间是基于色料减色原理和印刷呈色方式的，虽然CMYK数据确定了，但不同印刷厂所使用的油墨和纸张不同，还有印刷机和所用的印辅材料不同，生产控制状态也不一定相同，因此，所得到的印刷品颜色有差距是很正常的，这说明CMYK颜色空间也是与设备相关的。对同一个产品，要想在不同印刷厂之间或不同印刷机或承印材料上保持印刷品的颜色恒定，就必须对颜色进行管理，才能确保达到所期望的颜色效果（《印刷色彩管理》教材对此问题有专门介绍）。

小　明：我到一些印刷公司去参观，发现其业务部门、生产管理部门和机长的工作台上贴有非常漂亮的色谱图片，这些图片是什么？有何作用？

## 八、印刷色谱

张老师：你所看到的是印刷色谱，这是一种专门适用于印刷行业的专用色谱，其分为四色印刷色谱和专色印刷色谱（如后面介绍的潘通色卡）两类。四色印刷色谱又名网纹色谱，是用标准黄、品红、青、黑四色油墨，按不同网点百分比叠印成各种彩色色块的总和。可分为单色、双色、三色、四色色谱。其构成分述如下：

第40讲

（1）单色色谱　将Y、M、C、K四色按网点面积10%、20%、30%至100%各10个等级，单独排列成行印刷而成，得到由浅至深不同明度变化的40种颜色，如图2-55所示。

（2）双色色谱　是由青与黄、黄与品红、品红与青两原色间相互叠印而成的色谱。如果两原色分别沿纵向和横向排列为0~100%共11个等级的正方形点阵，则一页可得121种颜色，如青色油墨与黄色油墨叠印，就得到如图2-56所示的一张色谱。如果黄色油墨与品红色油墨叠印，即得到如图2-57所示的色谱；如果品红色油墨与青色油墨叠印，即得到图2-58所示的色谱。这样3张色谱共计得到363个间色块。

（3）三色色谱　在双色色谱的基础上，每页再叠印从10%~100%的平网的第三种原色油墨所得到的色谱。如在青色与黄色叠印的双色色谱的基础上，再叠印20%的品红色平网，即得

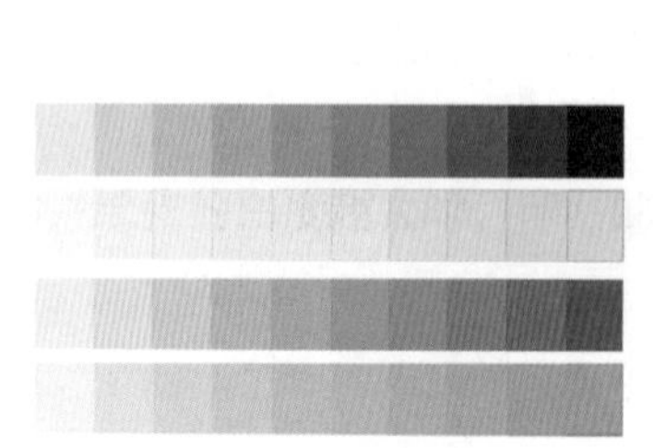
图2-55　单色色谱

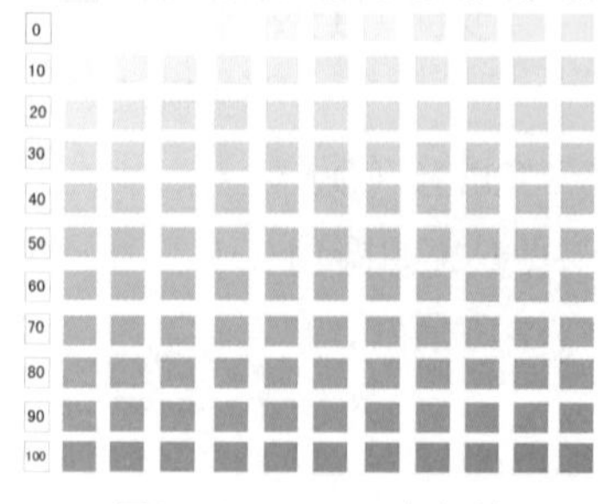

图2-56　C+Y双色色谱

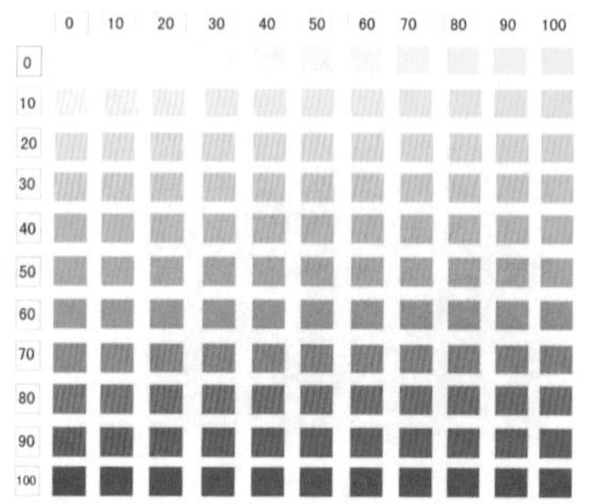

图2-57　Y+M双色色谱

到三色色谱，如图2-59所示。如果以10%为间隔递增，以此类推共可得到10页三色色谱，合计1210种颜色。

（4）四色色谱　在三原色叠印色谱的基础上，再分别叠印10%、20%、40%、60%四个层次的黑色平网，共得40页计有4840种颜色，如图2-60所示。

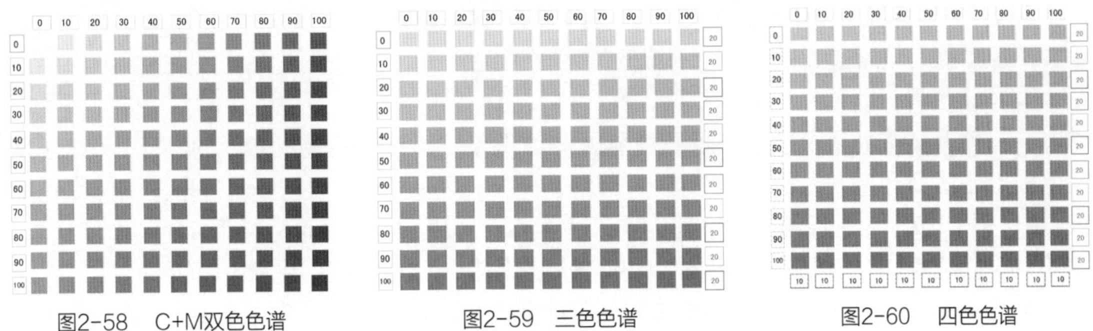

图2-58　C+M双色色谱　　图2-59　三色色谱　　图2-60　四色色谱

小　明：印刷色谱以什么形式出现？其指导作用体现在哪些方面？

张老师：印刷色谱有精装大开本，简装小册子和单张纸色谱三种形式。其作用如下：首先，可以指导调配专色油墨，厂方可以直接在色谱中找到客户所需的颜色，从该颜色中的“黄、品红、青、黑”油墨的网点构成比例就可计算出其原色墨的组合比例，进而调配油墨。其次，可以指导分色、打样和印刷，即可以对照色谱查看打样或印刷效果，从而对Y、M、C、K各分色曲线进行控制，以达到所需复制的颜色效果。

小　明：色谱在制作时要注意什么问题呢？

张老师：首先，应根据本厂的情况制定。制作的色谱只对本厂的实际生产有直接的指导作用，其他厂家的色谱只能起参考作用。因为不同厂家所用的纸张、油墨、原辅材料、印刷机状态等都不一定相同，在使用相同的Y、M、C、K网点叠印成色时会有区别。

其次，色谱级数可根据需要确定。要求精确度高些的，级数可多些，如级差设为5%，要求低些的可设定大些的级差，如10%、15%等。

第三，所使用的纸张、油墨、印版、胶片、印机、印辅材料及制版工艺和印刷工艺要稳定。

第四，打样也要稳定。

第五，色谱要定期更新，因为时间长了纸张和油墨都会变色。

看一看、想一想：仔细查看图 2-59 至图 2-60 中各色块颜色与 CMYK 间的数据关系。

小　明：到印刷厂参观，常看到机长对着一本潘通（Pantone）色卡调配专色油墨，参观印刷会展时，也看到一些公司在售卖潘通色卡，潘通色卡属于印刷色谱吗？

## 九、潘通色卡

张老师：潘通（Pantone）色卡属于专色（Spot color）印刷色谱，采取两种方式制作，一种是采用潘通油墨“YMCK”按不同网点百分比叠印而成；另一类是由15种潘通原色按不同的比例调配成专色后再用专版印刷而成，如图2-61所示。

第41讲

**小　明：** Y、M、C、K四色叠印不是可以复制出任意颜色吗？为何还要专色色谱呢？

**张老师：** 从理论上说YMCK可以复制出任意颜色，但实际上油墨的颜色特性达不到理想的状态，再加上四色叠印时，因油墨间的透明度、厚度等存在差异，各原色间相互遮盖，各原色的比例关系很难按分色时的数据体现，且易造成油墨层偏厚、干燥速度慢、墨色易粘脏等问题。在印刷大面积实地色块或渐变色块时，易出现墨色不均匀、偏色、亮调处墨色淡白，暗处颜色脏污等现象，还有一些金属光泽的颜色，用YMCK四色根本无法叠印呈现。因此，对类似于此的一些有特殊要求的颜色，通过事先调好专色油墨，用一块印版，一次性印刷的这种方式就称为专色印刷（同于潘通色卡第二种制作方式）。此外，虽然很多专色可以通过四色叠印较好地印刷复制，但是采用一块专色版印刷的方式，可以大大地节省印版和时间，提高工作效率。因此专色印刷方式，在包装、标签、地图、广告以及有价票证类产品中十分普遍。

**小　明：** 企业如何应用潘通调色呢？

**张老师：** 不管是四色叠印的潘通色卡，还是用15种标准基本色（原色）调制的潘通色卡，其色卡中的每一个色块都用一个标号标定，并在标号下面注明了此专色构成的网点百分数或百分比，如图2-62所示。只要客户提供了潘通标号或色样，就能十分方便地找到对应的色块及相应的配比，按照配比就可轻松地调出所需专色。

此外，各种图形、图像处理及排版软件，如Coreldraw、Illustrator、Indesign、Photoshop等软件都有潘通色库供设计时直接选用，如点击Photoshop软件的拾色器，然后点击自定，就弹出如图2-63所示的潘通样色供设计时选用，十分方便。其他各类软件使用潘通色操作详见微课视频介绍。

**小　明：** 现在Pantone色册有几种类型？除了美国PANTONE公司的Pantone色卡外，还有其他类似的专色混色色谱吗？

**张老师：** 现在得到广泛使用的潘通（pantone）色卡有四种类型：

第一种是用光面铜版纸印刷的，在其标号后加“C”，如PANTONE 3258C；

第二种用非涂布纸印刷的，在其标号后加“U”，如PANTONE 3238U；

第三种用亚光铜版纸印刷的，在其标号后加“M”，如PANTONE 3308M；

第四种金属类色和高级金属色卡：Premium Metallics用。

除了Pantone专色色卡外，还有DIC、Toyo Ink、HKS等，图2-64所示为DIC色卡。现在国内

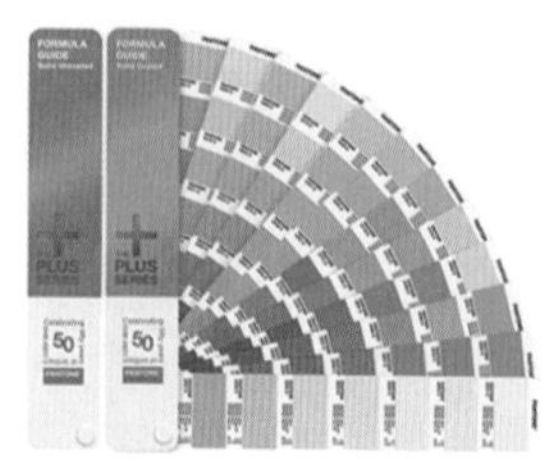

图2-61　潘通专色色册

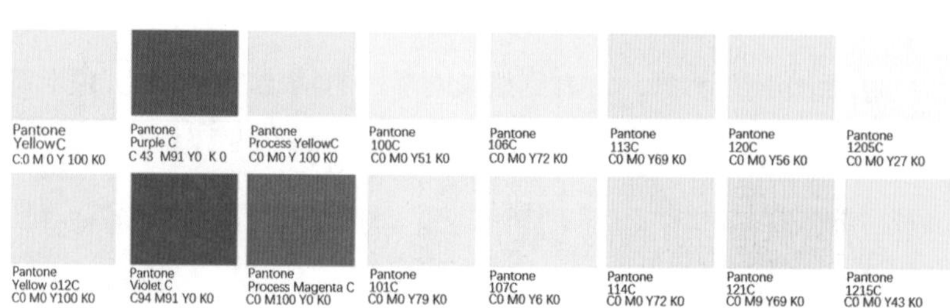


图2-62　专色所用的原色种类与比例

的很多油墨厂家都有自己的专色混色色卡，便于为印刷厂配色提供指引，同时也为推销自己的产品做形象宣传，不过大多比较简单，色样较少。

小　明：使用潘通色卡时要注意什么？

张老师：使用Pantone公司色卡配色时，如果印刷公司所用油墨颜色质量指标如色强度、灰度、色偏、Lab值等与Pantone标准一致，且纸张也符合潘通标准的情况下，可直接按潘通色卡所标定的原色油墨的种类和比例配色。如果差别较大，色卡所标定的油墨配比数据只能作为专色墨配色的参考。同理，用其他油墨厂家的专色混色色卡时，也必需使用该厂的油墨及对应的纸张才能按其标定的配比配出所需专色。否则，也只能起到配色的参考作用。

小　明：至此已学$L^*a^*b^*$、$L^*u^*v^*$、HSB、RGB、CMYK、印刷色谱及Pantone表色法，其中$L^*a^*b^*$、RGB、CMYK、Pantone表色法最常用，它们所表示的颜色范围有无区别？

张老师：上述四种表色法由于各自的表色模型不同，其与设备和材料的关系不同，因此，各自表色范围的差异是存在的，具体差别如图2-65所示。从图中可看出，表色范围最大的是$L^*a^*b^*$颜色空间，其次是RGB颜色空间，而最小表色范围是CMYK了。

小　明：不同颜色空间其表色范围不同，我们进行颜色处理时要注意什么问题？

张老师：首先要考虑到最终产品在什么介质下产出。现在的设计和制作都是用电脑进行的，如果设计和处理后的产品只供投影到屏幕或直接在电脑下观赏，就在RGB模式下工作；如果是印刷品设计制作和处理，应在CMYK模式下进行，因为印刷是以Y、M、C、K叠印产出的，如果在RGB下处理，有些颜色最后转换到CMYK时就会表现不出来，不便于进行颜色调校，以达到所期望的颜色效果。其次，由于$L^*a^*b^*$颜色模式与设备无关，它是RGB与CMYK转换的中间桥梁，在色彩管理中要充分应用它，直接在此模式下对颜色进行调校和处理也是可行的，尤其是有些图像只需对亮度进行调校，在$L^*a^*b^*$模式下只需调整L值就行了，十分方便，但要注意积累其数据与对应的颜色感受，因为一般情况下人们还是习惯于在RGB和CMYK模式下工作。

小　明：我曾经在美术杂志上看到一位画家创立的表色法，但当时没看懂，您能介绍下吗？

张老师：你所说的是美国画家–孟塞尔于1898年创立的一套表色系统，该系统创立后得到广泛应用。目前国际上广泛采用孟塞尔颜色系统去分类和标定物体的表面色。

小　明：孟塞尔表色系统包括哪些内容？

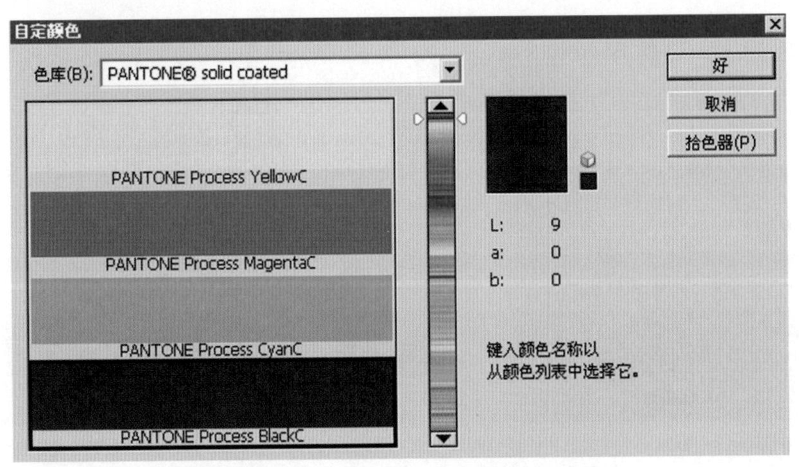


图2-63　Photoshop中潘通色的应用

图2-64　DIC色彩指南

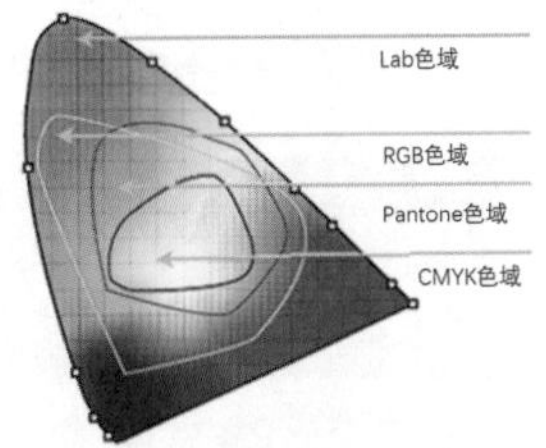


图2-65　不同色空间表现的颜色范围

## 十、孟塞尔颜色系统表色法

张老师: 孟塞尔表色系统是从心理学的角度根据颜色特点所制定的颜色分类和标定系统，它由颜色立体模型、颜色图册和颜色表示说明书三部分构成。

小　明: 颜色立体是怎样构成的?

第42讲

### ❶ 孟塞尔颜色立体模型

张老师: 颜色立体是用一个三维的类似球体模型，把各种表面色的三种基本特性即色相、明度、饱和度全部表示出来的立体。立体模型的每一个部位代表一个特定的颜色，并给予一定的标号，如图2-66所示。

小　明: 孟塞尔立体的中央明度轴可以分为几级?

张老师: 1943年美国光学学会的孟塞尔颜色编排小组委员会，为使颜色样品编排在视觉上更接近等距，重新编排和增补了孟塞尔图中的色样，制定出了《孟塞尔新标系统》，新系统的明度轴共分为视觉上等距离的11级，即理想的黑色在底部为0，理想的白色在顶端为10，从0~10共11级。由于理想白和理想黑不存在，所以实际应用的明度只有1~9级。图2-67是孟塞尔立体的一张剖面图，其明度值见图中标示。

小　明: 孟塞尔颜色立体的饱和度分为几级?

张老师: 在孟塞尔颜色立体中，饱和度按离中央轴距离的远近可分为0/2/4/6/8/10/..等级数，要注意的是不同明度时颜色的饱和度是不同的，见图2-67下端的数据标示。

小　明: 孟塞尔颜色立体的色相分为多少种?

张老师: 孟塞尔颜色立体分为5个基本的主色相和5个基本的中间色相，用孟塞尔颜色立体水平剖面图周向的不同位置表示，如图2-68所示的色相环。其中5个主色相分别是：红色（R）、黄色（Y）、绿色（G）、蓝色（B）、紫色（P），每一色相又分为4个等级，共20个主色相；中间色相分为黄红色（YR）、绿黄色（GY）、蓝绿色（BG）、紫蓝色（PB）和紫红色（PR）5个，每一色相也分为4个等级，共20个中间色相。主色相和中间色相加起来共分为40个色相。

小　明: 孟塞尔颜色图册是怎样制得的?

### ❷ 孟塞尔颜色图册

张老师: 将5个主色相和5个中间色相都分为四个等级，即2.5、5、7.5、10等级，如图2-68所示；然后分次从对应的色相方向将孟塞尔颜色立体垂直剖开得到40个剖面，每一个剖面为图

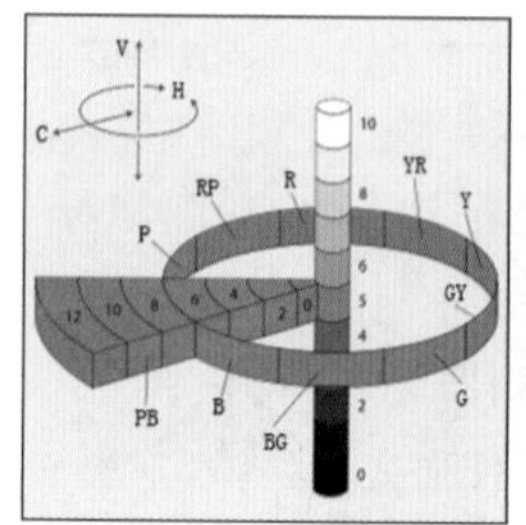


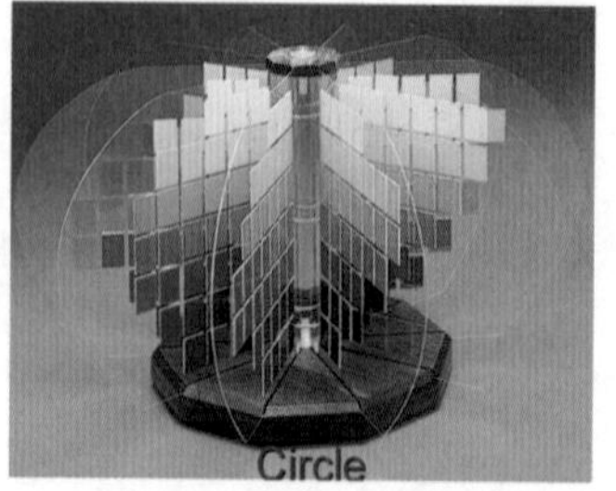


图2-66　孟塞尔颜色立体模型

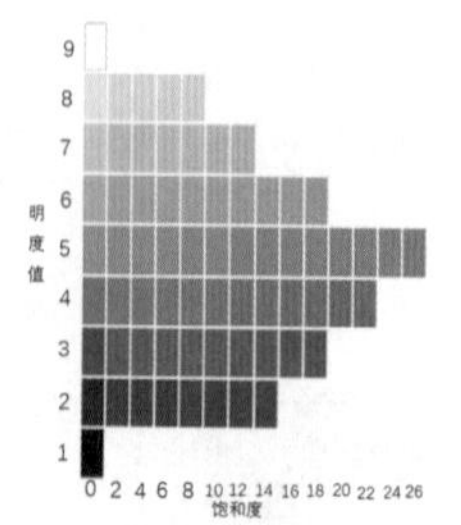


图2-67　孟塞尔明度和饱和度示意图

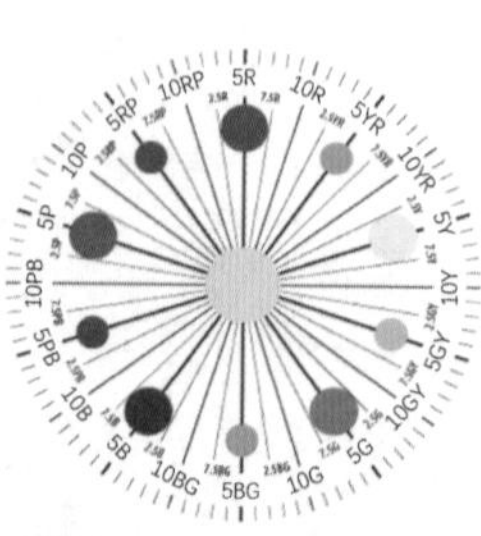


图2-68　孟塞尔色相环

册的一页，共40页，如图2-69（a），即为从色相为黄红色（10YR）处剖得的一页；将40页类似的色样装订成册，即得到孟塞颜色图册，如图2-69（b）。

小　明：孟塞尔颜色图册中的颜色，如何去标定？

## ❸ 孟塞尔颜色标定

张老师：孟塞尔颜色图册对颜色的标定方法：按“H V/C”排序书写，字母分别表示“色相明度/饱和度”，即先写色相，紧接着写明度，最后在斜线后写饱和度。如图2-69（a）图中的A色块则可写为：10YR5/6，这是对彩色的标定方法。对于中性色则按：NV/=中性色明度/，如图2-69（a）图中的B色块，则可标定为N4/。对于微带彩色即饱和度低于0.3的中性色，则按NV/（H C）=中性色明度值/（色相饱和度），如N8/（Y 0.2）表示略带黄色的淡灰色。

第43讲

小　明：孟塞尔颜色图册有何作用？

张老师：由于孟塞尔颜色图册便于保管、携带和查阅，因此使用广泛，具体作用如下：①可以对任何表面色进行标定。即只需在孟塞尔图册中找到准确的颜色样就可确定孟塞尔标号，进而确定颜色的基本特征。如奥运会会旗上五环的颜色分别用孟塞尔标号1PB4/11、N1/、6R4/15、3Y8/14、3G5.5/9表示，如图2-70所示。在任何一个国家，按此标号在孟塞尔图册中查出对应的颜色样即可依样进行印制，从而保证了全球五环旗颜色的一致性。②便于颜色科研和商业活动中异地讨论颜色问题。因为孟塞尔颜色系统的数据与CIE色度系统的三刺激值可以相互转换，只要知道了颜色的孟塞尔标号，就可换算出其颜色的三刺激值，反之亦然。现在很多印刷公司都有海外印刷业务，对某个产品而言，只要通过网络传送产品的孟塞尔标号即可确定产品颜色，省掉了异地传送实物样品的麻烦。还有在颜色科研中，只要传送颜色标号即可对颜色信息进行交流与沟通，方便了颜色科研，提高了效率。③有利于工业生产的数据化和标准化。因为孟塞尔表色系统能用立体模型和颜色标号将日常生活和工业用色进行明确分类和标定，再加上它能与CIE色度系统进行互相转换，有利于工业用色的数据化和标准化，是一种科学的表色法，也是一种世界通用的色彩语言。

小　明：孟塞尔表色系统有何特点？

张老师：孟塞尔系统是用目视评价方法确定的，它的颜色卡片是按照视觉等差规律排列的，所以在视觉上的差异是均匀的，因此经常被用来检验其他颜色空间是否均匀。此外由于其颜色标号是由色相、明度、饱和度的组合来表示颜色的，所以孟塞尔系统表色法又称为HVC表色法。

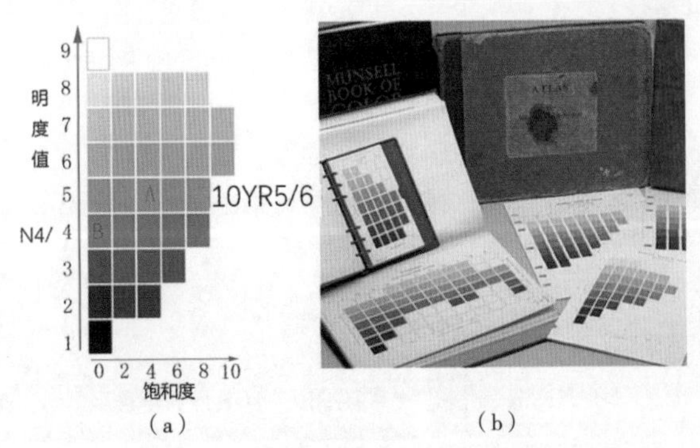


（a）　（b）

图2-69　孟塞尔图册中的一页和图册样式

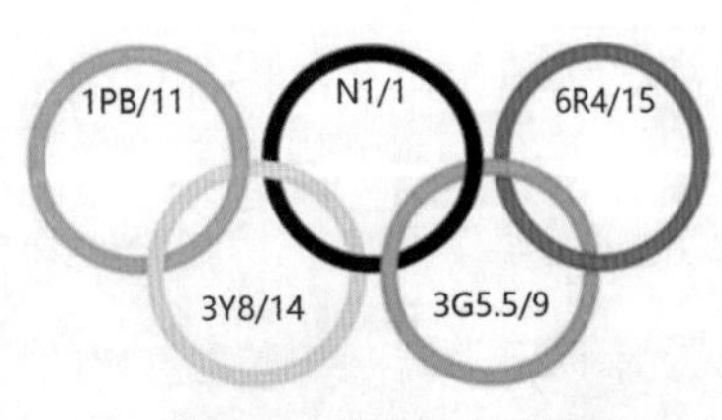


图2-70　奥运会五环旗

## 学习评价

### 自我评价

是否真正理解了九种表色法的内涵与作用？ 是□ 否□

能否利用九种表色法表示颜色？ 能□ 否□

### 小组评价

1. 是否积极主动地与同组成员沟通与协作，共同完成学习任务？

评价情况：

2. 完成本学习任务后，能否利用 RGB、CMYK、Lab 空间设定颜色？能否利用印刷色谱、潘通色卡去标定颜色？能否利用 Lab 表色法比较色差？

评价情况：

### 学习拓展

在网络上查找 $L^*a^*b^*$ 空间与 Pantone 色卡的应用案例。

### 训 练 区

一、知识训练

（一）填空题

1. 颜色的习惯命名法是指用人们熟悉的__________或__________来命名颜色的一种方法。
2. 分光光度曲线是表示物体反射或透射各个__________辐射能力的曲线。曲线的峰值所对应的波长表示________，曲线的高低表示________，曲线的波峰与波谷之差表示________。
3. CIE1931 标准色度系统包括__________和一张__________。
4. CIELab 颜色空间中，$L$ 表示__________，取值范围是__________，$ab$ 表示__________。
5. 在 HSB 颜色空间中，$H$ 表示__________，取值范围是__________，$S$ 表示__________取值范围是__________，$B$ 表示__________取值范围是__________。
6. Pantone 色卡中色块编号的尾字母 U、C 和 M 分别代表__________、__________和__________。
7. 孟塞尔颜标定：H V / C 三个字母分别表示__________、__________、__________。

（二）单选题

1. 表示孟塞尔五个基本主色相的标号是（　　）组。

（A）5R、5Y、5G、5B、5P　　（B）10YR、10GY、10PB、10RP 10BG

（C）10R、10Y、10G、10B、10P　　（D）7.5R、7.5G、7.5B、7.5P、7.5Y

2. 按孟塞尔颜色标号规则，（　　）代表中性色。

（A）N7 /　　（B）5YR7/2　　（C）5P6/4　　（D）10GB4/7

3. 在孟塞尔标号中，饱和度相同的一组颜色是（　　）。

（A）2.5Y8/2　5P4/2　　（B）10YR6/5　5R4/3

（C）10PB5/3　7.5Y6/4　　（D）5P4/3　5R6/4

4. 在图 2–71 中，明度为（　　）时，饱和度最大。

（A）5　　（B）4　　（C）8　　（D）2

5. 图 2–71 说明同一色相的颜色，其饱和度随着明度的变化（　　）。

（A）变化　　（B）不变　　（C）增大　　（D）减小

6. 在图 2–71 中，字母 W 与 M 色块的标号应为（　　）。

（A）5PB5/16　5PB3/10　　（B）5B5/16　5B3/10

（C）5PB3/10　5PB5/16　　（D）8PB3/10　8PB5/16

7. 下述正确的是（　　）。

（A）$L^*a^*b^*$ 与 CMYK 都与设备相关　　（B）HSB 与 RGB 都与设备相关

（C）RGB 与 CMYK 都与设备无关　　（D）$L^*a^*b^*$ 与 HSB 都与设备无关

8. 在 CIE1931 标准色度系统中，大写 XYZ 表示（　　）

（A）三刺激值　　（B）表示色度坐标值　　（C）光谱反射率　　（D）光谱透射率

9. 图 2–72 所示分光光度曲线，A、B、C 分别表示（　　）油墨。

（A）青、品红和黄　（B）黄、品红和青　　（C）红、青和黄　　（D）蓝、绿和红

10. RGB 与 CMYK 颜色空间相比，其表现在颜色范围（　　）。

（A）RGB > CMYK　（B）RGB = CMYK　　（C）RGB < CMYK　　（D）无法比较

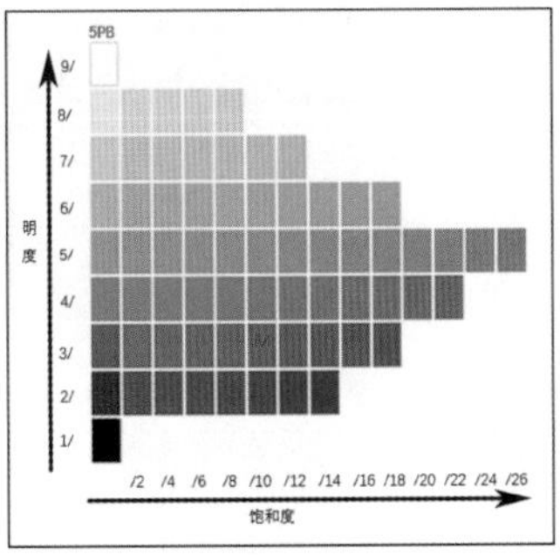

图2–71　孟塞尔色册中的5PB页

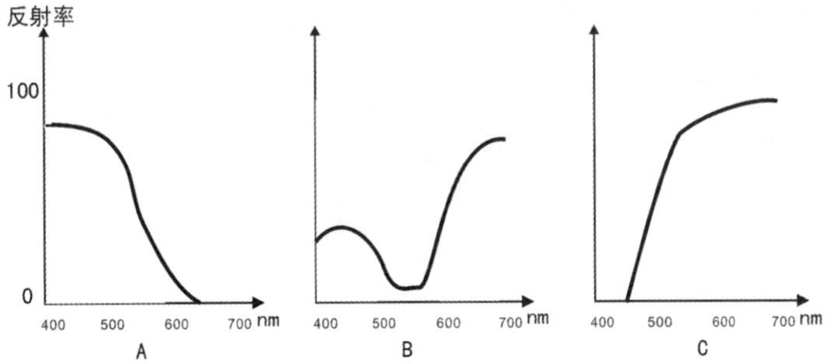

图2–72　油墨分光光度曲线

（三）判断题（在题后括号内正确的打√，错误的打 ×）

1. CIE1931 标准色度系统表示的颜色具有不均匀性。（　　）

2. 油墨的分光光度曲线越窄、峰值越高，其颜色的彩度越大。（　　）

3. 某一颜色的 $L$=80，$a$=−50，$b$=90，此色是明亮的黄绿色。（　　）

4. 任何一家印刷厂的印刷色谱都可借用来直接指导调色。（　　）
5. 使用 Pantone 色册的 U 类与 C 类色卡调色，效果是一样的。（　　）
6. 只要知道孟塞尔标号，就可找出对应的孟塞尔色块。（　　）

## 二、能力训练

1. 图 2-73 中有四组数据与色块，请用直线将对等关系的连接起来。
2. 图 2-74 中有四组色块，请将与色差值对等关系的组别用直线连通。

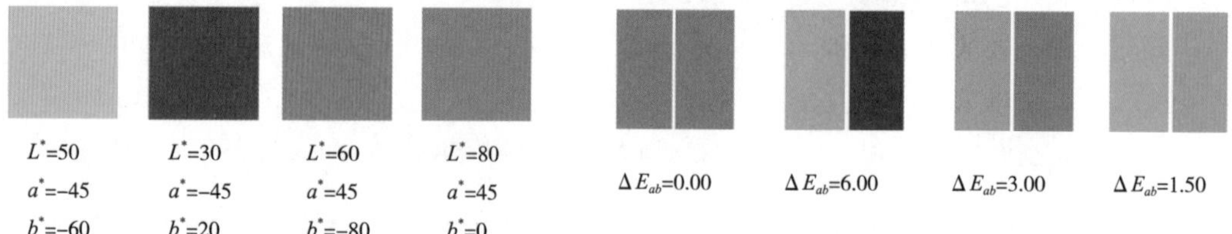


图2-73　Lab值与颜色对应关系

图2-74　色差值与色组对应关系

3. 观察图 2-75，说明此色谱由几色油墨叠印而成，分析色谱中“A、B、C、D”四个色块的网点构成百分数，并填写在练习表内的空格里。

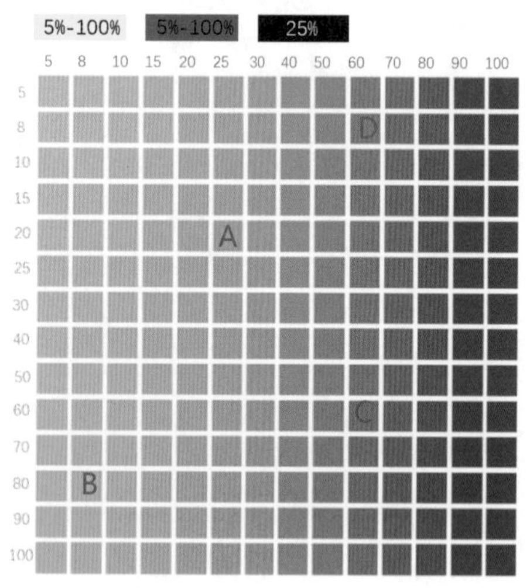


图2-75　印刷色谱

练习表

| 网点构成 / 色样 | Y/% | M/% | C/% | K/% |
|---|---|---|---|---|
| A | | | | |
| B | | | | |
| C | | | | |
| D | | | | |

## 三、课后活动

请每一位同学通过网络查找 Lab、RGB、CMYK 三种表色法的相关资料与实际应用案例。

## 四、职业活动

每位同学结合生活中所用产品的包装盒或包装袋的专色或某一产品的标签的专色，对照印刷色谱或 pantone 色卡，分析其颜色构成。

# 印刷颜色如何形成，有何特点和规律

## 学习目标

完成本学习情境后,你能实现下述目标:

### 知识目标

❶ 能概述印刷颜色的形成过程。
❷ 能解释印刷用原稿的种类及特点。
❸ 能解释分色原理与灰平衡的定义。
❹ 能解释网点、油墨、纸张特性与印刷品颜色的关系。
❺ 能解释印刷色序、印刷过程、印后处理与印刷品颜色的关系。

### 能力目标

❶ 能根据不同类型的原稿正确地选择分色工艺、设定分色参数。
❷ 能识别分色印版和分色样张。
❸ 能根据不同色调的原稿正确地选用网点形状，设定加网的参数。
❹ 能分析油墨和纸张特性对印刷品颜色的影响。
❺ 能根据不同色调的原稿，确定合理的印刷色序。
❻ 能列出印刷控制的几个核心要点与印刷品颜色的关系。
❼ 能区别不同的印后处理方式对印刷品颜色的影响。

建议14学时完成本学习情境

## 内容结构

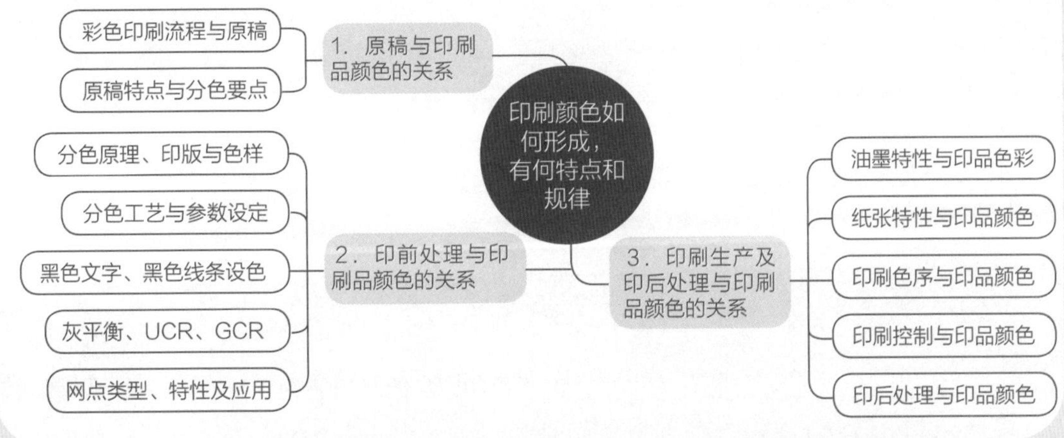

学习任务 1

# 原稿与印刷品颜色的关系

（建议 3 学时）

## 学习任务描述

彩色相片进行大批量印刷，要经过多少个环节才能得到色彩逼真的复制相片？不同类型的原稿在印刷复制时采取何种分色工艺才能较好地再现其颜色特性？本任务通过一张相片的复制流程，在问题引导、图文并茂、对话交流与讨论的过程中，去认识印刷品颜色的形成流程，区分不同原稿的特点并设定合适的分色参数。

重点 原稿特点与分色参数设定。

难点 分色参数设定。

## 引导问题

1. 彩色图片大批量印刷要经过几个环节？
2. 原稿分为几种？各有何特点？
3. 国画印刷复制时要重用黑版吗？灰成分替代工艺最适合国画复制吗？
4. 油画印刷复制时要注意什么？黑版应选用什么类型？
5. 水彩画印刷复制时，要重用三原色吗？黑版用长调还是短调呢？
6. 水粉画印刷复制时要重用黑版吗？
7. 彩色印刷品作为原稿再印刷复制时，要注意什么？
8. 图像的阶调越丰富越好吗？
9. 图像的反差是什么？其越大越好吗？
10. 图像的色调包括哪两方面的内容？

小　明: 明星艺人开演唱会，一般都要印刷含有个人相片的宣传海报，这样的海报是怎样大批量印刷出来的呢？

### 一、印刷品颜色的形成过程

第44讲

张老师: 我们以图3-1中的彩色相片为例来认识彩色印刷品的复制流程。

第一步：扫描图片，将相片放置于扫描仪内，进行扫描，如图3-2所示。

图3-1　彩色相片原稿

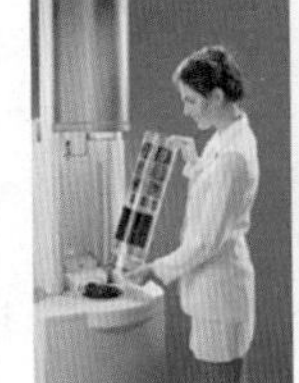
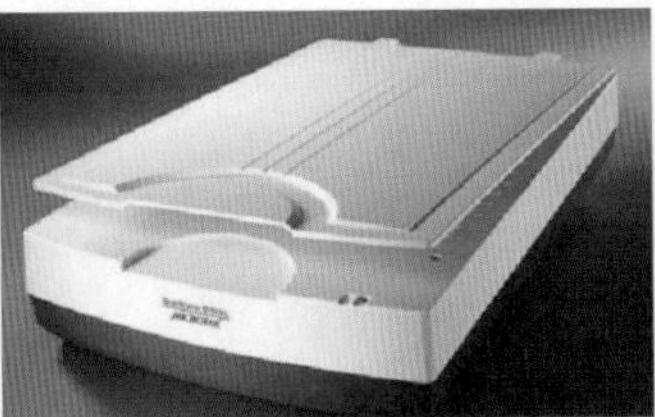
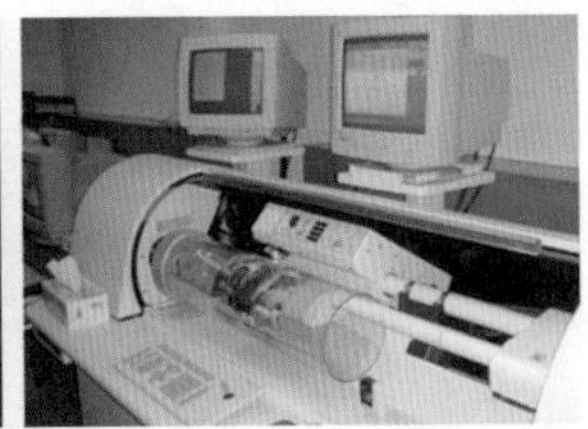
图3-2　扫描仪扫描原稿

第二步：分色加网，将扫描获取的RGB图像分解成CMYK图像，并进行电子加网，如图3-3所示。

第三步：输出印版，将拼好的图文版面，用CTP机制版或用照排机输出菲林后晒版，如图3-4所示。

图3-3　分色加网

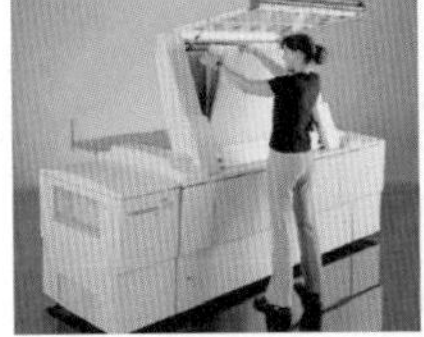
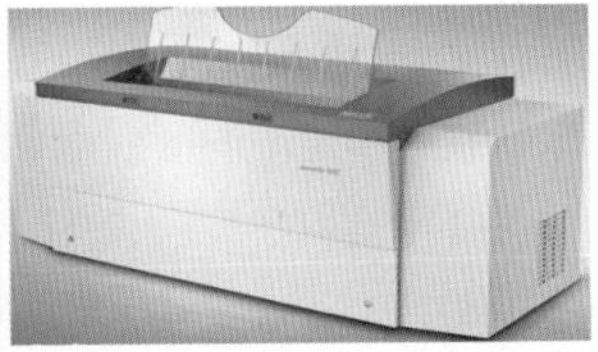
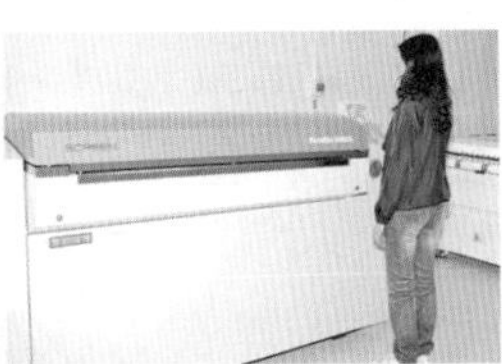
图3-4　输出印版

第四步：印刷，将印版装在印刷机上，用纸张和油墨进行印刷，如图3-5所示。

第五步：印后加工：利用覆膜机（涂布机、过油机）、装订机、切纸刀等，进行覆膜（涂布、过油）、装订和裁切等处理，如图3-6所示。

图3-5　印刷生产

图3-6　印后覆膜过胶与裁切

**小　明:** 我明白了，经过“扫描－分色加网－制印版－印刷－印后加工处理”五大步骤，就可得到与相片相同的彩色印刷品。看来作为原稿的相片是所有步骤的依据。那么原稿到底是什么?

## ❶ 原稿

**张老师:** 原稿是印前处理所依据的实物或载体上的图文信息，如相片、画家的作品、保存在U盘或云端的电子图片、数码相机和手机拍摄的数码照片等都可作为原稿，原稿位居印刷的五大要素（原稿、印版、油墨、纸张、印刷机）之首。

**小　明:** 从颜色的角度而言，彩色印刷复制重点关注原稿的什么信息?

## ❷ 反差、阶调与色调

**张老师:** 反差、阶调和色调是彩色印刷复制中评析原稿的三个重要专业术语。反差：是指图像中最暗和最亮部位的密度差。如图3-7所示，图3-7（a）中最暗和最亮处的密度差小，反差就

图3-7　反差对比
（a）反差小（b）反差大

图3-8　阶调（层次）对比
（a）阶调丰富（b）阶调平淡

小，而图3-7（b）中最暗和最亮处密度差大，反差就大。阶调（层次）：指人的视觉可分辨的密度级次。如图3-8所示，图3-8（a）中因图像细微变化多，阶调（层次）就丰富，而图3-8（b）中细微变化少，高光区域的面部很多细节都丢失了，而暗调区域头发处变成一样黑了，也就是层次并级了，所以其阶调（层次）就显得平淡。色调：指颜色与阶调变化的情况，包括了颜色与阶调两方面的信息。如图3-9所示，表现的信息除了阶调（层次）丰富外，颜色变化也十分丰富，所以说这幅图片色调丰富。

图3-9　色调丰富

小　明：原稿可以分为几类？在彩色印刷复制时，如何针对不同颜色特征的原稿进行分色控制？

## 二、原稿特点及印刷分色要点

张老师：原稿分类如下：

第45讲

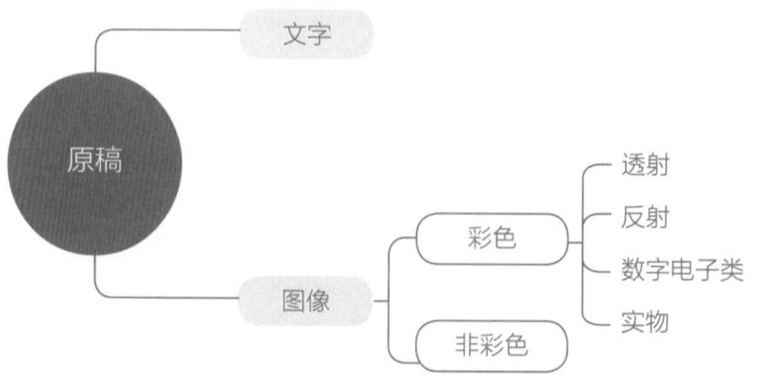


本课程重点关注的是图像原稿中的彩色原稿，其中第一大类是彩色透射稿。

### ❶ 透射稿，彩色反转片特点及分色控制要点

彩色反转片是唯一适合于印刷复制的透射原稿，其特点是：阶调丰富、层次清晰、颜色鲜艳、颗粒细腻，适合高倍放大复制，但反差过大（2.7~3.0），易偏色，需扫描分色时校正。如图3-10所示，此类原稿特别适合大幅面的广告、挂历、高清晰画册印刷复制。因印刷品的最大密度不超过2.2，反差一般不超过2.0，所以在分色时要注意以下几点：

（1）压缩次要部位层次，强调主要部位层次，一般加强中间调和浅高调。

（2）突出光线感，该亮的要亮，该暗的要暗，保持一定反差。

请记住：印刷用反转片理想的密度范围是0.4~2.4；理想的反差是1.8~2.2，超过此范围就要进行压缩。

### ❷ 反射稿，中国画特点及分色控制要点

中国画（国画）是用毛笔蘸墨或国画颜料在宣纸或丝绢上所作的画，是中国独创的东方主流画种。其最大特点是以墨为主，以色为辅，着重意境，讲究形神兼备，具有色彩明朗、朴厚、柔软、柔和，反差较小的特性，图3-11所示。印刷分色要选用GCR（灰成分替代）工艺，用长调（较多）黑版，强调暗调处色彩与层次，还要设定底色增益UCA为5~10，黑版限制在85%~95%之间。新闻纸印刷黑版选85%，总墨量为240%~260%；铜版纸印刷黑版在90%~95%之间，纸张表面越光滑平整，黑版可取大值，但油墨总量在320%以内。

### ❸ 反射稿，油画特点及分色控制要点

油画起源于西方，是西方绘画的主流。它以画笔和画刀为工具，用油性颜料在画布上作画。其主要特点是用色浓重，颜色厚实滋润，阶调丰富，反差大，对比强烈，质感和立体感强，如图3-12所示。在印刷分色时，用GCR工艺，将黄、品红、青三色版上的网点放足，黑版选短调（较少）以起衬托强调作用，铜版纸印刷黑版限制在90%~95%之间，总墨量为310%~320%，纸张平滑度越高，黑版可取大值；新闻纸印刷黑版限制取85%，总墨量在240%~260%之间，如要强调暗调处的色彩与层次，还需增设UCA：6~10，增设后可适量减小黑版限制量。

### ❹ 反射稿，水彩画特点及分色控制要点

水彩画是用水溶性的水彩颜料在较粗糙的画纸上作画，凭借调色时水分的多少，表现出色彩的浓淡和颜料的透明度，具有清淡、透明、飘逸、湿润的艺术特点，如图3-13所示。在印刷复制时因幅面大，常拍摄成二次原稿后再制版。分色制版要用GCR工艺，重用三原色，用较少黑版，以确保水彩画的轻快感和透明感。用铜版纸印刷黑版限制在85%，油墨总量310%~320%之间。

图3-10　彩色反转片

图3-11　国 画

图3-12　油 画

## ❺ 反射稿，水粉画特点及分色控制要点

水粉画是用水调粉质颜料画在纸上的图画。因其采用的水粉颜料不透明，既无油画颜料的粘凝，也没有水彩染色的渗化，表现出色泽妖艳、遮盖力强的特点，如图3-14所示。印刷分色时采用灰成分替代（GCR）工艺，用短调（较少）黑版，黑版限制在85%~90%，UCA设定为6~10，油墨总量310%~320%，以强调色泽妖艳，增强色彩感染力。

## ❻ 反射稿，彩色照片特点及分色控制要点

彩色照片是将彩色感光乳剂层涂布于不透明的白色纸基上制成彩色相纸，利用彩色负片拷贝或放大后获得的正像彩色图片，是生活中使用最多的图片。要根据照片整体色调来设定分色参数，充分利用相片与印刷品反差接近的优点，进行合理定标，恰当处理。如图3-15所示，图片明暗适中，整体消色较多，用GCR工艺，长调黑版，铜版纸印刷黑版限制在90%~95%，UCA为“0”，油墨总量310%~320%，色调在调整时，要强调高、中调。如图3-16所示，此图较明亮，但以彩色为主：选用GCR工艺，短调黑版，铜版纸印刷黑版限制在85%，UCA为5-6，油墨总量310%~320%。色调在调整时，也要强调高、中调。

## ❼ 反射稿，彩色印刷品特点及分色控制要点

在实际印刷生产中，有时客户也将彩色印刷品作原稿使用。此类原稿的特点是反差低、有少量龟纹，清晰度较低，高、低调层次不足，原稿质量相对较差。由于印刷品是由网点交织而成的图像，如图3-17所示，再经分色加网后易产生不美观的波纹，即龟纹。因此分色时要去龟纹处理，即去网处理，尽可能降低龟纹的影响。如图3-18所示为去网前后的印刷效果对比。

小　明：在电脑城里买的光盘图像库中的图像属于什么原稿？有何特点？

图3-13　水彩画

图3-14　水粉画

图3-15　彩色相片

图3-16　彩色相片

图3-17　彩色印刷品

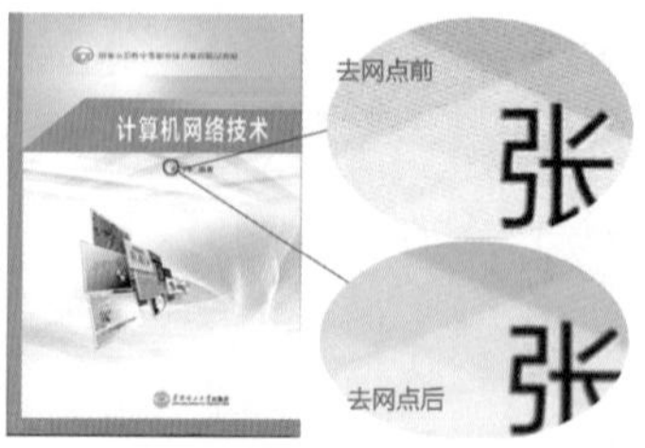


图3-18　去网前后印刷效果对比

## ❽ 数字类原稿特点及分色控制要点

张老师：你所说的这类原稿属于数字电子类原稿，可分为四类。

① 数码相机拍摄类。此类相机不再使用彩色胶卷，而是分别用感红、感绿、感蓝的CCD（光电耦合器件）感光板，将照相机光学系统拍摄的图像以较高的分辨率分解成红、绿、蓝三色数字信号，并存储在磁介质上，如U盘、软盘、硬盘和光盘，供计算机进行图像处理、页面排版处理和分色输出。随着数字相机技术的提升，数码相片的品质越来越高，在印刷复制原稿中将成为主流。

② 相片光盘（Photo-CD）类。相片光盘类是将照相机拍摄的传统彩色相片经扫描和数字化处理后写入光盘的一种图片形式，柯达公司最早推出此类产品。现在越来越多的图片公司，直接将数码相机所拍摄的相片存入光盘。

③ 计算机原稿设计系统类。主要是装有图形图像处理软件的计算机系统，对扫描输入原稿图像进行再次创作或直接在系统内进行创意制作的图形或图像。

④ 数字通信网络类。指从互联网上获取的各种彩色图片，既有数码相机拍摄上传的，也有用手机拍摄上传的，还有将传统相片扫描后上传的。

上述原稿的共同特点是保管和使用方便、成本低、用途广，但质量参差不齐。印刷分色时要依据原稿的品质和色调特征，参照前面所述原稿类别和特点来设定分色参数。

## ❾ 实物原稿的特点及分色控制要点

随着3D成像技术的发展与成熟，实物作为原稿必将与日俱增。目前被用作印刷原稿的实物有艺术绣品，丝质、革质的书画，油画，陶瓷、木材、花草、各类金属、塑料、石材、壁画、文物等，但万变不离其宗的都要依据原稿品质和色调特征，可参照上述原稿类别来设定分色参数。如图3-19所示为大幅面高端扫描仪和三维扫描仪。

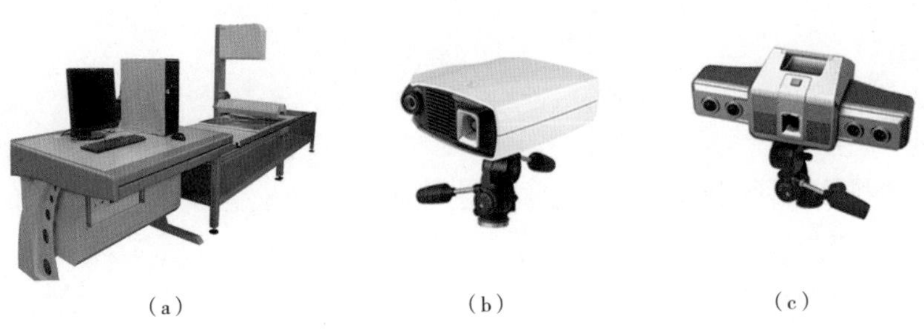

（a）　（b）　（c）

图3-19　实物扫描仪

（a）超大幅面高精度扫描仪（b）单目立体扫描仪（c）四目立体扫描仪

## 学习评价

### 自我评价

能否说明印刷品颜色的形成过程？ 能□ 否□
能否区分不同类原稿的特点与应用要点？ 能□ 否□

### 小组评价

1. 是否积极主动地与同组成员沟通与协作，共同完成学习任务？
评价情况：

2. 完成本学习任务后，能否根据不同原稿确定分色控制要点？
评价情况：

### 学习拓展

在网络上查找印刷品原稿、国画、油画、水彩与水粉画印刷分色设定案例。

### 训 练 区

一、知识训练

（一）填空题

1. 彩色原稿的印刷复制要经过_________、_________、_________、_________和_________五个环节。

2. 适合印刷用的彩色透射原稿是_________。

3. 彩色反射原稿分为_________、_________、_________、_________、_________和_________六大类。

（二）单选题

1. 印刷品原稿再次进行印刷复制，扫描时一定要采取（ ）处理。
（A）去网 （B）加网 （C）定标 （D）都不是

2. 一般彩色反转片的密度和反差较高，其呈色范围（ ）印刷品呈色范围，因此要调校处理。
（A）大于 （B）小于 （C）等于 （D）不确定

3. 图 3-20 中，反差最小，高调层次丢失严重的是（ ）。

（A） （B） （C） （D）

图3-20

4. 国画具有以墨为主，以色为辅的特点，印刷复制时要重用（ ）版。
（A）黑 （B）黄 （C）青 （D）品红

5. 油画用色浓重、颜色厚实、阶调丰富、反差大，印刷复制时要用（ ）黑版。
（A）长调 （B）短调 （C）中调 （D）极长调

6. 水彩画具有清淡、透明、飘逸、湿润的特点，印刷复制时要重用（ ），用短调黑版。
（A）三原色 （B）K 版 （C）G （D）R

7. 水粉画具有色泽妖艳、遮盖力强的特点，印刷复制时要以三原色版（ ），少用黑版。
（A）为主 （B）为辅 （C）兼顾 （D）等量

（三）名词

1. 阶调
2. 反差
3. 色调

## 二、课后活动

每个同学收集 10 张不同类别原稿，并观察分析原稿具有何种特点。

## 三、职业活动

在小组内对收集到的原稿进行分析比较和交流，并分享其在网络上查找到的不同原稿印刷分色参数设定的案例。

# 学习任务 2

# 印前处理与印刷品颜色的关系

（建议 6 学时）

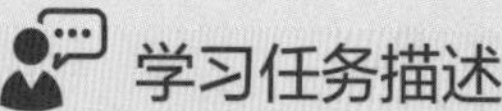


印前处理是彩色印刷复制的第一个环节。印刷公司接到客户订单后，接着就要对图片进行扫描分色、图像处理、图文排版、加网输出样张与印版。在此环节中，分色工艺的选用与参数设定、网点类别的选用与参数确定，将直接影响最终印刷品的颜色质量。本任务通过一张彩色图片的分色流程，在问题引导、图文并茂、对话交流与实践体验的过程中，来理解分色原理与灰平衡，学会选用分色工艺、设定分色参数和网点参数；学会识别分色印版与分色样张。

重点 分色工艺及分色参数设定。

难点 灰平衡。

## 引导问题

❶ 什么叫分色？分色需用到什么设备和材料？现在常用的分色设备是什么？
❷ 可以在软件上进行分色吗？你能识别分色印版与分色样张吗？
❸ 灰平衡是什么？能举例说明吗？印刷灰平衡的一般规律是什么？
❹ GCR与UCR分色工艺分别适用于什么原稿？二者有何区别？黑版分为几种？各有何特点？
❺ 你能正确设定分色参数吗？
❻ 网点的作用是什么？网点分为几类？
❼ 选用调幅网点时有哪些参数需要确定？加网角度如何确定？
❽ 调频网点最突出的特点是什么？适合于什么产品的印刷复制？

小　明: 在任务一中提到:“客户送来原稿后，首先是扫描，接着进行分色和加网”。我一直很奇怪，一张彩色图片，不同部位的颜色千差万别，怎么能够通过简单的方式进行大批量地印刷复制？

## 一、印刷分色与印版生成

### ❶ 什么叫分色

第46讲

张老师: 彩色印刷复制其实就是颜色的分解与合成过程，其重要的理论基础之一是分色原理。如图3–21所示的分色过程：当红、绿、蓝光同时照射到红、绿、蓝三块滤色片时，不同的滤色片分别透过了不同色光，这个过程就叫分色，滤色片是分色的必备材料。

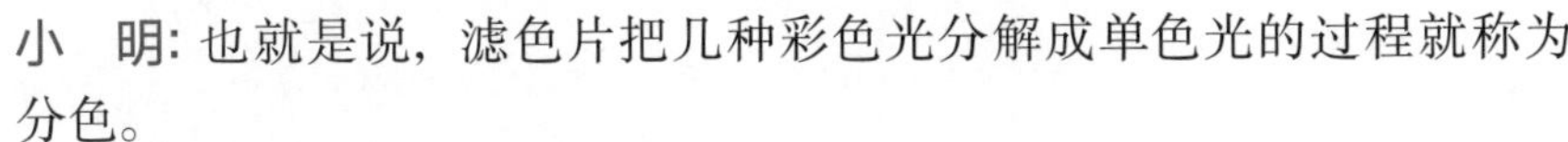

小　明: 也就是说，滤色片把几种彩色光分解成单色光的过程就称为分色。

张老师: 是的，扫描仪对彩色相片扫描，实际上就是利用扫描仪内安装的红、绿、蓝滤色片，将彩色原稿不同部位反射或透射的彩色光，分解成按R、G、B数据组合的图文。

小　明: 印刷分色又是怎么回事?

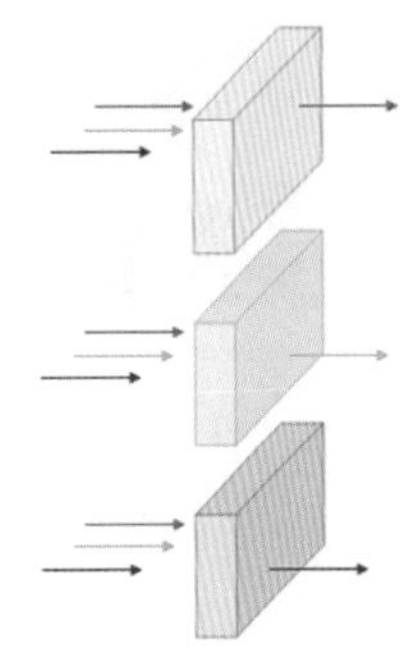

图3–21　分色示意图

### ❷ 彩色印刷如何分色

张老师: 印刷分色就是把RGB彩色图像，用特殊的算法分解成CMYK图像的过程，其分色过程可采取下述方式进行。

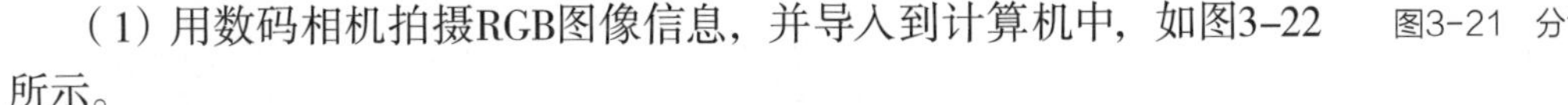

（1）用数码相机拍摄RGB图像信息，并导入到计算机中，如图3–22所示。

（2）用扫描仪扫描图片，获取RGB图像信息，并导入计算机，如图3–23所示。

图3–22　数码相机获取RGB图像信息

图3–23　扫描仪获取RGB（CMYK）图像信息

（3）用分色软件将RGB图像信息转换成CMYK图像信息。将数码相机拍摄的RGB图像信息，或者扫描仪获取的RGB图像信息，在计算机中用Photoshop或其他分色软件转换成CMYK图像，即实现了印刷分色。分色的YMCK单色样如图3–24所示。

小　明: 得到分色的CMYK图片后，如何制成分色印版呢?

图3–24　分色示意图

### ❸ 分色印版如何生成

张老师: 将分色的CMYK图文信息，用RIP处理并控制CTP机输出分色印版，如图3–25所示，详情请看微课。要说明的是广告公司和印刷公司一般选用平板扫描仪扫描分色，对于高精度的彩色图片复制，则需选用滚筒式扫描仪，如图3–26所示。常用的中、低档扫描仪，只能将彩色图片扫描分色成RGB模式，而专业级扫描仪，既可扫描分色成RGB模式，也可扫描分色成Lab和CMYK模式。由于彩色印刷复制遵循色料减色混色原理，必须扫描分色成CMYK模式，而互联网所用的图片只需扫描成RGB模式，因其符合色光加色混色规律。

小　明：分色的Y、M、C、K色样，在分色印版上呈现何种颜色？

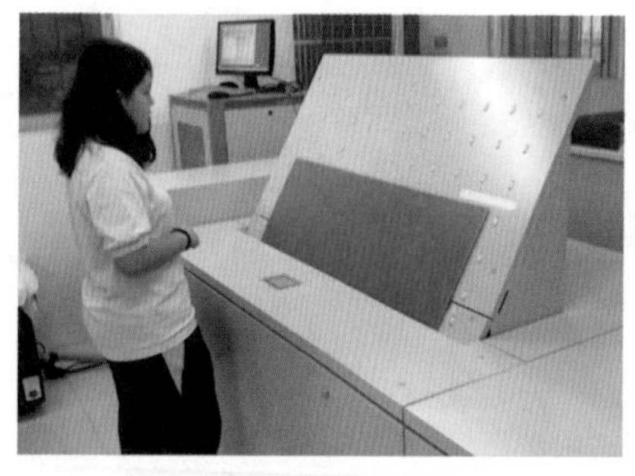

图3–25　CTP输出印版

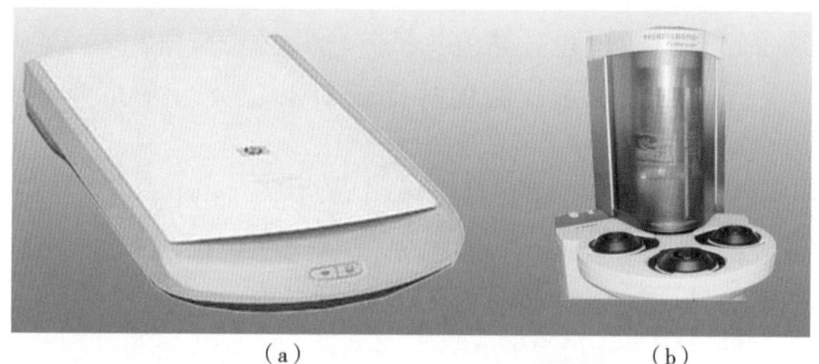

（a）　（b）

图3–26　扫描仪

（a）平板扫描仪（b）立式滚筒扫描仪

## 二、识别分色印版与分色样张

### ❶ 印版上的图文呈何颜色

张老师：分色印版上的图文呈现出感光材料显影后的颜色，一般为深浅不同的黑灰色、蓝色或绿色，如图3–27所示。

小　明：既然各分色印版上图文的颜色都是相同的，那怎样识别分色印版？

第47讲

### ❷ 认识基本色与相反色

张老师：要识别分色印版，首先要区分各分色印版的基本色与相反色，如图3–28所示。基本色即色块中包含本印版色成分的颜色，如黄版中的黄=红+绿，所以黄、红、绿为黄版的基本色；相反色即色块中不包含本印版色成分的颜色，黄版中的蓝色不是黄色的组成成分，所以蓝色是其相反色，而青、品红是与其不同的印版，故也是其相反色。

图3–27　分色印版上的图文颜色

### ❸ 识别分色印版

接着看图3–29色标分解为黄版及黄色样张的效果图。在黄版上，其基本色黄、红、绿和黑色呈现黑色，对应的黄色样张处呈黄色；而相反色青、品红、蓝和白色无信息，在黄色样张上呈白色，即为纸张的颜色。

小　明: 按您的分析，图3–30色标在青版和青色样张上的效果，可以这样解释：基本色青、蓝、绿和黑在青印版上呈黑色，对应的青色样张处呈现青色，其相反色品红、黄、红和白色在青印版和青样张上均无信息。

张老师: 是的，品红印版与品红样张也是如此，如图3–31所示。品红、红、蓝和黑色在品红印版和品红样张上分别呈现出黑色和品红色，而其相反色绿、青、黄和白色则无任何信息。但要注意的是：黑色印版与样张只在对应的黑色处呈现出黑色，其他颜色处均无信息。

小　明: 如何去分辨一张真实原稿的分色版呢?

张老师: 清楚了分色印版与样张的特征，再分析原稿特性，找出画面中三原色黄、品红、青色与三间色红、绿、蓝色的位置，就可区分各分色印版了。如果原稿在分色时，附上了标准色标，直接查看色标再现情况即可。下面做个识别印版的练习。

| 印版 | | | | | | |
|---|---|---|---|---|---|---|
| 黄 | 相反色 | 相反色 | 基色 | 相反色 | 基色 | 基色 |
| 品红 | 相反色 | 基色 | 相反色 | 基色 | 相反色 | 基色 |
| 青 | 基色 | 相反色 | 相反色 | 基色 | 基色 | 相反色 |

图3–28　各色版的基本色与相反色

图3–29　黄版与黄色样特征

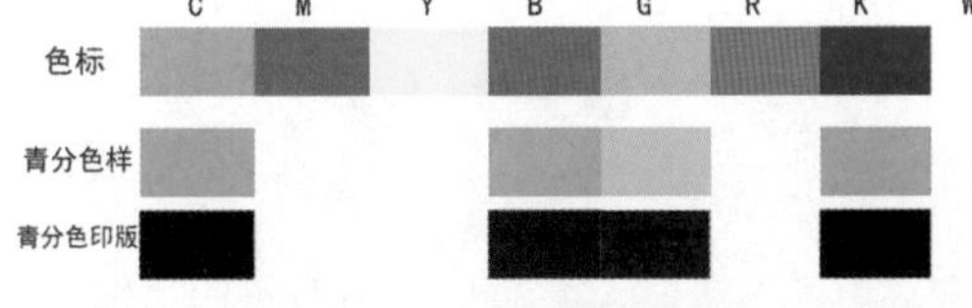


图3–30　青版与青色样特征

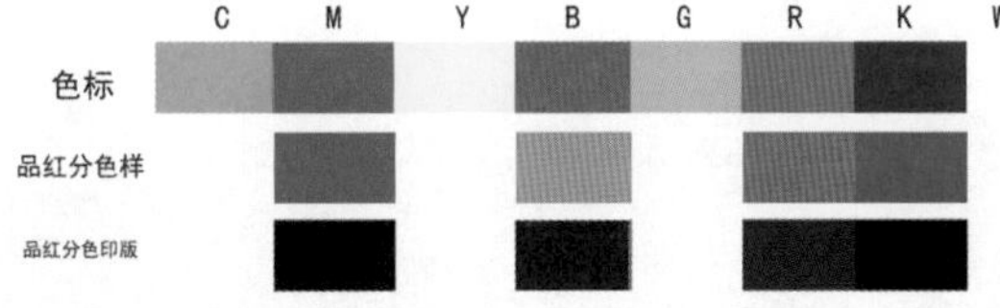


图3–31　品红印版与品红样张特征

## 项目训练　识别印版

看图3–32中的原稿和分色印版上的图像信息，确定A、B、C、D各为何色印版。

首先分析图3–32中三原色、间色和黑色出现的位置，然后再确定各色印版。

① 确定黑版。图片中右边小女孩头发最黑，在分色印版中其对应的黑版量最大，看到的图文信息应最暗，依此确定D版为黑版。

图3–32　识别分色印版

② 确定黄版。图片中黄色量最大的是中间高个小男孩穿的运动衫，其对应的黄版量最大，看到的图文信息应最深，以此可确定A为黄版。

③ 确定品红印版。图片中右边小女孩穿的红色裙子说明品红色的含量最大，对应的印版处应最暗，依次可确定B为品红版。

④ 确定青版。图片中左前边的小男孩穿着青、绿、蓝色条衫，说明青色含量最大，再结合蓝天中青色的含量也是较大的，可以此断定C版为青版。

小　明: 通过对照图片分析，基本掌握了区分印版的方法，但分色样张如何识别?

## ❹ 识别分色样张

张老师: ① 识别单色样张。分色样张的识别比分色印版简单。彩色印刷复制是通过黄、品红、青、黑分色印版吸附油墨后叠印而成，我们先仔细观察图3-33的原稿与各单色样张。

小　明: 从上图看出，能识别黄、品红、青、黑油墨的色相就能识别单色样张，十分简单。

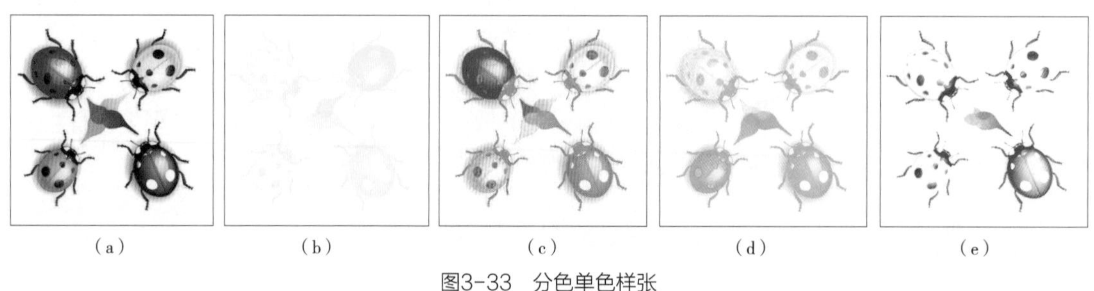


图3-33　分色单色样张

(a) 原稿 (b) 黄色样 (c) 品红色样 (d) 青色样 (e) 黑色样

张老师: ② 识别双色叠印样张。单色样的识别比较简单，我们再看看图3-34中的双色、三色和四色叠印样。

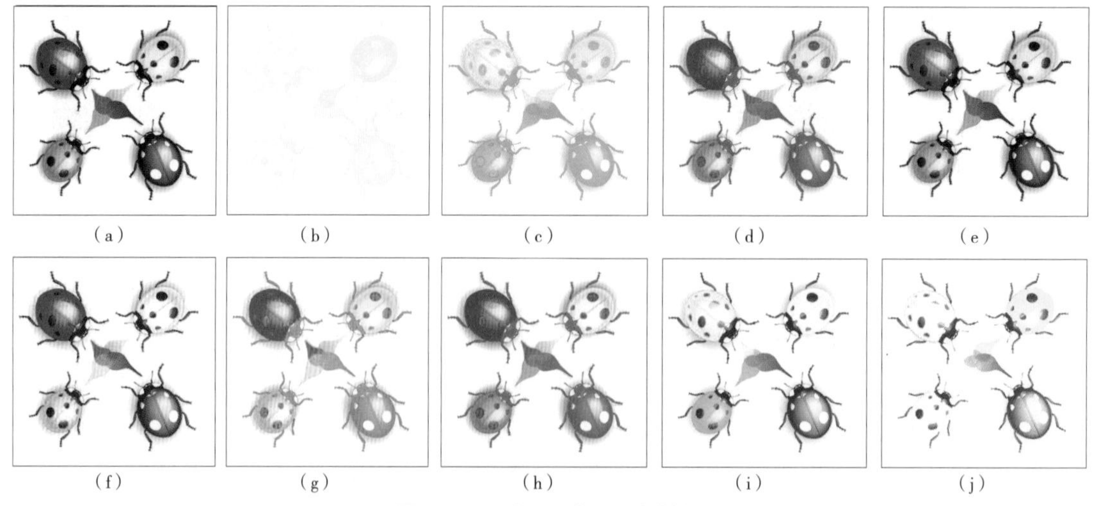


图3-34　双色、三色和四色样张

(a) 原稿 (b) 黄 (c) 黄+青 (d) 黄+品+青 (e) 黄+品+青+黑 (f) 品+黑 (g) 黄+品 (h) 青+品 (i) 青+黑 (j) 黄+黑

小　明: 上图中单色再叠印上黑色，其单色变暗，但色相仍保持其单色的色相，如黄叠印黑时，呈较暗的黄色；青+黑、品红+黑也是如此。

**张老师:** 你真聪明，但是原色之间叠印，就要按色料减色混合规律分析了，如图3–35所示，寻找间色（红、绿、蓝）是判断双色样的基础。

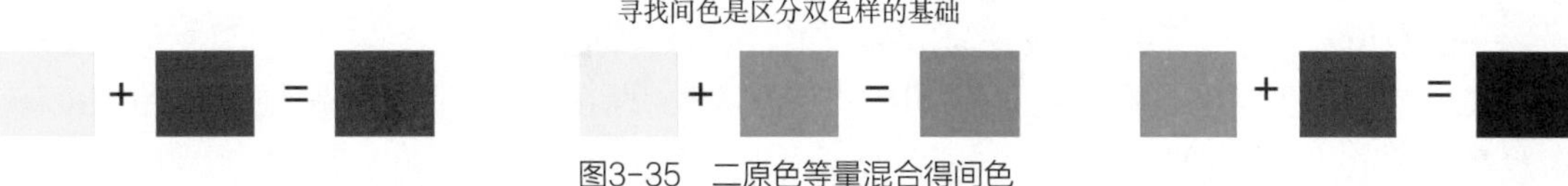


图3–35　二原色等量混合得间色

如黄与品红叠印的色样中，既可以找到品红色与黄色，同时还能找出二者叠印出的间色—红色。图3–34（g）就是黄叠印品红的结果，而图3–34（c）是黄叠印青的效果，图3–34（h）是青叠印品红的结果。

③ 识别三色与四色叠印样张。观察图3–34后发现，无论是三色叠印样张还是四色叠印样张，在样张内都能看到色料三原色黄、品红、青色，其不同之处如下:

> 三色样与四色样的区别：在暗调处三色样密度不够大，整体图像反差偏小，对比不够强烈、不够精神。

**小　明:** 也就是说首先在印样中能找出黄、品红、青三原色，接着寻找最暗部位，如果印样的暗调处密度大，图片整体看起来比较精神，轮廓感强，这个样张就是四色样，反之最暗处不够深暗，反差不够大，就是三色样了。按此分析，图3–34中（d）为三色样，而图3–34（e）为四色样。

**张老师:** 非常正确。

**小　明:** 通过前面内容的学习，我能识别印版与印样了。在实际印刷生产中，如何选用分色工艺并设定分色参数呢?

## 三、分色工艺与印刷分色参数设定

**张老师:** 现在的彩色印刷复制采用四色复制工艺，即将RGB彩色原稿分解为Y、M、C、K四色印版进行印刷。对于已经定标扫描好的图片，从RGB模式转换成CMYK模式时，如何设定分色参数? 我们以Photoshop为例展开学习。首先打开PS中的颜色设置菜单，在弹出的颜色设置对话框内的工作空间模块下的RGB处选“Adobe RGB（1998）”，在CMYK处选“自定”，如图3–36红色箭头所指。当选定“自定CMYK”后弹出如图3–37所示对话框，并按下列顺序选定或输入参数。

第48讲

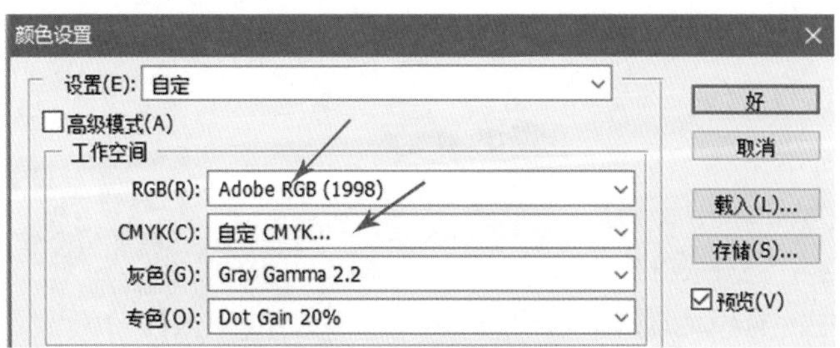


图3–36　颜色空间设置

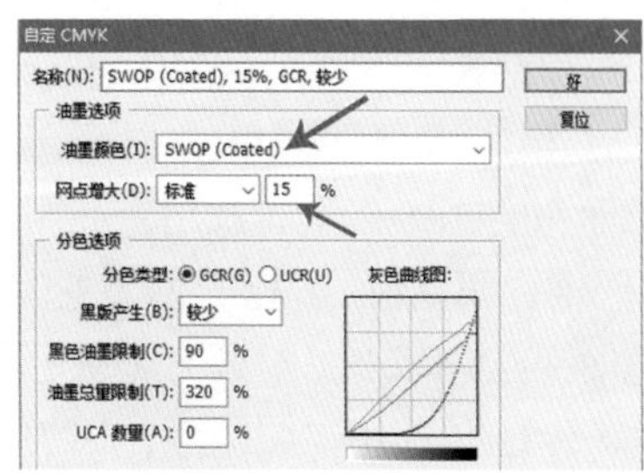


图3–37　颜色设置

（1）确定油墨颜色　在图中“油墨颜色”框内选定实际使用的颜色特性文件，如红色箭头所指现选用的是SWOP（Coated）类型。

（2）确定网点增大　针对印刷公司实际情况，如不同印刷机、不同纸张选用不同扩大量。一般在10%~20%之间，现假设为15%，如红色箭头所指。

（3）选择分色类型　指分色时采用UCR还是GCR，现在一般产品的印刷复制选用GCR（灰成分替代）工艺，如果选用GCR时，必须配合使用黑版生成和UCA（底色增益）。

（4）黑版产生设定　根据原稿特点确定，图3-38（b）为选用较少，图3-38（a）为选用较多黑版生成时的不同分色曲线。

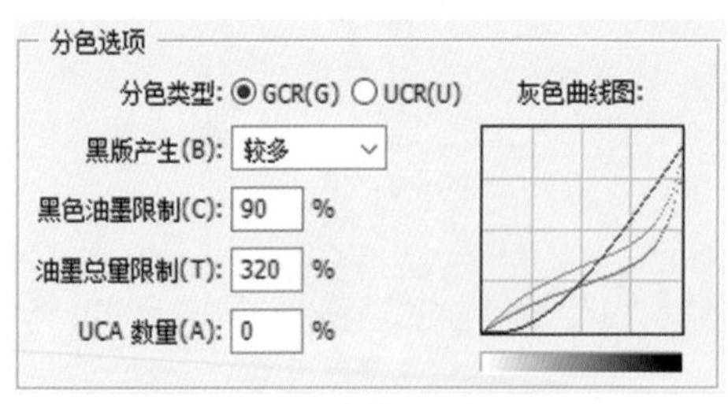


（a）

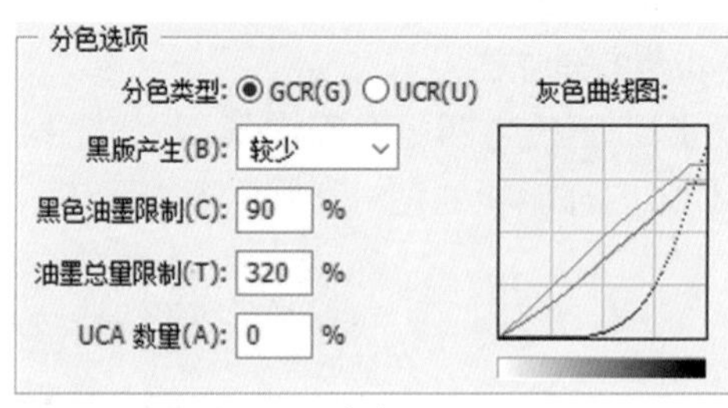


（b）

图3-38　GCR不同黑版分色曲线比较
（a）较多黑版（b）较少黑版

① 较少黑版的使用。较少黑版又称为短调黑版、轮廓黑版或骨架黑版，用在图像的中、暗调部分。主要起到突出轮廓、增大图像反差的作用。适合色彩明快、颜色鲜艳、整个画面中黑色较少的彩色图片分色复制，图3-39为色彩明快的水彩画采用短调黑版分色工艺的样图。

② 中调黑版的使用。中调黑版又名线性黑版，当图片中黑色量占总面积的比例接近50%时使用，适合所有正常阶调的图像复制，如图3-40所示。

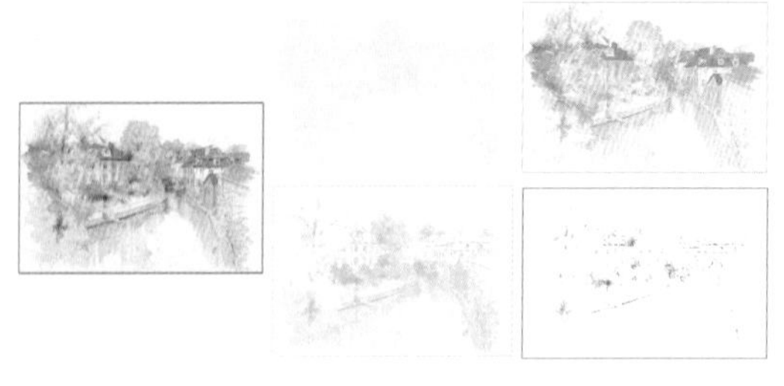

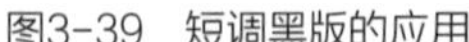

图3-39　短调黑版的应用

图3-40　中调黑版的应用

③ 长调黑版的使用。长调黑版又称全阶调黑版，当图片以黑色为主，以彩色为辅，消色占到图片总面积的70%以上时选用，如图3-41所示。

小　明：我明白了，以彩色为主、消色为辅的图片，分色时要选用较少（短调）黑版；彩色与消色并重的图片，分色时选用中调黑版；以消色为主、彩色为辅的图片，分色时选用较多（长调）黑版。在使用GCR工

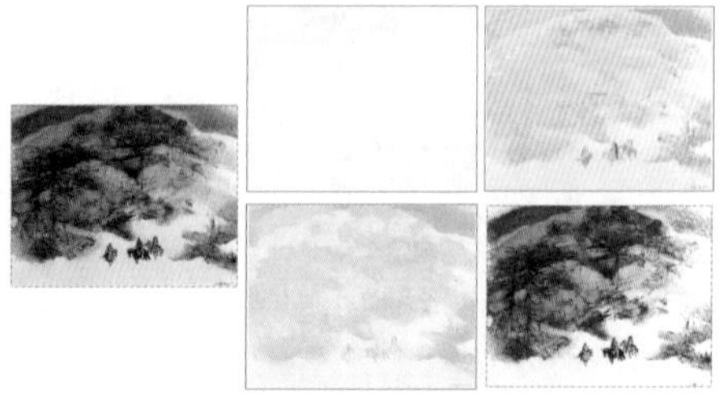

图3-41　长调黑版的应用

艺时除了合理选用黑版外，还需要配合其他选项吗？

张老师：（5）UCA参数设定　如果图像暗调处彩色量较多，且层次丰富，还要设定合适的UCA（底色增益）：即强调暗调处的细微层次和彩色的饱和度，适当增加暗调处YMC的网点数。由于采用GCR工艺时，大量地去掉了构成灰色成分的三原色（Y、M、C）的墨量，用增加黑版墨量来补偿，而补偿黑版墨量的数量有限，对一些暗调层次特别丰富且彩色量较重的原稿，还需要反过来再适量增加三原色（Y、M、C）的数量，以弥补深暗调处的总墨量不足。

小　明：如何确定UCA的增加值？

张老师：UCA的增大量取决于GCR的替代量。以色彩为主且暗调层次丰富的原稿，UCA值应高些；黑色油墨设定越大，UCA增益量也随之提高。一般UCA增益值为5~10，要注意的是，如果设定了较大的UCA值，还要适当地降低黑色油墨限制量，如果图像暗调不深暗，彩色量不大，且层次也不丰富，则UCA不用设定。

（6）选用UCR（底色去除）工艺时，黑版生成与UCA被屏蔽掉，不能选用。

小　明：UCR工艺在什么情况下使用呢？

张老师：对于图像反差大、对比强烈、暗调处层次较丰富，图像轮廓感强的原稿，选用UCR工艺较合适，其他原稿较少使用。

（7）油墨总量　新闻纸印刷设定为240%~260%；铜版纸印刷设为310%~320%，要注意的是：纸张越好，印刷机越好，产品质量要求越高，公司印刷机长的技术水平越高，油墨总量可以设得大一些。胶版纸油墨总量设定介于新闻纸和铜版纸之间。

（8）黑版油墨限制　一般在85%~95%，新闻纸印刷，因纸张表面粗糙，印刷时网点扩大较重，一般设为85%；铜版纸设为90%~95%，产品档次越高，纸张表面越光滑平整，黑版油墨限制可以设得大一些，要注意的是如果使用GCR工艺的UCA设定值，需要适量减少黑版限制量。

小　明：我有一个疑问：期刊、报纸、书籍中的内容绝大部分都是黑色文字，还有很多黑色的线条，这些内容如何分色印刷呢？

## 四、如何设定黑色文字和线条的颜色

张老师：①　黑色文字、线条与黑版应用。你提的这个问题十分重要。YMCK四色印刷工艺为黑色文字和线条的复制带来了极大的方便。彩色印刷复制品中的黑色文字、黑色线条采用黑版（K=100）直接印刷，避免了由Y、M、C、K四色叠印黑色文字和黑色线条时因套印不准出现文字、线条重影不清晰的现象，如图3-42所示。

第49讲

套印误差　单黑印刷　四色叠印线条
文字重影　文字清晰　单黑线条

图3-42　黑色文字、线条不同设色的印刷效果

小　明：在进行黑色文字录入和黑色线条设色时，需要注意什么？

张老师：在Illustrator、Indesign或Coreldraw中输入文字或画黑色线条时，要在“窗口/颜色/色板”

选项弹出的“色板”中选单“黑色（K=100）”，如图3-43所示。如果在Photoshop中输入黑色文字或画黑色线条时，除了将颜色设定为K=100外，还要针对文字层或线画层选“正片叠底”功能，如图3-44中的红色线框所示。

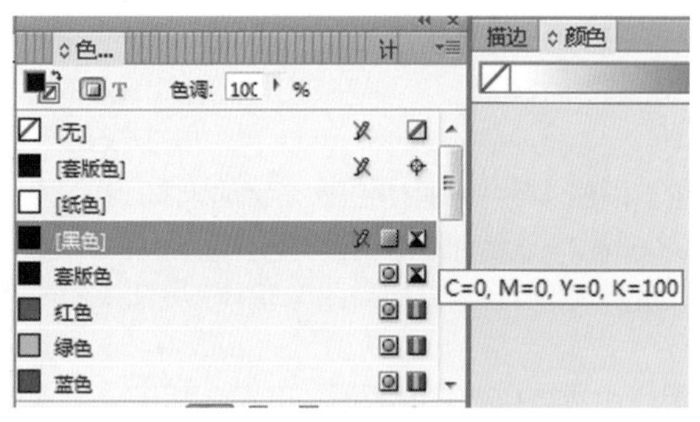


图3-43　AI/ID中黑色文字、线条设色

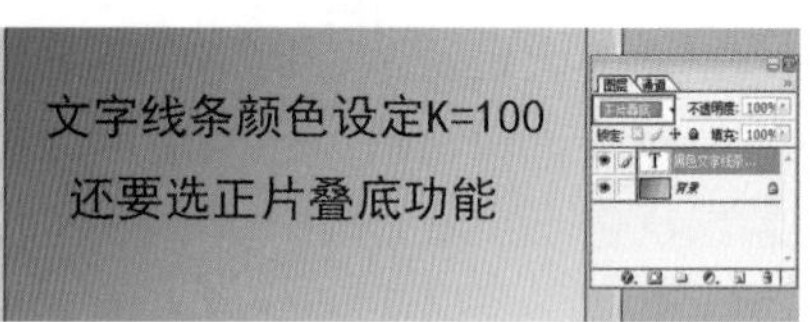


图3-44　PS中黑色文字、线条设色

小　明：在实际生产中，黑色文字和线条印刷易出现什么问题？

张老师：② 套印与叠印的区别。实际生产中，印前制作人员易忽视套印与叠印的差异，虽然将文字或线条的颜色设定为单黑（K=100），但由于选用了正常（即套印）模式，导致印刷时出现露白（露底色）的现象，如图3-45所示。

小　明：套印与叠印到底有何区别？

张老师：我们一起来看看图3-46和图3-47。

从图3-46可以看出，黑色文字采用套印模式时，除了黑版有文字外，黄、品红、青三色印版对应位置处出现了镂空的文字，印刷时因印刷机套印误差使文字错位而露白。而图3-47采用叠印方式，文字只呈现在黑版上，其他三个印版只有彩色底图内容，四色叠印时，黑色文字只用黑版印刷，避免了套印错位引起的露白现象，文字十分清晰。

小　明：我明白了，充分利用YMCK四色印刷复制工艺中的黑版，将文字和线条设为单色黑，并采用叠印（正片叠底）方式来复制，既可提搞印刷品质量，还能提高生产效率。前面提到的UCR和GCR工艺，其基于何种原理？

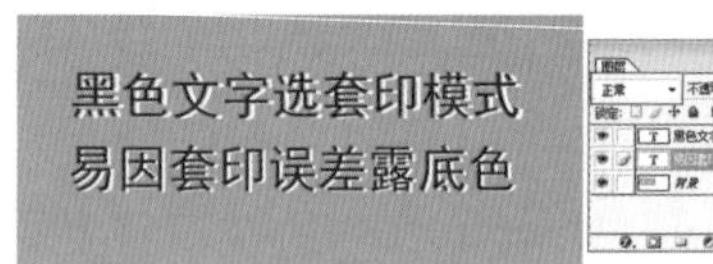


图3-45　PS中黑色文字选用正常（即套印）模式的印刷效果

图3-46　套印效果图

图3-47　叠印效果图

## 五、认识灰平衡

张老师：UCR与GCR产生的理论依据是色料减色代替律（已学：情境1任务2色料减色法）与灰平衡。那么什么是灰平衡呢？图3-48是一张灰色的梯尺原稿，用Y+M+C叠印复制时，其分色样的状况从图中可以看出，梯尺的每一级灰色，用Y+M+C去叠印呈现时Y、M、C必须以特定的网点比例才能叠印出灰色，这种比例关系即为灰平衡关系。

第50讲

小　明：就是说，灰平衡是指Y、M、C三原色油墨按一定比例混合成中性灰色时的这种比例关系。

张老师：是的，在彩色印刷复制中，灰平衡从整体上控制图像的颜色再现，灰平衡控制不好，印刷品就会出现整体偏色，如图3-49所示，将灰梯尺拼在彩色图片下方印出，有助于判断彩色印刷复制品整体是否偏色。

图3-48　灰平衡

（a）

（b）

（c）

（d）

图3-49　灰平衡影响图像整体颜色再现

（a）正常（b）偏品红（c）偏黄（d）偏青

小　明：彩色印刷品的灰平衡有何特点？

张老师：印刷灰平衡是一种动态平衡，受到设备、材料以及设备状态的影响而变化。如不同的印刷机、数码打样机和显示器，不同的油墨、染料与荧光呈色剂，以及同一设备处于不同的状态下，其灰平衡关系都会有所不同。对于彩色印刷而言，虽然不同的纸张、不同的油墨在印刷过程中灰平衡关系都不相同，但是从世界各国油墨的实际印刷效果来看，还是有规可循的。一般来说，不论是高光还是暗调区域，达到灰平衡时，青色油墨量都是最大的，黄和品红比较接近，具体规律见表3-1。

表3-1　不同阶调处灰平衡青的超出量（网点百分数）

| 阶调 | 高光 | 1/4 阶调 | 中间调 | 3/4 阶调 | 暗调 |
|---|---|---|---|---|---|
| 多出的青 | 2% ~ 3% | 7% ~ 10% | 12% ~ 15% | 8% ~ 12% | 7% ~ 10% |

小　明：如何去判断和设定灰平衡呢？

张老师：严格来讲，每家印刷公司都要进行灰平衡测试，再按测出的灰平衡数据进行控制，否则按表3-1所列数据控制也能达到一定的效果。灰平衡判断与设定方法如下：

## 六、灰平衡判断与设定

### ❶ 灰平衡判断

理想的灰平衡：Y∶M∶C=1∶1∶1。实际印刷灰平衡会因油墨、纸张、设备等因素的不同而呈现不同的比例。具体数据可通过下述方法进行判断：

① 屏幕显示对比法。将灰梯尺与原稿图片一并扫描，如图3-50所示，以某一分色模式转换成CMYK后，用软件的吸管工具测梯尺各级网点比，通过与

第51讲

用户建立的灰平衡关系对比判断灰色是否平衡。

② 视觉判断法。将由青、品红和黄墨叠印的中性灰梯尺和单色黑墨印刷的中性灰梯尺拼在一起，通过视觉对比判断灰色是否平衡，如图3–51所示。

③ 数字定量分析法。用分光光度计测量三色叠印灰梯尺各级的L、a、b值，判断依据为：a值和b值最接近于零，将测量得到的不同梯级处的灰平衡数据，同标准的不同梯级灰处的平衡数据进行比较，判断灰色是否平衡，获得调控数据，如图3–52所示。

图3-50 屏幕显示对比法

图3-51 视觉判断法

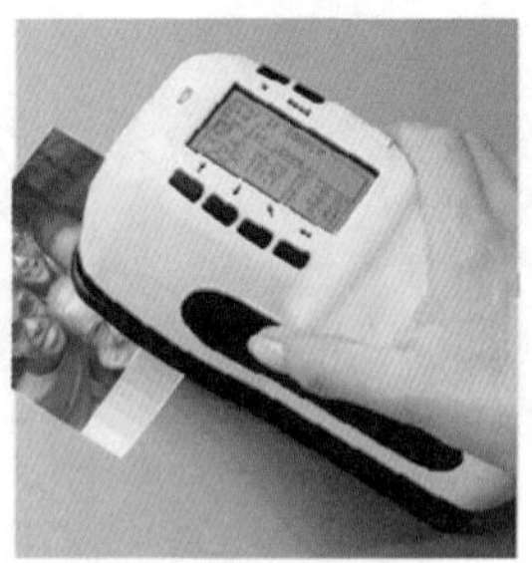

图3-52 数字定量分析法

小 明：灰平衡判断后，如何去设定和调校呢？

张老师：❷ 灰平衡定标与调校

① 三点定标法。用Photoshop（专用分色软件）曲线工具对话框中的白、灰、黑吸管工具，双击吸管后在弹出的对话框中分别设定白场、灰阶和黑场的YMCK数据进行选点定标，以保证图像整体颜色平衡，如图3–53所示。详细操作见微课。

② 分色曲线调校。即利用类似于Photoshop的曲线工具，根据对不同阶调处的偏色情况，分次选定Y、M、C通道后，通过对Y、M、C曲线进行调整来确保灰色平衡。此法需要较丰富的经验，否则，在调校颜色时会造成阶调层次的较大影响。

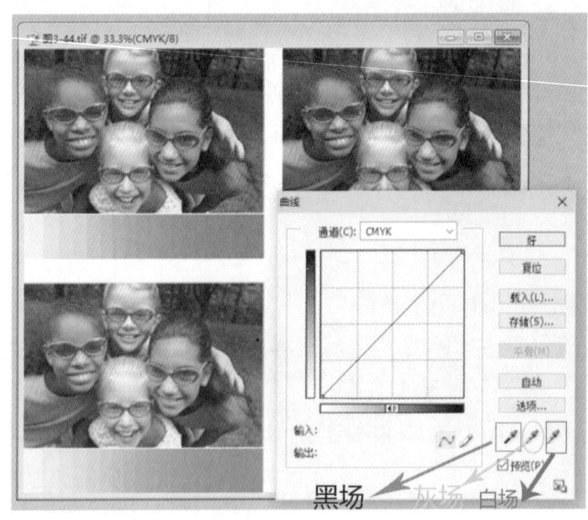


图3-53 三点定标法

小 明：至此，我对灰平衡的内涵有了深刻的认识，对灰平衡的设定与调校，也能按微课的操作示范进行初步的操作了，但对为何要产生UCR与GCR工艺还不理解。

## 七、UCR工艺及应用

张老师：UCR产生的直接动力是多色高速印刷的需要。随着印刷机色组增多，印刷速度不断提升，传统的四色印刷复制（即以三原色版为主，黑版为辅）的工艺显露出许多不足，如暗调处因叠印墨量过大，网点变形严重，导致阶调层次损失；由于墨量过多，干燥不彻底，出现背面粘脏、糊版和印刷面擦伤；由于三原色油墨量过大，控制不稳易导致颜色波动等问题。为了尽可能地消除这些问题，催生了UCR工艺的研发与问世。

第52讲

小　明：UCR到底是什么？

张老师：（1）UCR定义　UCR是Under Color Removal的简称，中文翻译成底色去除，即部分去除暗调区域灰色成分的彩色油墨，用黑色油墨来替代的一种分色技术。其原理如图3-54、图3-55和图3-56所示。

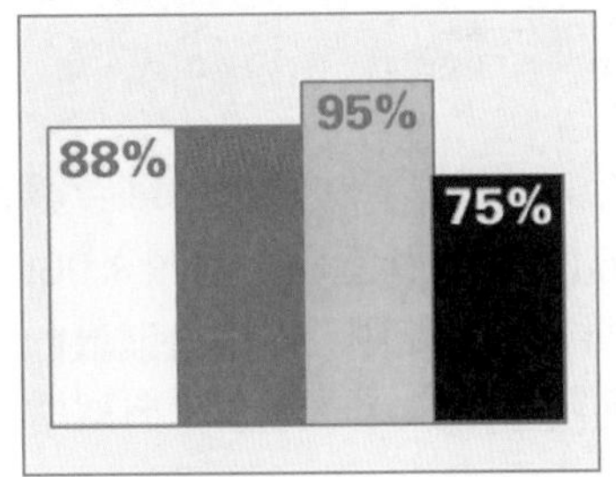

图3-54　底色不去除

总墨量=88%+88%+95%+75%=346%

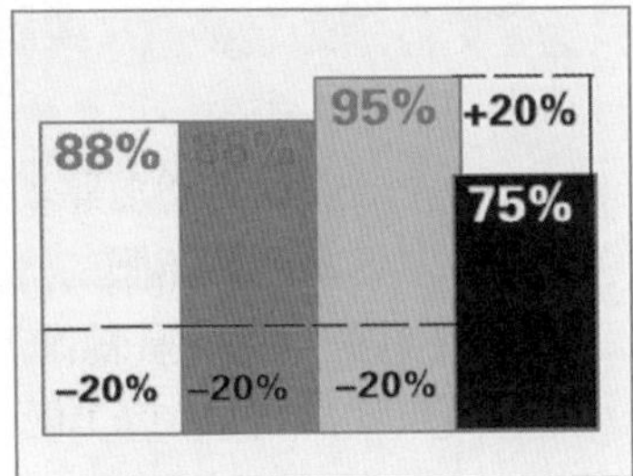

图3-55　底色去除20%

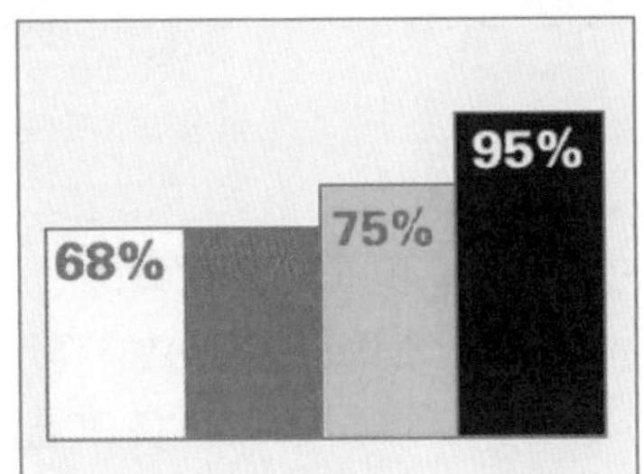

图3-56　底色去除20%后

总墨量=68%+68%+75%+95%=306%

小　明：从图中看出暗调处的总墨量减少了40%，总墨量减少后有什么好处？

张老师：（2）UCR优点　① 可以加快油墨干燥，减少印品沾脏、提高印刷适性，改善叠印效果；② 因减少三原色墨量，黑墨量的增大有助于稳定中性灰；③ 增加密度再现和暗调区域的细微层次；④ 节省彩墨，降低成本。

小　明：（3）如何应用UCR工艺？

张老师：在Photoshop中打开一幅RGB图片，在“编辑”菜单下选“颜色设置”后，弹出如图3-57所示对话框，在上半个对话框的工作空间“CMYK”处选“自定CMYK”（如图中箭头所指）后，弹出下半个对话框，选定其中的“UCR”即可（如红色箭头所指）。同时要设定黑色油墨限制，一般为85%~95%，新闻纸选85%，铜版纸90%~95%。油墨总量：新闻纸240%~260%，铜版纸310%~320%。设定好后，再在Photoshop中选“图像／模式／CMYK”即完成印刷分色。

小　明：UCR工艺适合什么特性的原稿分色？

张老师：对于图像较暗，暗调处彩色量较重，且层次丰富的原稿，特别适合选用UCR工艺，如图3-58和3-59所示。要注意的是UCR工艺的底色去除量一般在20%~30%之间，且只局限在暗调区域。一般在多色高速印刷中，印刷适性良好的暗调部位，油墨最大叠印网点面积超过

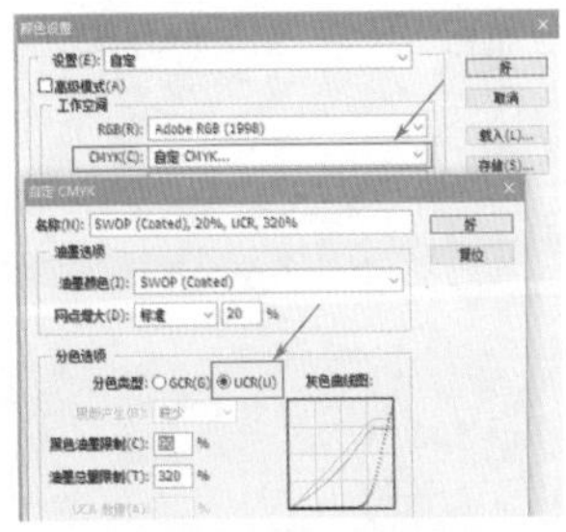
图3-57　UCR应用

图3-58　适合UCR原稿

图3-59　适合UCR原稿

270%就应使用底色去除（UCR）。

小　明: 按照色料减色法，既然等量的黄 + 品红 + 青 = 黑，为何UCR工艺只能部分地去掉暗调处构成灰色成分的三原色油墨，而不能全阶调全部去除和代替呢？

## 八、GCR工艺及应用

张老师: 你是一个善于思考的人，你所想到的问题，也是研究人员想要解决的问题。正是基于这样的想法，以及为了更好地满足多色高速印刷机生产效率的发挥，尤其是大批量的轮转商业印刷、报纸印刷的需求，又催生了GCR工艺的研究与问世。

第53讲

小　明: GCR到底是什么？

张老师:（1）GCR定义　GCR是GrayComponent Replacement的简称，中文翻译成灰成分替代，是指将原稿中从亮调到暗调的复色中三原色叠印的灰成分全部去除，用增加黑版墨量的方法来补偿，也称为"两色加黑"工艺。图3-60为灰成分替代示意图，从图中可以看出，将三原色等量的部分全部去除，并用增加适量的黑墨来替代去除的部分。

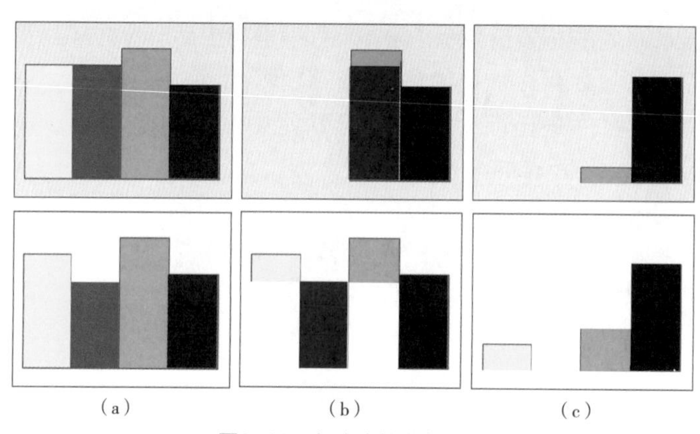


图3-60　灰成分替代示意图

（a）无去除（b）等量为黑（c）全部去除

小　明:（2）GCR有何特点？

张老师: GCR特点：①灰成分替代工艺以黑版为主，三原色版为辅；②黑版为真正的全阶调版，即网点从0~100%都有；③灰成分的替代范围是全阶调的；④最大限度地减少墨量，墨层干燥迅速，有利于多色高速印刷；⑤黑墨代替彩墨，油墨成本大大降低。

小　明:（3）如何应用GCR工艺？

张老师: GCR的应用类同于UCR应用，只是在图3-61中选定对话框下半部分的GCR（如箭头所指），并设定相应参数（请看微课和情境3任务2-2-1内容），再在Photoshop中选"图像 /模式 /CMYK"即完成按GCR工艺的印刷分色。

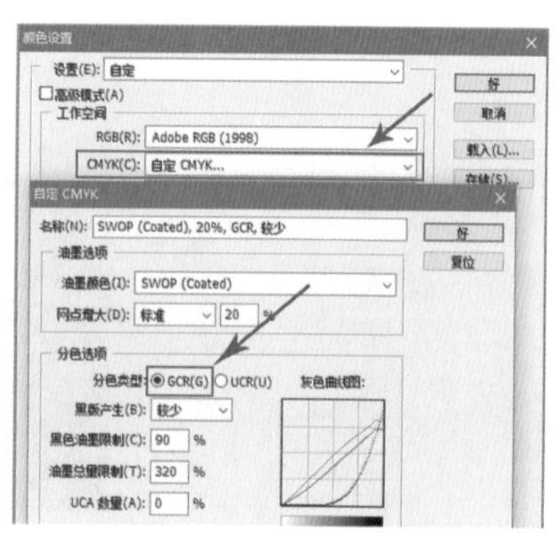


图3-61　GCR应用

小　明:（4）UCR与GCR有何区别?

张老师: UCR与GCR的区别，请看图3-62与3-63的分色样张，通过对比发现：UCR的黑版主要体现在图片的深暗处，而GCR的黑版扩展到全阶调，且黑版的量也较UCR大，而UCR工艺中的黄、品红、青三原色量反而比GCR工艺中的大，即GCR分色工艺中的彩色墨量明显减少，而黑墨量有较大的增加，从而确保了多色印刷能以较少的油墨总量进行，提高了油墨的印刷适性，最大限度地降低成本，提升印品质量和生产效率。因此GCR工艺推出后得到广泛应用，尤其是大批量的高速轮转商业简册，报纸和以黑为主、以色为辅的印品成效显著。

图3-62　底色去除工艺（UCR）分色效果图

图3-63　灰成分替代工艺（GCR）分色效果图

小　明: 选定了分色工艺，并设定好相关参数后，在输出印版时还要做什么？

张老师: 彩色印刷是通过网点来传递不同颜色的油墨，进行混色呈色的，如图3-64所示。因此，在输出印版时还需要合理地选用网点，设定网点参数，如图3-65所示。

小　明: 网点到底是什么?

图3-64　网点的作用

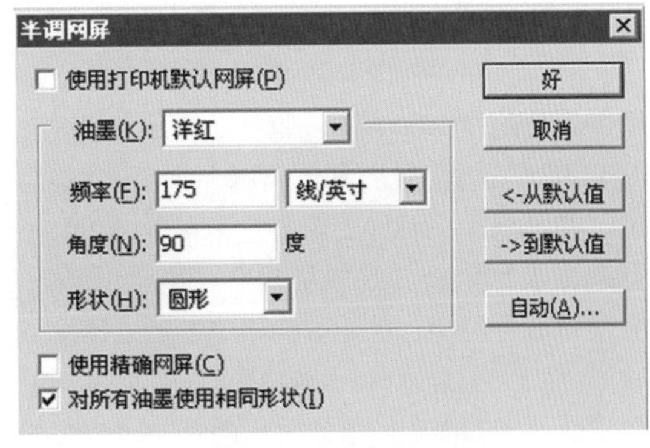


图3-65　网点参数确定

## 九、认识网点

张老师: 印刷是利用人眼视觉空间混合原理：即正常人眼在明视距离（250mm）处去观察空间两点时，如果二点间的距离小于等于人眼锥体细胞直径0.073mm时，人眼便不能分辨而视其为一点。如图3-66所示，图中右边的两只鹦鹉，一只是

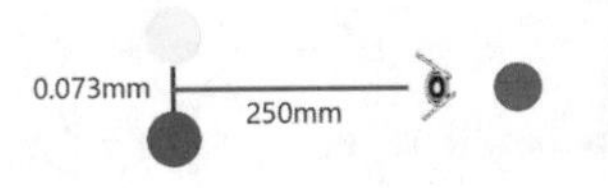


图3-66　视觉空间混合原理

第54讲

用放大镜呈现的网点效果，当不用放大镜即正常状态下人眼观察时，看到的是另一只色调连续自然的鹦鹉。

对于印刷所用的网点，有如下知识需要理解和掌握。

1. 网点定义：网点是表现图像阶调与颜色的最基本单元，它起着组织颜色与阶调的作用，在印刷过程中是传递油墨的最小单位，如图3-67和图3-68所示。

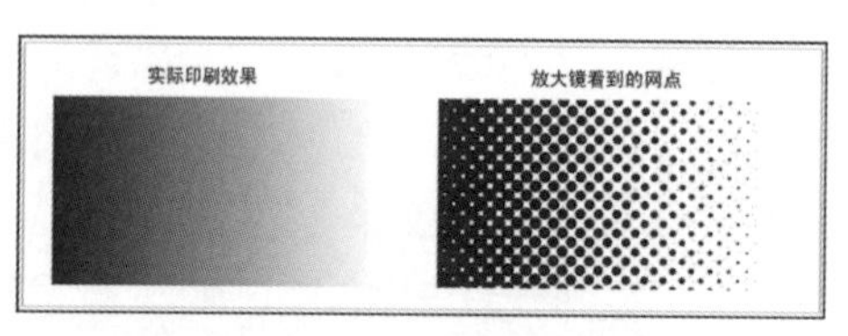

图3-67　网点表现阶调

图3-68　网点组织颜色

2. 网点类型：网点可分为调幅网点和调频网点两种，其特点分述如下：

（1）调幅网点

① 基本特点。单位面积内网点的大小可变，但方向不变，单位面积内网点的个数相等，通过大小不同的网点面积传递不同量的油墨去再现图像浓淡深浅的色调，如图3-69所示。

② 网角。是指网点中心连线同水平线之间的夹角，如图3-70所示。

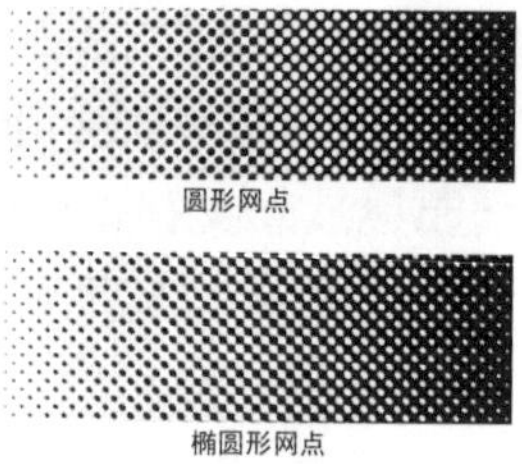

圆形网点

椭圆形网点

图3-69　调幅网点

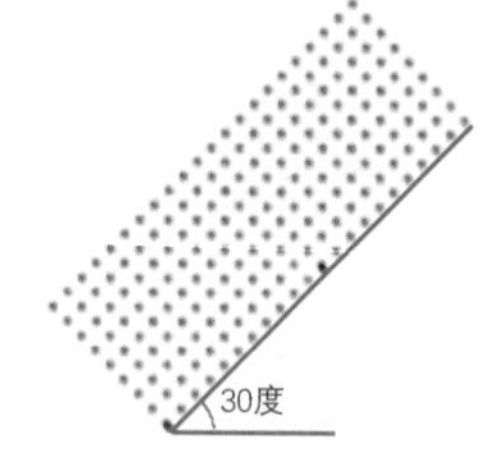

图3-70　网点角度

③ 网点的角度差。两种或两种以上不同角度的网点套在一起时，各自网点中心连线之间的夹角称为网点的角度差。由于网角差的存在导致产生莫尔纹，影响图像整体美观，如图3-71所示。当两种网点之间的角度差为30°时，产生的莫尔纹较为美观，其他角度差所产生的莫尔纹都会降低图像的美观度。为了尽可能降低莫尔纹的影响，一般将图像主色调网角设为45°（45°人眼感觉最好），黄色设定为90°（90°人眼看起来显得呆板，效果最差，一般给弱色），其他两色设为15°或75°。但当超过四色时龟纹加重将不可避免，从而影响印刷复制效果。

④ 网点的大小。是指在每一单元网格中能接受油墨的面积占单元面积的百分比，如图3-72所示。网点大小一般用百分数表示，习惯上也用成数表示，如50%的网点也可称为5成网点。图3-73为大小不同网点的对比，只要用心观察、对比、记忆，经过一段时间的

图3-71　网角差

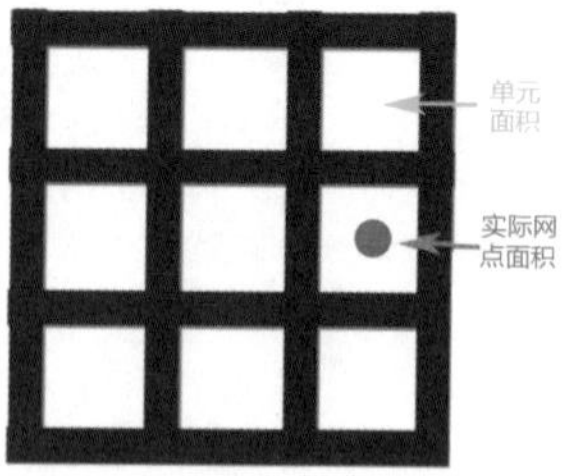

单元面积

实际网点面积

图3-72　网点单元

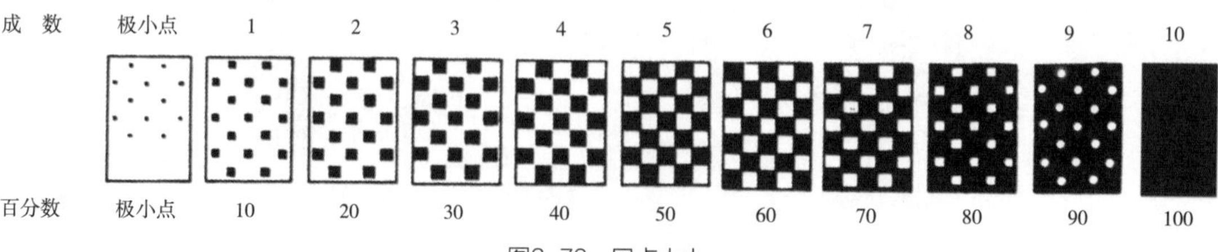

图3-73　网点大小

积累，你就可判断网点的大小了。

⑤ 网点线数。是指单位长度内的加网线数。网点线数影响印刷品的清晰度、分辨率及印品层次的再现能力。网点细，印品清晰度高、还原层次能力强，如图3-74所示。但也不是越细就越好，因为网点过小，印刷时网点增大也越多，从而导致阶调层次损失严重。

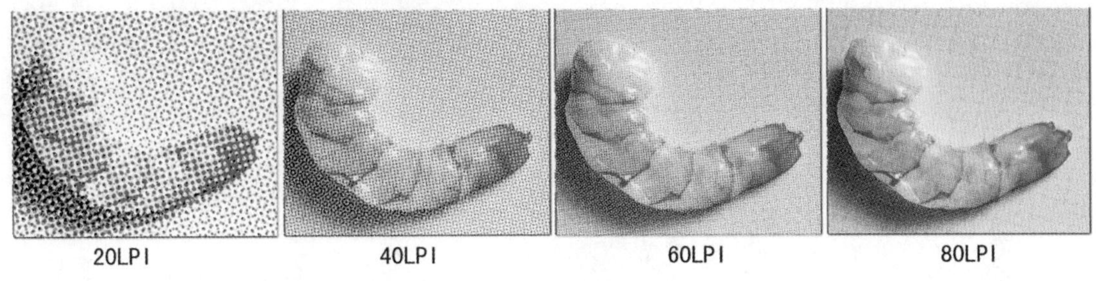


图3-74　网点线数

⑥ 网点形状。是指单个网点的几何形状。主要有方形、圆形、菱形等。此外还有一些表达特殊艺术效果的网点，如波纹形、同心圆形等。图3-75所示为常见的网点形状。

小　明：您说调幅网点在印刷复制时易产生龟纹，有办法消除吗？

张老师：为了消除调幅加网印刷复制产生的龟纹，后来专业机构研发推出了调频网点。

（2）调频网点

① 基本特点。单位面积内网点的大小一定，但方向随机变化。通过网点的疏密反映图像密度的大小，如图3-76所示。调频网点又可分为两类：一次性调频网点和二次性调频网点。

② 一次性调频网点。最初推出的是此类网点，由于不存在网角，且每个网点大小相同，只是出现的机会是随机的，从而避免了龟纹的产生，有利于高保真彩色的复制，但由于网点排列不规则，局部易产生线条和跳棋状结构，导致局部油墨堆积，如图3-77所示，为消除此缺陷，后来又研发出二次性调频网点。

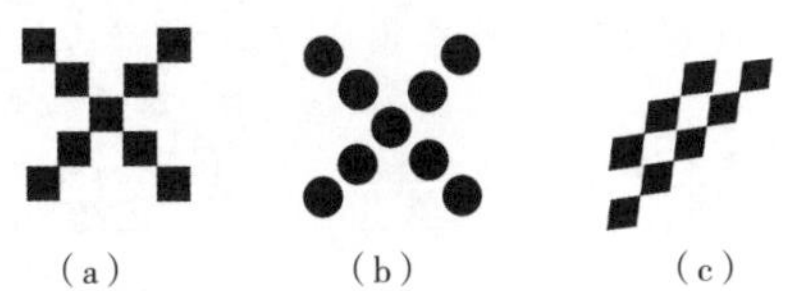


图3-75　常用网点形状
（a）方形网点（b）圆形网点（c）菱形网点

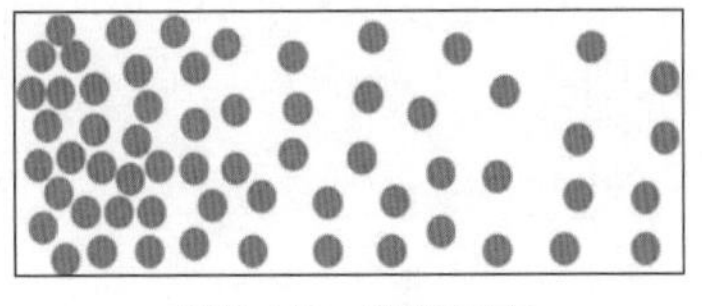

图3-76　调频网点

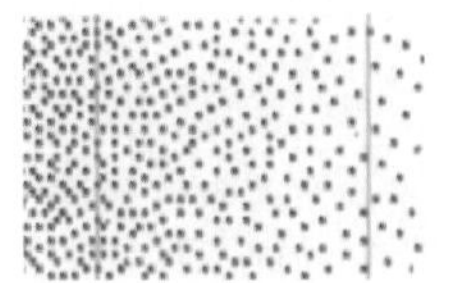

图3-77　一次性调频网点

③ 二次性调频网点（混合网点）。是综合调幅网和调频网优点于一身的一种加网技术。网点排列规则、半色调结构更加稳定，减少了颗粒、网点扩大和中间调油墨堆积现象。如调幅网点高调处网点易丢失，暗调处网点易扩大导致网点并级，当采用第二次调频加网技术时，对0~8%和92%~100%网点用调频网点代替，而中间调区域用调幅加网技术，如图3-78所示。此种混合加网技术既保证了高调网点不丢，暗调网点不并，同时也确保了中间调层次的较好再现，并有效地避免了莫尔纹的产生。图3-79是三种不同加网技术的效果对比，图3-80和图3-81是调幅网与混合加网技术应用对比效果图。

小　明：现在市场上有哪些较为成熟的调频加网产品？

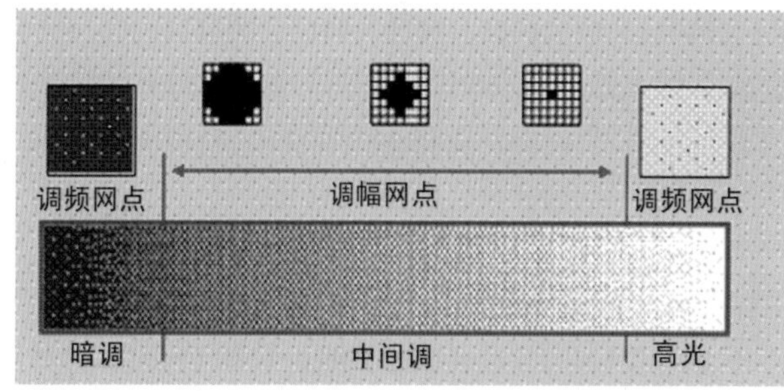


图3-78　混合加网技术（第二次调频加网）

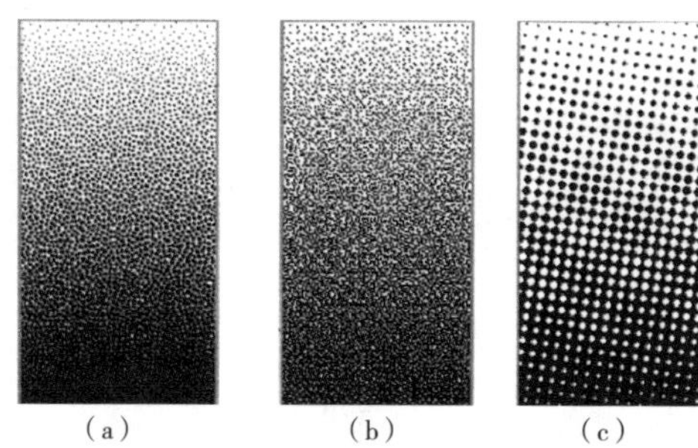


图3-79　三种加网方式的效果对比
（a）二次性调频加网（b）一次性调频加网（c）调幅加网

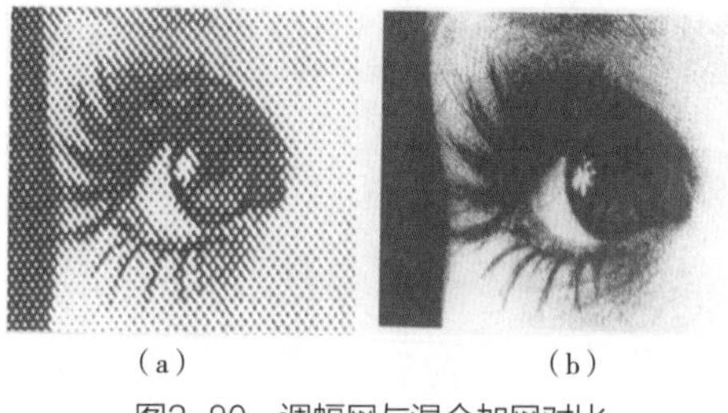


图3-80　调幅网与混合加网对比
（a）调幅加网（b）调频加网

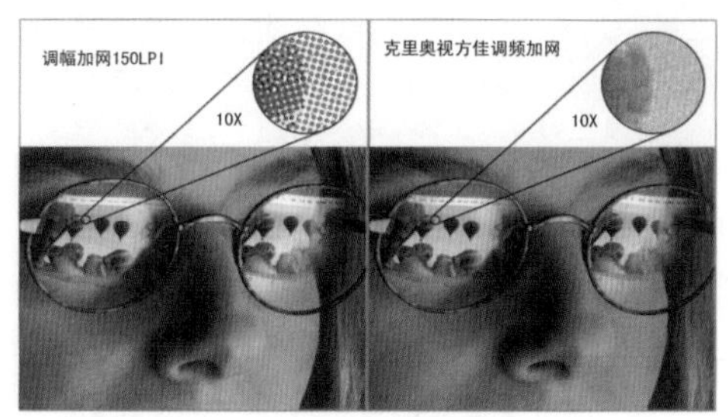


图3-81　调幅网与视方佳调频网对比

张老师：现在得到客户认可，并取得较好加网效果的调频网有：网屏的视必达（Spekta）、克里奥的视方佳（Staccato）、海德堡的StainScreening和爱克发的晶华混合（Sublima）加网产品，这些产品为提升印品质量和档次起到了很好的作用。

小　明：在实际加网输出印版时，如何选用网点？

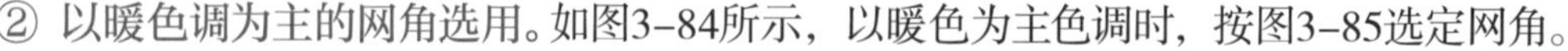

## 十、如何选用网点

张老师：在实际印刷生产中，绝大部分印刷品选用调幅网点加网复制，选定调幅加网时要注意以下几项原则：

第55讲

（1）网角选用原则　主色调：45°，黄色：90°或0°，其他两色：15°或75°，具体如下：

① 以消色为主的网角选用。如图3-82所示，图片以消色为主，彩色为辅的这类原稿加网复制时，按图3-83选定网角。

② 以暖色调为主的网角选用。如图3-84所示，以暖色为主色调时，按图3-85选定网角。

图3-82　消色为主的原稿

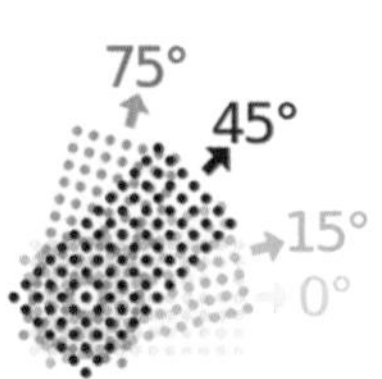


图3-83　消色调原稿加网角度

图3-84　暖色调为主的原稿

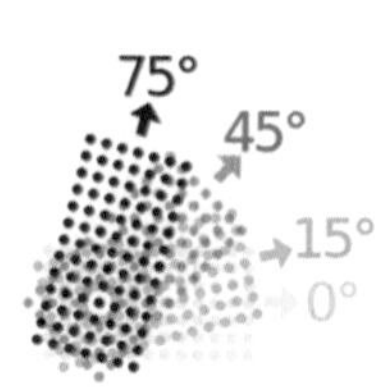


图3-85　暖色调原稿加网角度

③ 以冷色调为主的网角选用。如图3-86所示，以冷色为主色调时，按图3-87选定网角。

（2）加网线数的选用　不同类印刷品选用加网线数如表3-2所示。

表3-2　不同类印刷品加网线数

| 印刷类别 | | 加网线数 /lpi | 对应分辨率 /dpi |
|---|---|---|---|
| 胶版纸 | 报纸 | 80 ~ 100 | 160 ~ 200 |
| | 单色杂志 | 100、133、150 | 200、266、300 |
| | 彩色杂志、彩色宣传品 | 133、150 | 266、300 |
| 铜版纸 | 一般印刷品 | 150、175 | 300、350 |
| | 精美印刷品（邮票、纸币） | 200 | 400 |

（3）网点形状的选用　如图3-88所示，三种常用网点形状在印刷时，其网点扩大变形是不同的。方形网点在50%处网点变化呈跳跃状，使中间调层次的过渡性差、阶调再现不柔和，因此，方形网点不适合中间调层次丰富的原稿印刷。圆形网点印刷时在70% 网点处出现较大跳跃，易使暗调层次并级、糊版。因此适合于以高、中调为主的原稿印刷复制。菱形网点印刷时网点在35% 处与65% 处才出现较小跳跃，避开了中间调网点较大的变化，减弱了密度跃升的程度，特别适合于以中间调为主的人物和风景图片，是使用较为普遍的一种网点形状。

图3-86　冷色调为主的原稿

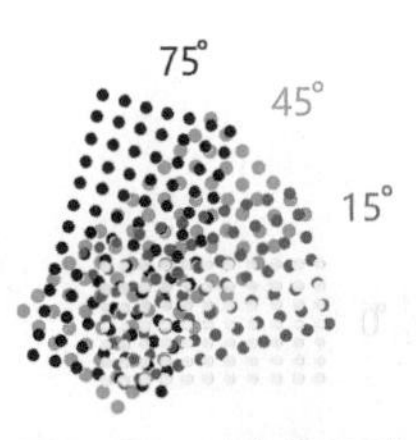


图3-87　冷色调原稿加网角度

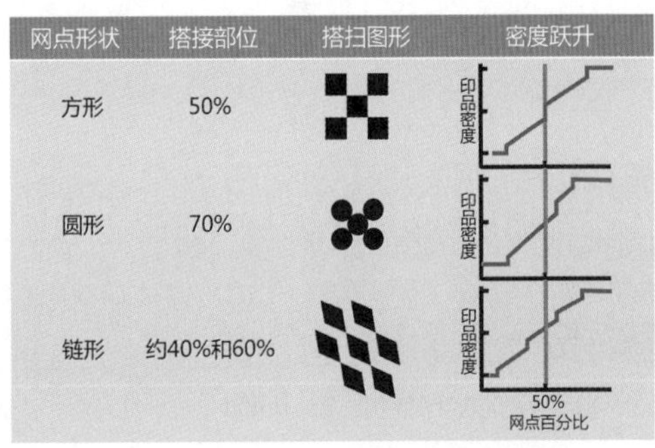


图3-88　不同网点形状印刷时的变化情况

小　明：调频网点适合何种印刷品？如何应用？

张老师：调频网点因不存在网角问题，避免了龟纹的产生，现在一般使用14~21μm大小的网点，分别相当于200Lpi的1%的网点大小和133Lpi的1%的网点大小。也不存在线数选择，特别适合高精细产品和高保真产品的加网印刷复制，但调频网点对印刷生产的要求也比较高，如印刷压力控制、水墨平衡控制、油墨密度控制、网点增大控制、印版线性化补偿等都有较高的要求，印刷企业需通过印刷实践总结其网点的变化规律，进行针对性调控。

## 学习评价

### 自我评价

是否对印前处理的主要参数对印刷颜色影响有了清晰的认识？　是□　否□

能否区分 UCR 与 GCR 的特点？　能□　否□

### 小组评价

1. 是否积极主动地与同组成员沟通与协作，共同完成学习任务？

评价情况：

2. 完成本学习任务后能否识别分色印版？能否根据原稿特点安排调幅加网角度？

评价情况：

### 学习拓展

在网络上查找分色参数设定与加网技术的相关信息。

### 训 练 区

一、知识训练

（一）填空题

1. 从印刷复制角度而言，彩色原稿分解成_________、_________、_________、_________的过程称为分色。

2. 黄印版的基本色是_________、_________、_________相反色是_________、_________、_________。

3. 灰平衡是 Y、M、C 三原色油墨按一定比例混合后得到中性灰色时的_________关系。

4. 网点类型可分为_________和_________网。

（二）单选题

1. （　　）色应呈现在阳图型青分色 PS 版（　　）上。

（A）青　　（B）红　　（C）黄色　　（D）品红色

2. 调幅网点的大小（　　），方向（　　）。

（A）可变、不变　　（B）不变、可变　　（C）可变、可变　　（D）不变、不变

3. 青绿色系的旅游景点宣传册印刷，分色时采用调幅加网，其（　　）版要用 45° 网角。

（A）黑　　（B）黄　　（C）青　　（D）品红

（三）名词

1. 分色

2．灰平衡

3．UCR

4．GCR

## 二、专业能力训练

1．辨识印版：观看下列图片中彩色原稿与对应的分色印版特征，依据对代表性颜色的分析和判断，直接在印版下边的字母旁，标明黄（Y）、品红（M）、青（C）、黑（K）。

辨识分色印版图1　辨识分色印版图 2

辨识分色印版图 3　辨识分色印版图 4

2．辨识色样：观察下列图片，结合原稿颜色特点，在每张图片下面的“英文字母”右边填写色样的名称，如黄（Y）单色样或黄 + 品红（Y+M）双色样。

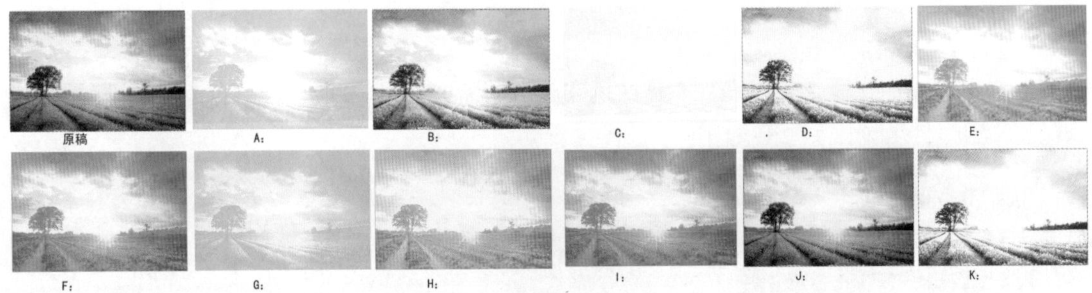


辨识色样图1

辨识色样图2

3. 调幅网点角度安排：观察下列三张原稿图片及对应的分色印版信息，分析原稿的颜色特点，在原稿三的下方的表格内，填写图片的主色、次要色，并确定各色印版的加网色度。

原稿一

原稿二

原稿三

| 特性与加网 / 原稿 | 主色 | 次色 | 黄色加网角度 | 品红色加网角度 | 青色加网角度 | 黑色加网角度 |
|---|---|---|---|---|---|---|
| 原稿 1 | | | | | | |
| 原稿 2 | | | | | | |
| 原稿 3 | | | | | | |

4. 确定分色工艺、设定分色参数：根据下列三张原稿图片特点，在 Photoshop 中，选定分色工艺，并设定相关的分色参数。

原稿1

原稿2

原稿3

三、课后活动

观察分析彩色图片分解成 Y、M、C、K 四色印版上的图文效果，并学会辨别；利用互联网查找分色与印刷颜色复制关系的相关内容。

四、职业活动

在小组内结合彩色原稿与分色印版进行比较、分析判断和交流，并列举出自己在互联网络上查找到的不同类别原稿的分色参数的设定案例。

学习任务 3

# 印刷生产及印后处理与印刷品颜色的关系

（建议 5 学时）

## 学习任务描述

彩色图片经过加网分色制成印版后，就可上机印刷了。在印刷过程中，选用不同的纸张、油墨，使用不同印刷机，以及印刷机的不同调控状态，都将直接影响印刷品的颜色。产品印好后，在印后处理环节，采用不同的表面处理工艺，也会对最后的印刷成品颜色造成一定的影响。本任务针对油墨和纸张性能、印刷机的调控以及印后处理的不同工艺展开学习。通过问题引导、图文并茂、对话交流和实践体验的方式，来理解与印刷品颜色紧密相关的油墨和纸张特性，掌握影响印刷品颜色的印机控制和印后处理要点。

重点　纸张和油墨的颜色特性

难点　印刷机调控要点

## 引导问题

1. 与印刷品颜色直接相关的油墨特性有哪些？其对印刷品颜色有何影响？
2. 与印刷品颜色直接相关的纸张特性有哪些？其对印刷品颜色有何影响？
3. 印刷生产中的哪些调控参数对印刷品颜色有直接影响？
4. 确定印刷色序的原则有哪些？影响印品颜色的印后工艺有哪些？
5. 印刷品颜色有何特点？

小　明：当今的主要印刷方式是通过印版和印刷机将油墨印刷在纸张表面去实现客户需求的，那么油墨和纸张对印刷品的颜色复制有何影响？

## 一、油墨特性对印刷品颜色的影响

### （一）影响印刷品颜色的油墨特性有哪些

张老师：彩色印刷品的颜色是油墨对光进行选择性吸收与反射后形成的，对印刷品颜色产生直接影响的油墨特性主要有：颜色质量、着色力、透明度、细度和颜色的稳定性等。

## （二）油墨特性对印刷品颜色的影响有哪些

### ❶ 油墨颜色质量的影响

（1）油墨的光谱特性　理想的油墨应吸收三分之一的色光，反射三分之二的色光，且被反射的两个三分之一的光谱应具有互相平衡的比率，但实际生产的油墨达不到这一要求，如图3-89所示（图中实线为实际油墨分光反射曲线，虚线为理想油墨分光反射曲线），从而导致油墨饱和度降低，色相不准并产生一定的灰度等缺陷。

第56讲

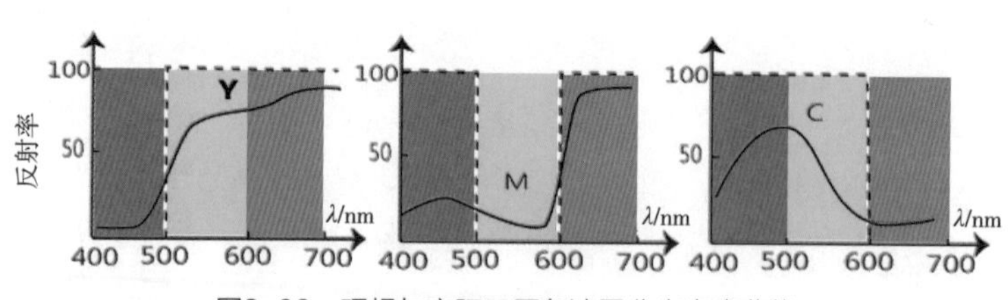


图3-89　理想与实际三原色油墨分光光度曲线

（2）油墨颜色质量的评价　国内外印刷业广泛采用GATF（美国印刷技术基金会）推荐的四个参数（色强度、灰度、色相误差和色效率）来评价油墨的颜色质量。

① 色强度。又名色浓度，是表示油墨对色光选择性吸收能力的参数，即原色墨在补色滤色片下测得的反射色密度值，一般用$D_h$表示，如表3-3所示。

表3-3　色强度

| 油墨＼密度值＼滤色镜 | R | G | B |
|---|---|---|---|
| Y | 0.03 | 0.09 | 1.15 |
| M | 0.16 | 1.41 | 0.69 |
| C | 1.63 | 0.55 | 0.18 |

从表中可知青色墨色强度最大，为1.63，而黄色墨的色强度只有1.15，为最小。

小　明：色强度对印刷品的颜色有何影响？

张老师：色强度决定油墨颜色的彩度即饱和度，如果色强度值越大，颜色越鲜艳夺目，强度越小，颜色饱和度越低，如图3-90和图3-91所示；其次还影响间色和复色色相的准确性及灰平衡。因为两原色混合时得到间色，但是由于各自的色强度不同，等量混合时其色相肯定偏向色强度大的原色墨，若三原色等量混合时，也会因各自强度不同而影响灰平衡。

图3-90　色强度大、颜色鲜艳

图3-91　色强度小、饱和度低

② 灰度。表示原色油墨中含有灰

成分的量，用百分率表示，如图3–92所示。

灰度的计算公式为：

$$
\begin{aligned}
\text{灰度} &= (\text{最小密度} / \text{最大密度}) \times 100\% \\
&= (D_L/D_h) \times 100\% \\
&= (0.16/1.41) \times 100\% \\
&= 11.35\%
\end{aligned}
$$

小　明：灰度对印刷品颜色有何影响？

张老师：灰度降低了油墨的饱和度与明度，并随着墨层厚度的增加，其绝对含灰量相应增加，印出的图片颜色灰暗，饱和度下降，如图3–93和图3–94所示，但不会影响颜色的色相。

③ 色相误差。又称色偏，是表示原色墨中含其他颜色成分造成色相变化程度的量，用百分率表示。其计算公式为：

色相偏差率 $=(D_m-D_L)/(D_h-D_L)\times 100\%$，如以图3–92所示的数据，计算出品红墨的色相偏差率为：

$$\text{色相偏差率} = (0.69-0.16)/(1.41-0.16) \times 100\% = 42.4\%$$

如图3–95所示，色相偏差的产生，是由于多出的青与等量的品红混合产生了蓝色，从而使品红色油墨偏蓝。

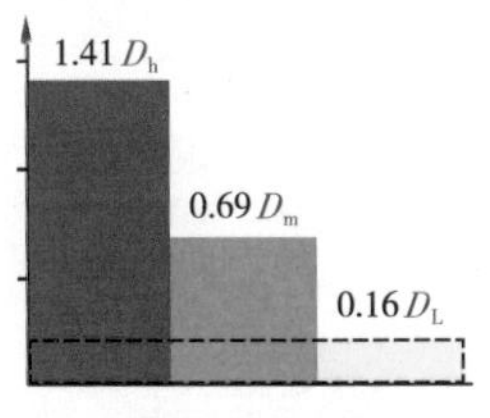

图3–92　灰度

图3–93　灰度小、颜色鲜艳

图3–94　灰度大、颜色灰暗

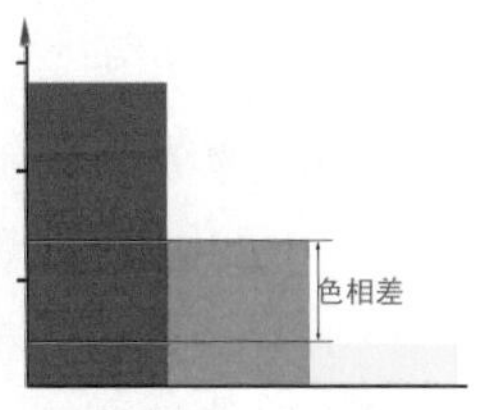

图3–95　色相偏差

小　明：色偏怎样影响印刷品的颜色？

张老师：色相偏差制约着各种色墨的混合比例及色相和灰平衡再现的准确性。

④ 色效率。是综合反映油墨选择性吸收和反射能力大小的参数，用百分率表示。其计算公式为：

$$\text{色效率} = [1-(D_m+D_L)/2D_h] \times 100\%$$

仍以表3–3所示油墨密度值为基础，则品红墨的色效率为：

$$\text{色效率} = [1-(0.69+0.16)/2\times 1.41] \times 100\% = 69.9\%$$

小　明：色效率对印刷品色彩的影响体现在哪些方面？

张老师：色效率表现在其混合色调上具有的颜色饱和程度，表达了颜色的混色强度，制约颜色混合的色彩平衡和灰平衡，色效率越高，表明油墨的颜色性能越好。

## 项目训练　油墨实地密度的测定

目的：学会使用密度计测量油墨的密度，并计算出油墨的色偏、灰度和色效率。通过测量和计算能对油墨的颜色质量进行评价。

训练过程：

1. 测量仪器的校准

① 预热：提前打开仪器预热，使仪器达到稳定状态。

② 校白：测量与仪器配套的标准白板，使仪器的输出值与标准值一致。

2. 测量实地密度（色强度）

① 选取测量功能：密度；② 选取密度标准：ANSI T；③ 选取基准白：PAP；④ 黑纸作衬垫；⑤ 测量纸张白；⑥ 测量实地区密度；⑦ 记录显示的密度值。

3. 填表（表3-4：油墨密度测定表）

表3-4　油墨密度测定

| 油墨颜色质量测量表 | | | |
|---|---|---|---|
| 油墨颜色 / 密度值 / 滤色片 | C | M | Y |
| R | | | |
| G | | | |
| B | | | |

4. 计算

① 灰度［（$D_L/D_h$）×100%］

青色墨灰度 =

品红墨灰度 =

黄色墨灰度 =

② 色相误差［（（$D_m-D_L$）/（$D_h-D_L$）×100%）］

青色墨色相误差 =

品红墨色相误差 =

黄色墨色相误差 =

③ 色效率［（1-（$D_m+D_L$）/2$D_h$）×100%］

青色墨色效率 =

品红墨色效率 =

黄色墨色效率 =

小　明：除了油墨的颜色质量对印刷品的颜色再现产生影响外，还有其他影响因素吗？

张老师：❷ 油墨其他特性对印刷品颜色的影响

第57讲

① 着色力。是每克被测色墨和每克标准色墨被冲淡到同一彩度时，被测色墨所耗冲淡白墨的克数占标准色墨所用的墨量的比例，其计算公式如下：

$$着色力 = \frac{被测色墨耗用白墨量（g）}{标准油墨耗用白墨量（g）} \times 100\%$$

生产油墨时，颜料的含量高，分散度大，着色力强；反之，着色力弱。着色力强，印刷时所需墨层要求薄，用墨量少；反之，用墨量多。

小　明：认识油墨的着色力有何意义？

张老师：掌握着色力可预测达到相应颜色要求时所需网点面积、墨层厚度、墨量和成本。

② **油墨的透明度。**油墨使底色显现的程度称为透明度。用遮盖单位面积至不显现底色时所需油墨量来表示，单位采用$g/m^2$，其值越大，油墨的透明度越大。

**小　明：**实际生产中，怎样选用不同透明度的油墨？

**张老师：**应据不同产品的要求和不同承印材料的特性选用不同透明度的油墨。如牛皮纸、有色纸、金属表面和纺织品等承印物就应选用透明度差，遮盖力强的油墨印刷，而用白纸及主要靠原色墨叠印的印刷品就应使用透明度高的油墨印刷。

③ **油墨的细度。**是指油墨中颜料颗粒的粗细程度。颜料颗粒越小，在连接料中的分散度就越高，油墨细度越低。反之，油墨细度越高。

**小　明：**油墨细度怎样影响印刷品颜色？

**张老师：**油墨细度高，印刷时网点发毛、易扩张变形，导致印品颜色不均匀；油墨细度低，印品网点饱满有力、着色力高；如果印刷网线细，应选用细度低的油墨；如果印刷粗网线产品，则对细度要求不高，可以选用细度高些的油墨。

> 国家标准规定胶印亮光油墨细度≤ 15μm

④ **油墨颜色的稳定性。**是指油墨在印刷过程中及印刷品使用过程中不发生颜色变化的性质，包括化学稳定性和耐光性。

化学稳定性是指遇酸、碱、水、醇和高温等条件时，油墨不发生化学变化，不褪色、不变色的能力。如胶印中使用偏酸性的润版液，所有的油墨应具有耐酸性和抗水性；如采用乙醇润版液时需要油墨具有耐醇性；如印铁和印刷品上光与覆膜需在高温下进行，此时需要油墨具有耐热性。化学稳定性分为5级，1级最差，5级最稳定。

耐光性是指在长时间的光照下，保持油墨颜料不变色的能力。实际上，在长时间的日光照射下，所有油墨的颜色都有不同程度的变化。耐光性分为5级：1级为变色严重，5级耐光性最好。

> 有机颜料油墨见光颜色会逐渐变浅；无机颜料油墨见光颜色会逐渐变暗。

因此，应根据印刷工艺条件及印刷品的用途选择不同稳定性的油墨。

**小　明：**大部分印刷品都是在纸张上进行印刷的，纸张对印刷品的颜色会造成哪些影响？

## 二、纸张性能对印刷品颜色的影响

**张老师：**影响印刷品颜色质量的纸张性能主要有白度、平滑度、光泽度与吸收性等。

第58讲

**（1）纸张白度的影响**　白度是指纸张受光照射后全面反射的能力，用白光的反射百分率表示。白度高，色彩鲜艳、阶调层次反差强烈、立体感强；反之，色调灰平。

> 中国国家标准规定铜版纸白度不小于 85%

**（2）纸张平滑度的影响**　平滑度指纸张表面平整、均匀和光滑的程度。平滑度高，油墨转移率高且稳定，油墨密度大，印刷网点实、光泽性好、颜色鲜艳明快、层次丰富；反之，墨层光泽性差，颜色彩度低，层次表现差。

（3）纸张光泽度与吸收性的影响

① 光泽度。是指纸张表面的镜面反射程度，用百分率表示。铜版纸不小于55%。纸张表面光泽度越高，印品墨层表面光泽度就越高，颜色彩度越高。

② 吸收性。是指纸张对油墨中连接料及其溶剂的吸收程度。吸收性过强，颜料颗粒得不到保护，颜色暗淡无光。一般吸收性为60～70s（吸收油墨连接料所需的时间，用秒作单位），精细产品时间长一些。

③ 表面效率。将纸张的吸收性和光泽度而影响油墨颜色效果的综合效应称为表面效率，用百分率表示，常用PSE（%）表示。表面效率高，油墨色强度大，色偏和灰度小；反之，油墨色强度小，色偏和灰度大。

> 纸张表面效率是研究油墨在纸张表面呈现颜色效果极为重要的印刷适性之一。

印刷厂应根据造纸厂提供的纸张性能参数，选择纸张和油墨品种，并控制好实地密度、网点扩大、水墨平衡等，以达到最佳色彩复制效果。

小　明：我知道现在的印刷品都是经过多色印刷而成，在印刷过程中，先印某一色与后印某一色时，其对印刷品的颜色有无影响呢？

## 三、印刷色序对印刷品颜色的影响

张老师：你所说的是印刷色序与印刷品颜色的关系问题。印刷色序是指在彩色印刷过程中各色版套印在承印物上的颜色顺序，亦称为印刷色序，如图3-96所示。

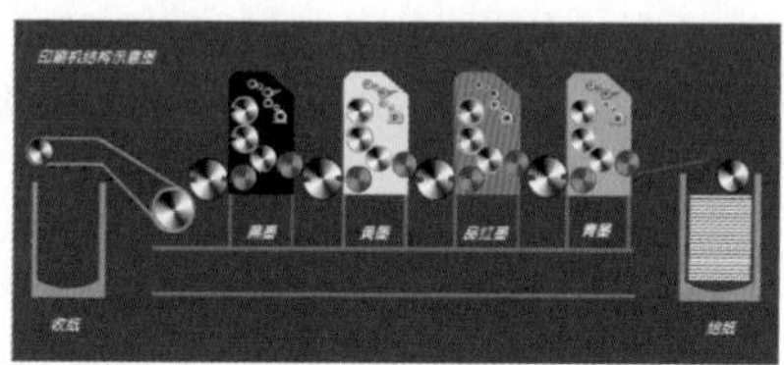

图3-96　四色印刷机印刷色序安排

第59讲

图3-96是四色印刷机在印刷时的色序示意图。同一个产品，在其他条件都不改变时，若只改变印刷色序，其印刷的颜色效果也会有很大的差异，具体如下：

### ❶ 色序与印刷品质量

① 最大密度不同。如以常用的YMCK四色印刷为例，其他印刷条件不变，当第一色印K版时，四色印刷后的最大密度只能达到1.9左右，而最后一色印K版时，四色叠印后的密度可达2.0以上，如图3-97所示。

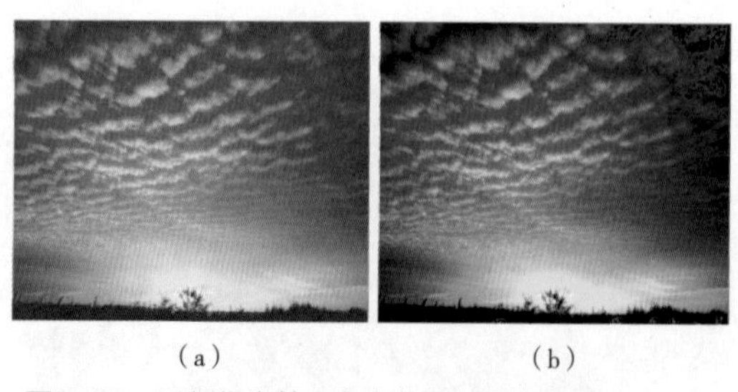

（a）　（b）

图3-97　黑版作为第一色印与最后一色印的效果对比
（a）黑版作为第一色印时反差不够
（b）黑版作为最后一色印时反差增大

② 颜色效果不同。在YMCK四色印刷过程中，先印青后印黄得到的绿色鲜艳纯净；如果先印黄后印青，得到的绿色不够鲜艳，如图3-98所示。第一色印黄比最后印黄褪色要轻，有

时在印刷过程中色序安排不当会直接造成串色、叠印不上或逆向叠印等故障。这也说明色序对保证印刷品的颜色质量十分重要。

小　明：既然色序对颜色质量十分重要，应如何安排色序？

张老师：❷ 确定色序的原则

（1）依据原稿的颜色特点确定色序　由于油墨达不到100%的透明，在多色印刷过程中，后印油墨的颜色会一定程度地遮盖先印油墨的颜色，降低先印色油墨的鲜艳度和强度，因此，在安排色序时，应把原稿的主色调颜色放在后面印刷，如图3-99和3-100所示。

小　明：可以这样理解吗？把主色调的色版放在后面印刷，有利于突出主色，体现原稿色调特征。否则，原稿的主色调将受到后印色的遮盖而削减主色调的效果。

张老师：是的，对于原稿为中性色调，即以黑色为主，以彩色为辅的国画等原稿，因为黑色为主色调，因此安排色序时，应把黑版放在最后印刷，如图3-101所示。

（2）依据印刷机的套准性确定色序　印刷机的套准性，直接影响彩色图像的清晰度及颜色阶调再现。在四色印刷中，主色调中的强色版套准性最重要。在多数情况下C和M的套准性最重要，Y版因为是弱色套准性要求稍低，K版虽然因现在普遍使用灰成分替代工艺而成为重要色版，但因其常在中暗调部位占比例较大，而人眼的视觉特性是对亮调处颜色阶调的套准性最为敏感，因此K版在套准要求上与Y版相同。在实际生产中应根据不同机型印刷时的套准性特点安排色序。

（a）　（b）

图3-98　黄版与青版印刷先后不同的效果

（a）先印黄后印青的效果

（b）先印青后印黄的效果

暖色调原稿：先印黑、青，后印品红和黄色

图3-99　暖色调原稿印刷色序

冷色调原稿：先印黑、品红，后印青色和黄色

图3-100　冷色调原稿印刷色序

中性色调原稿：先印黄、品红，后印青色和黑色

图3-101　中性色调原稿的印刷色序

> 一般而言：单色机先印K、Y版，后印C、M版。双色机先印重要的两色，后印次要的色版。四色机最重要的色用2、3号滚筒印，即采用K、C、M、Y色序。

（3）依据油墨性能确定色序

① 透明度。透明度差的先印（透明度由大到小的顺序：Y>M>C>K）。

② 黏度。黏度大的先印。

③ 墨层厚度。墨层薄的先印（从薄到厚的顺序为K、C、M、Y）。

④ 稳定性。稳定性差的先印，Y、M耐光性差，如印宣传画时应先印。

小　明：不同纸张对印刷油墨的颜色再现也有直接影响，安排色序时，是否还要考虑到纸张的特性？

张老师：（4）依据纸张性能确定色序

① 白度。白度差时，Y先印可弥补白度不足的影响。

② 平滑度。平滑度低，纤维松散，吸收性强时，先印Y打底，防止后续墨渗入纸张孔隙内，减少对颜色混合效果的影响。如果纸张的白度、平滑度和吸收性理想时可以不用考虑纸张因素对色序的影响。

目前国内常用色序：单色机：Y、M、C、K（称为正色序）；双色机：Y-K、M-C；四色机：K、C、M、Y（称为反色序）。需要说明的此类色序不是最佳色序。

在安排色序时，印刷公司应根据原稿特点，印刷条件，纸张和油墨特性，并结合确定色序的原则去确定印刷色序。所有产品都固定使用一种色序是不科学的。

小　明：正色序和反色序各有何特点？

张老师：正色序较适合于单色机，纸张白度不高，平滑度不高等印刷条件，先印Y可起到打底色和提高颜色的混合成色效果；K版最后印刷，可提高图像暗调的最大密度，加强中暗调层次，增大整个画面反差。

反色序有利于多色高速印刷作业，即根据油墨的黏度递减、墨层厚度渐增的顺序排列色序，可达到良好的叠印状态，它也基本符合重要色后印，以表现画面的色调倾向的原则。

此外，Y墨后印还可以给画面罩上一层光泽度好的保护膜，使画面颜色彩度提高。反色序的不足之处在于，Y墨后印常常会使画面色彩偏黄，影响印刷灰平衡。另外，反印刷色序的最大密度值比正印刷色序下降了0.3左右，对颜色阶调再现产生了一定的消极影响。

小　明：安排好了色序，在印刷过程中，印刷机的控制状态对印刷品的颜色有何影响？

## 四、印刷控制状态对印刷品颜色的影响

张老师：印刷机的控制状况直接影响印刷品的颜色质量，主要体现在以下几方面。

### ❶ 墨层厚度与颜色再现

墨层的厚薄与油墨的稠与稀有关，墨太稠和太稀，都不利于均匀的输墨和展墨。油墨太稠，印刷的膜层就过厚，油墨流动性差，造成传墨不畅，画面暗调区域网点模糊不清，色彩过深，层次偏闷。油墨太稀，印刷的墨层过薄，印刷品墨色显得发淡，色泽陈旧。因此，调配油墨不宜太稠或太稀，印刷时墨层才会适中，色彩接近原稿，达到较好的状态。可借用反射密度计测出印在纸张上墨膜的密度值进行墨层厚度的控制，密度值越大，墨层越厚。

第60讲

一般油墨实地密度K：1.8～2.0；C：1.45～1.70，M：1.25～1.50；Y：0.9～1.05。

### ❷ 水墨平衡与颜色再现

① 润版液pH：润版液pH一般在4.5~5.5，pH过高，版面亲水能力差，印版易起脏；而pH过低，印版表面会受到严重的腐蚀，甚至破坏印版空白部分版材的表面结构，使印版空白部分出现砂眼，易造成网点损伤，还会降低印刷品的光泽。

② 水墨平衡。印刷过程中，油墨在水分过大时会发生乳化，印迹干燥后，色彩暗淡，光泽降低。在印刷过程中，坚持墨稠水小的操作方法，降低了油墨的乳化值，保证印出的产品色相纯正，饱和度高，色彩鲜艳、墨层厚实，网点扩大值小，而且清晰，饱满厚实。但是如果水量过小，将会导致传墨不畅，版面起脏，而不能正常印刷。

### ❸ 印刷压力与色彩再现

印刷压力直接影响着油墨的转移程度，压力过大，油墨传递到纸张上时，网点变形严重，印刷品的清晰度和光泽度差；印刷压力过小，能够勉强将油墨转移到纸面上，但墨层浮在纸张表面不实，影响光泽效果。理想的压力是以最小的印刷压力使印品上的印迹清晰，墨层厚实，阶调和色彩再现良好。

**小　明：** 纸张经过印刷机印刷后，很多印刷品还需要对表面进行加工处理，此过程对印品的颜色有何影响？

## 五、印后表面处理对印刷品颜色的影响

**张老师：** 印刷品的表面处理属于印后加工范畴，其对印品的颜色也会产生一定的影响，影响较大的主要有表面覆膜（亮光膜、亚光膜）、上光（罩亮光油、亚光油、UV光油）等工艺。印品经过表面处理后，会有不同程度的色相变化和色密度变化。这些变化分为物理变化和化学变化。

物理变化主要体现在产品表面增加了镜面反射和漫反射，这对色密度有一定影响。化学变化主要来自覆膜胶、UV底油、UV油内含有的多种有机溶剂，它们会使印刷墨层的颜色发生变化。重点需要关注的如下：

覆亮光膜、罩亮光油和UV油时：色密度增加，光泽度增大；
覆亚光膜、罩亚光油时：色密度降低，光泽柔和。

**小　明：** 印刷品颜色有何特点？

## 六、印刷品颜色有何特点

**张老师：** 印刷品颜色有一个共同特点：即属于同色异谱色。同色异谱色是指在同一照明条件下，人眼观看某一物体时，产生的颜色感觉相同，即颜色外貌相同，但实际上物体反射或透射的光谱组成并不同，当放在另一种光源下时，会呈现另一种颜色的现象，具备此种特性的物体颜色，就称为同色异谱色。换句话说，所有印刷品与原稿的颜色都存在一定差异，不是100%相同。但只要印刷品与原稿的颜色差异在某一标准范围内，或客户认可的范围内，都是合格印品。

## 学习评价

### 自我评价

是否对印刷过程的调控要点对印品颜色的影响有了清晰的认识？ 是□ 否□

能否对油墨的颜色质量进行评价？ 能□ 否□

### 小组评价

1. 是否积极主动地与同组成员沟通与协作，共同完成学习任务？

评价情况：

2. 完成本学习任务后能否根据原稿特点确定印刷色序？能否说明油墨、纸张影响印刷品颜色的主要性能参数？

评价情况：

### 学习拓展

在网络上查找印刷控制状态、油墨与纸张特性对印品颜色影响的相关资料和应用案例。

### 训 练 区

一、知识训练

（一）填空题

1. 油墨的颜色质量指标包括________、________、________和________。
2. 纸张对印刷品颜色影响较大的特性有________、________、________和________。
3. 印刷机状态控制主要有________、________和________方面。

（二）单选题

1. 对油墨而言，其色强度越大，印品的（ ）越大。
   （A）彩度 （B）色相 （C）明度 （D）灰度
2. 油墨的灰度越大时，印品的（ ）将越小。
   （A）色相 （B）耐光性 （C）饱和度 （D）密度
3. 纸张的白度越大时，印品的色彩（ ），阶调层次分明、反差增大。
   （A）鲜艳 （B）灰暗 （C）看不清 （D）平淡
4. 印刷高精细的印刷品，要求油墨的（ ）要小。
   （A）细度 （B）光学稳定性 （C）化学稳定性 （D）色强度

5．印刷时油墨太稠，印刷品的暗调区域会出现（　　）。

（A）色彩过深，层次偏闷　　（B）色彩过浅，层次偏亮

（C）无影响　　（D）网点清晰

6．覆亮光膜、罩亮光油和 UV 油时，印刷品的色密度会（　　）光泽度（　　）。

（A）增加　增大　（B）减小　增大　（C）增加　减小　（D）减小　减小

**（三）名词解释**

1．同色异谱色；2．油墨色强度；3．油墨灰度；4．纸张白度；5．纸张平滑度；6．油墨色相偏差；7．油墨色效率。

## 二、专业能力训练

1．根据表 3–5 提供的两种油墨的测量参数，计算出每种油墨每一种颜色的灰度、色相误差、色强度和色效率，并比较两种油墨的性能。

表3–5　油墨测量参数

| 油墨种类 | 油墨颜色／密度值／滤色片 | C | M | Y |
|---|---|---|---|---|
| 油墨 1 | R | 1.68 | 0.20 | 0.05 |
| | G | 0.58 | 1.48 | 0.10 |
| | B | 0.16 | 0.60 | 1.14 |
| 油墨 2 | R | 1.58 | 0.18 | 0.08 |
| | G | 0.50 | 1.52 | 0.12 |
| | B | 0.13 | 0.56 | 1.12 |

油墨 1：色强度：　　灰度：　　色相误差：　　色效率：

油墨 2：色强度：　　灰度：　　色相误差：　　色效率：

通过计算比较油墨 1 和油墨 2 的性能差异。

2．分析下列图片的色调特点，依据原稿特点确定色序的原则，将复制此图片的印刷色序写在图下面的对应位置处。

色序：　色序：　色序：

色序：　色序：　色序：

色序：　色序：　色序：

## 三、课后活动

每个同学收集 5 张不同类别原稿，分析原稿的色调特点，确定印刷应采用什么色序。

## 四、职业活动

在小组内对收集到的原稿进行分析比较和交流，讨论使用什么色序印刷效果最佳，并列举出自己在网络上查找到的相关产品的印刷色序案例。

# 如何辨识和调校印刷品颜色

## 学习目标

完成本学习情境后，你能实现下述目标：

### 知识目标

❶ 能说明消色系颜色在印刷品上的网点构成特点。
❷ 能说明原色系颜色在印刷品上的网点构成特点。
❸ 能说明间色系颜色在印刷品上的网点构成特点。

### 能力目标

❶ 能辨识和调校印刷品的消色系颜色。
❷ 能辨识和调校印刷品的原色系颜色。
❸ 能辨识和调校印刷品的间色系颜色。

建议6学时
完成
本学习情境

## 内容结构

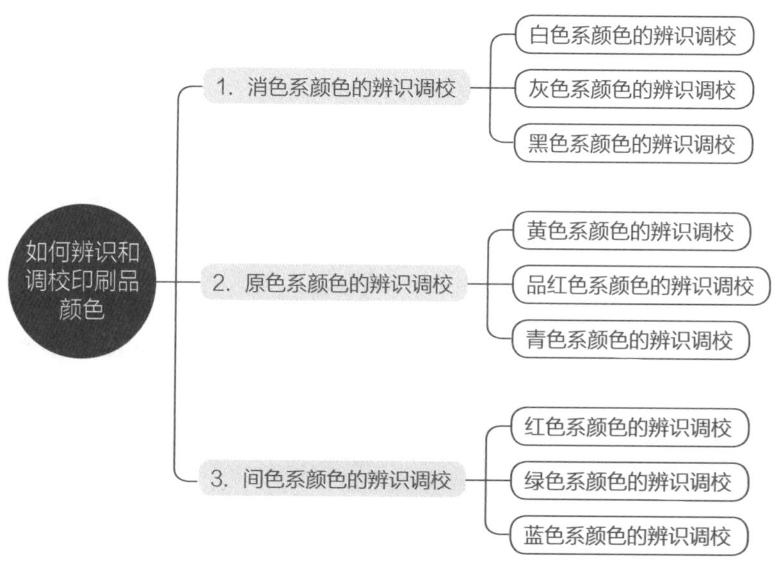

学习任务 1

# 印刷品中消色系颜色的辨识与调校

（建议 2 学时）

## 学习任务描述

印刷品是通过黄、品红、青、黑印版上大小不同的网点，传递油墨到承印物上，遵循色料减色混色规律，以网点并列和重叠的方式，呈现出各种不同的颜色。消色系颜色的再现状况，决定了印品图像的整体色调是否偏色。那么消色系颜色在印品中有何特点？如何去辨识和调校呢？本任务利用Photoshop软件的相应功能，通过分析归纳其颜色特点，以辨识和调校案例，引导学员掌握印刷品消色系颜色的特点和辨识与调校技能。

重点　辨识与调校印品的消色系颜色

难点　调校印品的消色系颜色

## 引导问题

❶ 印品中消色系中的白色有何特点？如何辨识与调校？

❷ 印品中消色系中的灰色有何特点？如何辨识与调校？

❸ 印品中消色系中的黑色有何特点？如何辨识与调校？

**小　明:** 通过学习情境1–1的学习，我们知道具有非选择性吸收和反射（透射）不同波长光的物体称为消色物体，此类物体呈现的颜色属于消色系列颜色，也就是黑、白、灰系列颜色。在学习情境3–2中，我们又知道消色系既可由黑色油墨按大小不同的网点直接印刷呈现，也可以由黄、品红、青按特定的比例混合而成，这种特定的比例关系称为灰平衡关系。那么在实际印刷生产中，黑、白、灰色系列色的网点构成如何？其对印刷品的颜色有何影响？如何辨识与调校？

## 一、印品中白色系颜色的辨识与调校

### ❶ 印品中白色系颜色的特点

第61讲

**张老师:** 你提的这些问题非常重要，首先我们看看图4–1。图中不管是瓷瓶、花朵、蓝天中的白云，还是冰天里的白雪，给人的感觉都是较明亮的白色，我们称之为高光调，这些白色在印刷品上的网点构成通过测量可知：白色一般由较小的C、M、Y网点构成，K为0，由于色浅，观察起来相对困难，印刷公司

图4-1　白色系颜色

的分色与图像处理人员往往因为感觉不到电脑屏幕上白色处颜色的变化，而错误地调整白色系颜色的数据，导致输出印版后，白色网点丢失，使图片的高调处绝网而致层次损失。

小　明：如何辨识和调校白色系颜色呢？

## ❷ 印品中白色系颜色的辨识与调校

张老师：首先要记住本公司的灰平衡数据，尤其是高光调，也就是白色区域的灰平衡数据，如果公司没有建立灰平衡数据，用下列数据进行对比调校，也能达到较好的效果：

（1）网点在0 ~10%：C>M（2% ~4%），M=Y，K=0

网点在10% ~20%：C>M（4% ~6%），M=Y，K=0

（2）有时白色只由C+M构成，且C>M，显冷色调，K=0。

（3）下面通过案例来进行辨识和调校：

在Photoshop中，打开图4-2所示的CMYK图片。

图4-2（a）瓷器的白色正常，而4-2（b）的瓷器偏红色。现要将（b）图调校成（a）图的效果。具体操作如下：

① 框选（b）图，在“视图”菜单下，勾选“标尺”，然后拖一条参考线，以便准确地选定调校的参考点。

② 选吸管工具，按住“Shift”的键同时，在参考线上分别用吸管选定（a）图参考点1和（b）图参考点2（注：此两点在图片的同一位置处，如图4-2所示，在选定参考点时，会弹出信息窗及对应数据）。

③ 分析参考点1和参考点2的CMYK值，确定增加（b）图的C值，降低（b）图的M值。

④ 选“图像 /调整 /可选颜色”功能，弹出图4-3，在通道处选定“白色”，如红色箭头所指，增加C值，降低M值至符合要求。

⑤ 在“视图”菜单下，取消选定的参考信息“标尺”及“显示额外内容”。

⑥ 保存。

（a）

（b）

图4-2　白色系颜色的辨识与调校

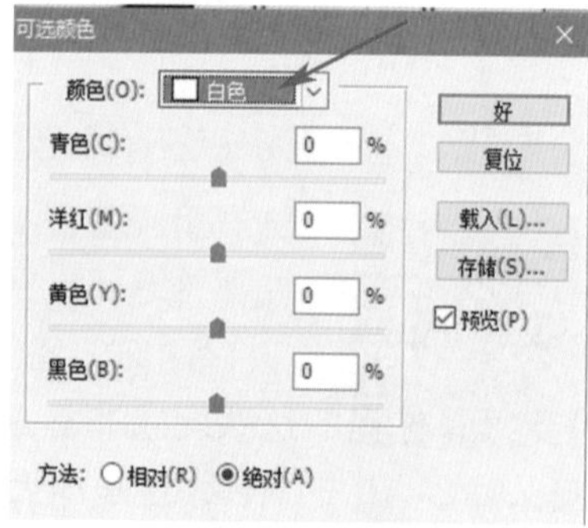


图4-3　可选颜色选白色

小　明：在辨识和调校白色系颜色时要注意什么？

张老师：① 要记住白色系的C、M、Y网点构成特点。

② 要清楚在PS中打开的图片是选用所需的颜色特性文件（ICCProfile）和相应的分色参数转换成的CMYK图像（详

见第85页分色工艺与印刷分色参数设定内容）。

③ 要养成看数据的习惯，不能只看屏幕的颜色，因为绝大多数公司没有进行严格的色彩管理，屏幕色与印刷色存在较大差距。

④ 需要有层次的高光处，各色版的网点不能小于2%，否则高调易出现网点丢失，损失层次。由于白色有点冷色味道，一般白场定标的参数为C∶M∶Y=5∶3∶3、5∶2∶2、4∶3∶3或4∶2∶2。在调校白色时，要注意C> M> Y，呈现出的白稍偏蓝，能较好地体现出冷色的效果，如果Y多于M的话，白色就会有点绿色的感觉了。

小 明：灰色系颜色在印刷品中又有何特点？如何进行辨识和调校呢？

## 二、印品中灰色系颜色的辨识与调校

### ❶ 印品中灰色系颜色的特点

张老师：上次课的学习我们知道，白色主要影响印品图像的高光调，而灰色则影响图像的整个色调，图4–4中，不管是夜色人相，灯光下的办公室，还是路灯下的街角，都是以不同明暗的灰色为主色调的。这些灰色在印刷品中，其网点构成通过测量可归纳如下：灰色系颜色主要由Y+M+C网点构成，浅灰色还含有少量的K，深灰色含有稍多些的K。灰色影响图像的整体色调，也是人眼最敏感的颜色，稍有偏色就易觉察，所以灰色是控制图像是否偏色的最好的观测色。

第62讲

小 明：如何辨识和调校灰色系颜色呢？

### 张老师：❷ 印品中灰色系颜色的辨识与调校

首先要清楚本企业的灰平衡数据，如果企业没有建立灰平衡数据，参考下列数据进行对比调校，也能达到较好的效果：

（1）浅灰网点在10%~25%：C>M（5%~7%），M=Y，K=0；

（2）中灰网点在25%~45%：C>M（6%~10%），M=Y，K较少；

（3）深灰网点在45%~55%：C>M（12%~15%），M=Y，K=10–40；

（4）下面通过案例来进行辨识和调校：

在Photoshop中，打开图4–5所示的CMYK图片。

图4–5（a）品红过多，看起来偏红，而图4–5（b）正常。现要将图4–5（a）调校成（b）图

图4–4 灰色系颜色

的效果。具体操作如下：

① 框选（a）图，在“视图”菜单下，勾选“标尺”和“显示额外内容”，然后拖一条参考线，以便准确地选定调校的参考点。

② 选吸管工具，按住“Shift”键的同时，在参考线上分别用吸管选定（a）图参考点1和（b）图参考点2（注：此两点在图片的同一位置处，如图4–5所示，在选定参考点时，会弹出信息窗及对应数据）。

③ 分析参考点1和参考点2的CMYK值，确定降低（a）图的M值和K值。

④ 选“图像/调整/可选颜色”功能，弹出图4–6，在通道处选定“中性色”，如红色箭头所指，降低M值和K值至符合要求。

⑤ 在“视图”菜单下，取消选定的参考信息“标尺”及“显示额外内容”。

⑥ 保存。

（a）　（b）

图4–5　灰色系颜色的辨识与调校

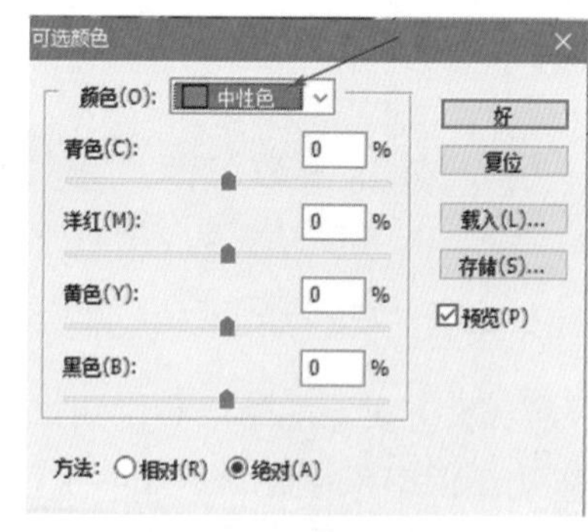


图4–6　可选颜色选中性色

小　明：在辨识和调校灰色系颜色时要注意什么？

张老师：① 首先要记住灰色系C、M、Y网点构成特点。

② 要清楚在PS中打开的图片是选用所需的颜色特性文件（ICCProfile）和相应的分色参数转换成的CMYK图像（详见第85页分色工艺与印刷分色参数设定内容）。

③ 要养成看数据的习惯，不能只看屏幕的颜色。

小　明：通过前面两个任务的学习，我清楚了白色会影响图像的高调，灰色对图像的整个色调都产生一定的影响，那么黑色系颜色在印刷品中又有何特点？如何去辨识和调校呢？

## 三、印品中黑色系颜色的辨识与调校

### ❶ 印品中黑色系颜色的特点

张老师：黑色系是图像中颜色密度较高的颜色，如图4–7所示，三张图片都是以黑色为主色调的。其实任何一张图片，都有较暗的区域，也就是黑色部位，其黑的程度直接影响图像的反差与对比度。黑色在印刷品上的网点构成通过测量归纳如下：

第63讲

黑色既可由较大的K网点直接印刷而成，也可以由C、M、Y按灰平衡关系的网点百分比构成，还可以由K、C、M、Y按特定的网点百分比组成，K值超过50%处的印刷效果都较黑暗了。大多数情况下，黑都是由Y+M+C+K构成，各色网点的百分数在70%以上。由于黑色处明度较低，偏色不易觉察。

从图4–7可以看出，当各色版的网点数据达到85%以上时，极易因印刷控制不当，网点扩大而导致层次并级。

小　明：彩色图像在分色和印刷复制时，使用不同的分色工艺，其黑色有区别吗？

图4-7　黑色系颜色

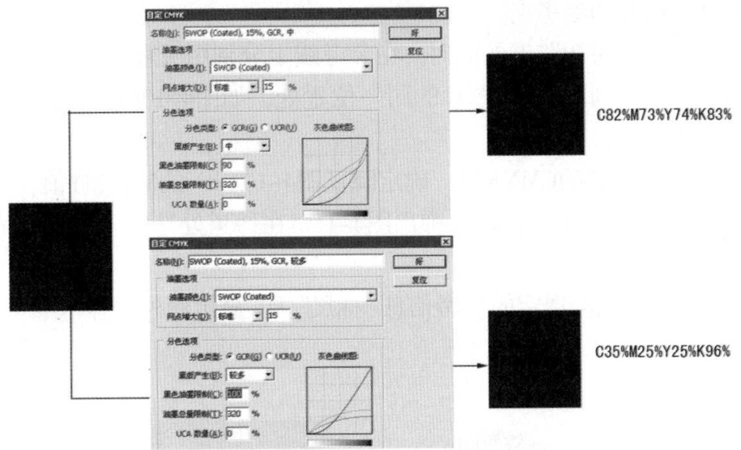


图4-8　分色参数不同、构成黑色的KCMY数据不同

张老师: 情境3任务2-4的学习，我们知道UCR与GCR工艺参数不同，分色时所获的黑版不一样，比如用GCR工艺分色，黑版选用长调黑版，分色时K值要大些；反之，选用短调黑版时，则K值较小。图4-8所示为不同分色工艺及分色参数与黑色的构成关系。

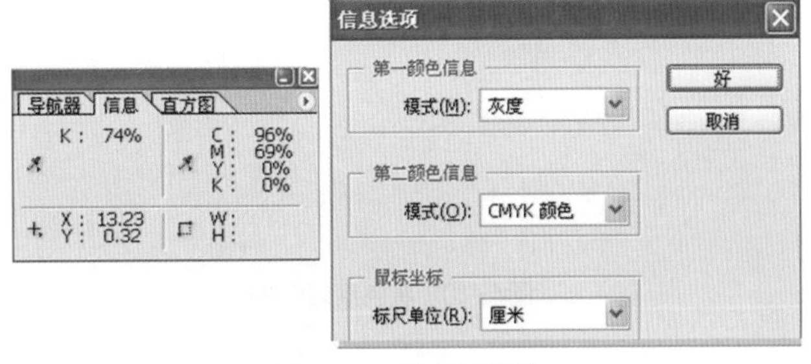


图4-9　黑色的深浅值

小　明: 在实际印刷生产中，怎样判断黑色的深浅?

张老师: 由于组成黑色的网点可以有几种组合，判断较为困难，但可用最简单的方法，即用“Photoshop/窗口 /信息”中“灰度”的K值来判断黑色的深浅，如图4-9中左侧图中的“K”值。调出K值的方法是按“PS/窗口 /信息 /调板选项 / 第一颜色信息/模式/灰度”路径，在第一颜色信息的“模式”中选择“灰度”即可。注意这里的K值并不是黑版的网点百分比，而是把颜色转换成灰度图后的灰度k值，即CMYK混合后的总黑量，用它来反映黑色的深浅比较客观。

小　明: 如何辨识和调校黑色系颜色呢?

## ❷ 印品中黑色系颜色的辨识与调校

张老师: 首先要清楚本企业的灰平衡数据，如果企业没有建立灰平衡数据，参考下列数据进行对比调校，也能达到较好的效果：

（1）网点在70%～85%处：C>M、Y（10%±2%），M与Y基本相等。

（2）网点在86%～96%处：C>M、Y（7%～10%），M与Y基本相等。

（3）下面通过案例来进行辨识和调校：

在Photoshop中，打开图4-10所示的CMYK图片。

图4-10（b）品红和黄过多，头发偏红，而图4-10（a）正常。现要将（b）图调校成（a）图的效果。具体操作如下：

① 框选图4-10（b），在“视图”菜单下，勾选“标尺”和“显示额外内容”，然后拖一条参考线，以便准确地选定调校的参考点。

② 选吸管工具，按住“Shift”键的同时，在参考线上分别用吸管选定图4-10（a）参考点1和图4-10（b）参考点2（注：此两点在图片的同一位置处，如图4-10所示，在选定参考点时，会弹出信息窗及对应的数据）。

③ 分析参考点1和参考点2的CMYK值，确定降低图4-10（b）的M值和Y值。

④ 选“图像 /调整 /可选颜色”功能，弹出图4-11，在通道处选定“黑色”，如红色箭头所指，降低M值和Y值至符合要求。

⑤ 在“视图”菜单下，取消选定的参考信息“标尺”及“显示额外内容”。

⑥ 保存。

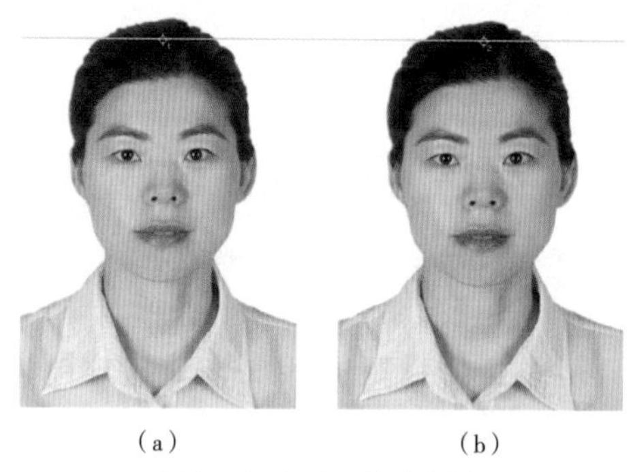

图4-10　黑色系颜色调校

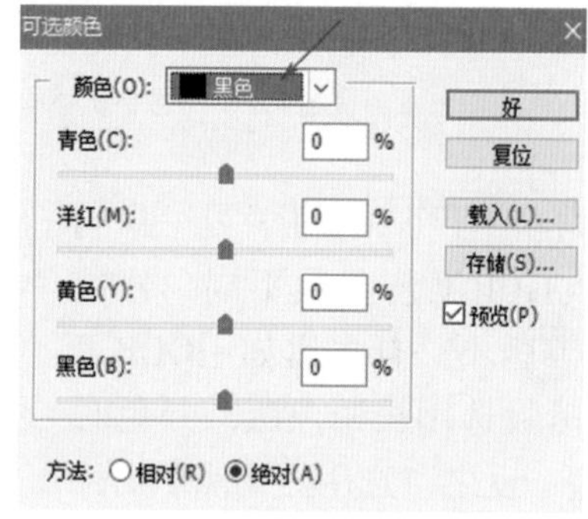

图4-11　可选颜色选黑色

小　明：在辨识和调校黑色系颜色时要注意什么？

张老师：① 首先要记住黑色系的C、M、Y网点构成特点。

② 要清楚在PS中打开的图片是选用所需的颜色特性文件（ICCProfile）和相应的分色参数转换成的CMYK图像（详见第85页分色工艺与印刷分色参数设定内容）。

③ 要养成看数据的习惯，不能只看屏幕的颜色。

学习任务 2

# 印刷品中原色系颜色的辨识与调校

（建议 2 学时）

## 学习任务描述

彩色印刷复制是以色料三原色黄、品红、青油墨为主，按色料减色法混合呈色的，黄、品红、青三原色在彩色印刷复制中起着还原原稿色彩与阶调的决定性作用。以三原色系为主色调的颜色在印刷品中有何特点？如何去辨识和调校呢？本任务利用Photoshop软件的相应功能，通过分析归纳其颜色变化特点，以辨识和调校案例，引导学员掌握印品原色系颜色的特点和辨识与调校技能。

重点 辨识与调校印品的原色系颜色

难点 调校印品的原色系颜色

## 引导问题

❶ 印品中的黄色系颜色有何特点？如何辨识与调校？
❷ 印品中的品红色系颜色有何特点？如何辨识与调校？
❸ 印品中的青色系颜色有何特点？如何辨识与调校？

小 明：黄色具有何种特性？在实际印刷生产中，以黄色为主色调的颜色其网点构成如何？如何辨识与调校黄色系颜色呢？

## 一、印品中黄色系颜色的辨识与调校

### ❶ 印品中黄色系颜色的特点

第64讲

张老师：黄色是阳光的色彩、秋天的色彩、收获的色彩、也是希望的色彩，如图4-12所示。黄色具有快乐、希望、智慧、轻快与活泼的个性，黄色也代表着土地，象征着权力，还有神秘的宗教色彩。黄色介于红与绿色之间，其亮度最高，黄色与其他颜色配合时具有温暖感。浅黄色表示柔弱，灰黄色表示病态，黄色的补色是蓝色。

黄色系颜色在印刷品上的网点构成通过测量归纳如下：

① 黄中含有品红，就有红色的感觉，随着品红增多，黄向橘黄-橘红方向变化，黄与品红等量时为大红色，如图4-13所示。

图4-12　黄色系颜色

② 黄中含有青时就有绿色的感觉，且随着青的增多，黄向草绿－深绿方向变化，二者等量时为绿色，如图4–14所示。

③ 黄加黑，颜色变暗，且随着黑色量的增多，颜色由黄向古铜色－暗黄色－黑色方向变化，如图4–15所示。

④ 黄色中含有品红和青色时，最少量者参与混合成黑，第二多者引起偏色，得到较暗的复色，如图4–16所示。

小　明：如何辨识和调校黄色系颜色呢？

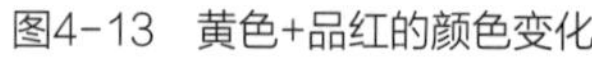

图4-13　黄色+品红的颜色变化

图4-14　黄色+青的颜色变化

图4-15　黄色+黑的颜色变化

图4-16　黄+品红+青的颜色变化

## ❷ 印品中黄色系颜色的辨识与调校

张老师：下面通过两个案例来进行辨识和调校：

案例一：在Photoshop中，打开图4–17所示的CMYK图片。

图4–17（a）品红含量稍多，花蕊看起来没有图4–17（b）鲜嫩。现要将图4–17（a）调校成图4–17（b）的效果。具体操作如下：

① 框选图4–17（a），选定吸管工具，按住“Shift”键的同时，分别用吸管在图4–17（a）和图4–17（b）的同一位置处单击，选定参考点1和参考点2。

② 分析参考点1和参考点2的CMYK值，确定降低图4–17（a）的M值和C值，提升Y值。

③ 选“图像 /调整 /可选颜色”功能，弹出图4–18，在通道处选定“黄色”，如红色箭头所指，降低M值和C值，提升Y值至符合要求。

④ 保存。

（a）

（b）

图4–17　黄色系花蕊颜色的辨识与调校

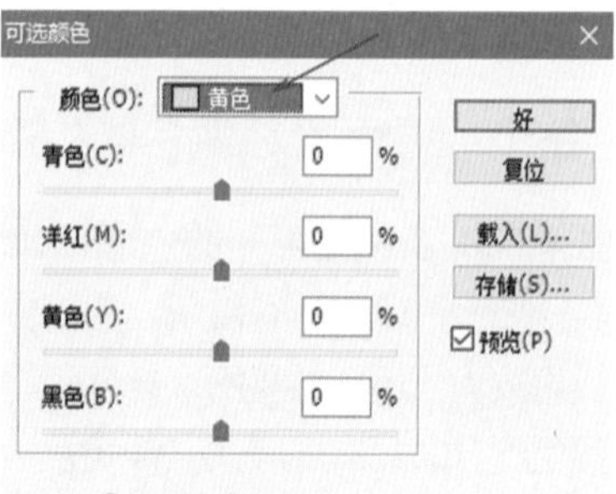


图4–18　颜色调校

案例二：在Photoshop中，打开图4–19所示的CMYK图片。

图4–19（a）黄色多些，显得比图4–19（b）鲜艳明亮，现要将图4–19（a）调校成图4–19（b）的效果。具体操作如下：

① 框选图4–19（a），选定吸管工具，按住“Shift”键的同时，分别用吸管在图4–19（a）和图4–19（b）的同一位置处点击，选定参考点1和参考点2。

② 分析参考点1和参考点2的CMYK值，确定增加图4–19

（a）的C值，降低M值和Y值。

③ 选“图像 / 调整 / 可选颜色”功能，弹出图4–18，在通道处选定“黄色”，如红色箭头所指，增加C值和Y值至符合要求，由于M降低到极限都不能达到要求，需要进行补充性校色，即选定“图像/调整/色彩平衡”功能，弹出图4–20对话框，选定高光，降低洋红（M）至符合要求。

④ 保存。

小　明: 在辨识和调校黄色系颜色时要注意什么?

张老师: ① 要清楚在Photoshop中打开的图片是选用所需的颜色特性文件（ICCProfile）和相应的分色参数转换成的CMYK图像（详见第85页分色工艺与印刷分色参数设定内容）。

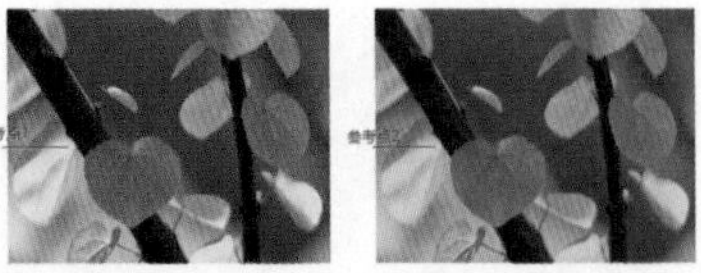

（a）　（b）

图4–19　黄色系树叶颜色的辨识与调校

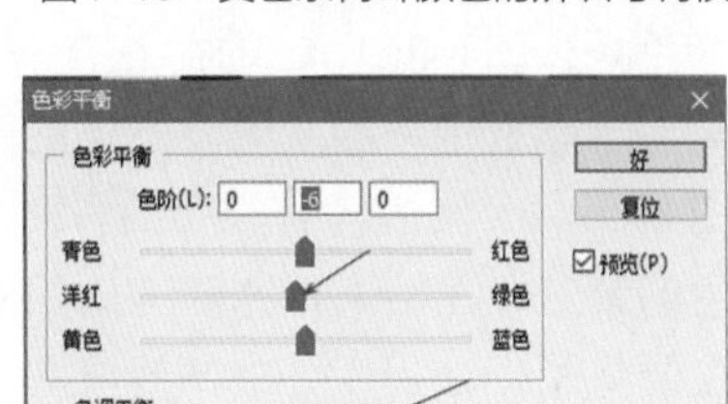


图4–20　补充性校正品红色

② 要养成看数据的习惯，不能只看屏幕的颜色。

③ 校色时首选“图像 / 调整 / 可选颜色”功能，对于局部偏色的图片，如果达不到要求，再选色“图像 / 调整 / 色彩平衡”进行补充性校色。

小　明: 品红色具有何种特性? 在实际印刷生产中，以品红色为主色调的颜色其网点构成如何? 又将如何辨识与调校品红色系颜色呢?

## 二、印品中品红色系颜色的辨识与调校

### ❶ 印品中品红色系颜色的特点

张老师: 品红色又称为洋红色，是介于红色和蓝色之间的颜色，具有鲜亮、耀眼、健康、热情、妖媚、活力和激情的特点。如萝莉公主风格服饰，如图4–21所示，就是以品红色系为主色调进行搭配的。品红色的补色是绿色。品红色系的颜色在印刷品上的网点构成通过测量归纳如下:

第65讲

图4–21　品红色系颜色

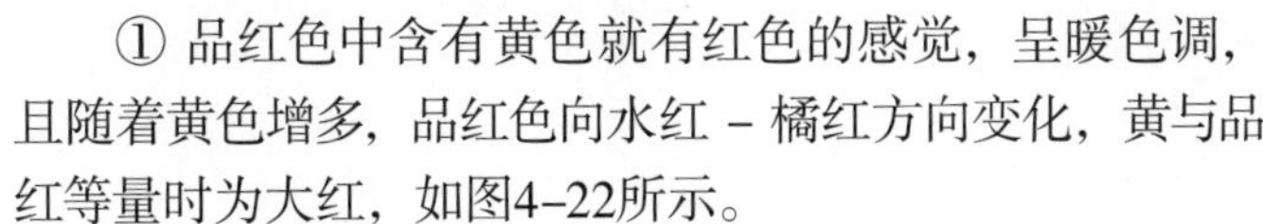

① 品红色中含有黄色就有红色的感觉，呈暖色调，且随着黄色增多，品红色向水红 – 橘红方向变化，黄与品红等量时为大红，如图4–22所示。

图4–22　品红色+黄色的颜色变化

② 品红色中含有青时就有蓝色的感觉，且随着青的增多，品红向– 紫红– 蓝紫方向变化，二者等量得为蓝色，如图4–23所示。

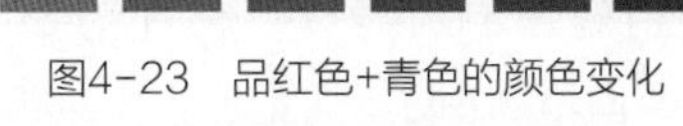

图4–23　品红色+青色的颜色变化

③ 品红色中含有黑，品红色变暗，且随着黑色增多，向枣红色 – 暗紫红色 – 黑色变化，如图4–24所示。

图4–24　品红色+黑色的颜色变化

④ 品红色中含有黄和青色时，最少量者参与混合成黑，第二多者引起偏色，得到较暗的复色，如图4–25所示。

图4–25　品红色+青色+黄的颜色变化

小　明: 如何辨识和调校品红色系颜色呢?

## ❷ 印品中品红色系颜色的辨识与调校

张老师:下面通过两个案例来进行辨识和调校:

张老师: 案例：在Photoshop中，打开图4–26所示的CMYK图片。图中的荷花呈粉红色，属于品红色系，图4–26（b）的荷花含有一定灰度，不够鲜艳，图4–26（c）的荷花是纯粹的品红色，显得干净素雅，出淤泥而不染的清纯，而图4–26（a）图因含有较多的青，荷花呈冷色的紫红色，给人以冰清玉洁的感觉。现在要将图4–26（b）分次调校成图4–26（c）和图4–26（a）的效果，具体操作如下:

图4–26　品红色系树叶颜色的辨识与调校

（1）将图4–26（b）调成图4–26（c）

① 框选图4–26（b），选定吸管工具，按住“Shift”键的同时，分别用吸管在图4–26（b）、图4–26（c）和图4–26（a）的同一位置处单击，选定参考点1、参考点2和参考点3。

② 分析参考点1和参考点2的CMYK值，降低图4–26（b）的C、Y和K值。

③ 选“图像/调整/可选颜色”功能，弹出图4–27，在通道处选定“洋红色”，选“绝对”方法，如红色箭头所指。分次将青、黄、黑值降低至极限值“–100%”，观察对比参考点1和2的数据时发现，参考点1的数据还与参考点2有一定的差距，先确定。

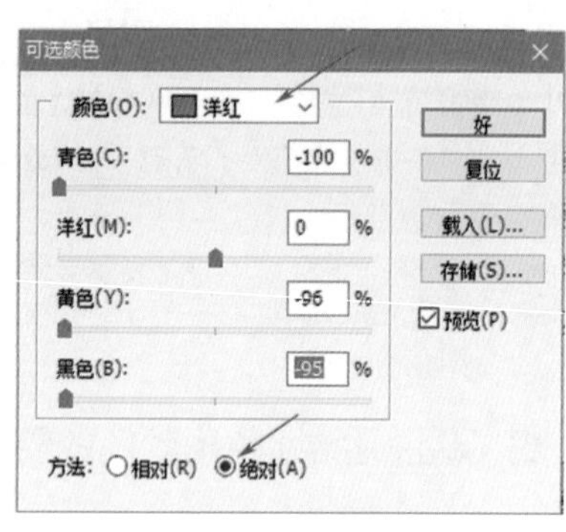


图4–27　颜色调校

④ 接着选“图像 /调整 /色彩平衡”功能，弹出图4–28进行补充性校色，如图中红色箭头所示，选“高光”，分次降低“青”和“黄”值至符合要求。

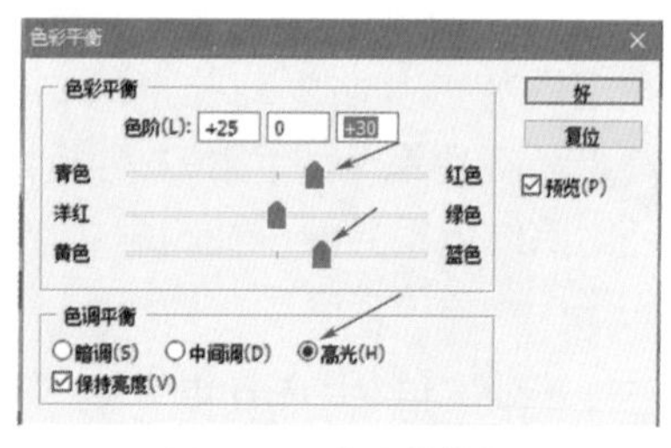


图4–28　补充性校色

⑤ 再选“图像 / 调整 / 可选颜色”功能，弹出图4–27所示对话框，将“黑”降至极限，如果一次达不到要求，可再次重复调校，直至与参点2的数据相同。

（2）将图4–26（b）调校成图4–26（a）

① 接着选“图像 /调整 /可选颜色”功能，弹出图4–27，在通道处选定“洋红色”，选“绝对”方法，如红色箭头所指。分次将青增大到20，品红增大到61，黑值增大到3，确定。

② 保存。

小　明: 在辨识和调校品红色系颜色时要注意什么?

张老师: ① 要清楚在Photoshop中打开的图片是选用所需的颜色特性文件（ICCProfile）和相应的分色参数转换成的CMYK图像（详见第85页分色工艺与印刷分色参数设定内容）。

② 要养成看数据的习惯，不能只看屏幕的颜色。

③ 首选“图像 /调整 /可选颜色”进行校色，对于局部偏色的图片，如果达不到要求，再选“图

像/调整/色彩平衡”去校色，如果需要精准调校，可以再次进入可选颜色调校，直至符合要求。

小　明：色料三原色的青色具有何种特性？在实际印刷生产中，以青色为主色调的颜色其网点构成如何？又将如何辨识与调校青色系颜色呢？

## 三、印品中青色系颜色的辨识与调校

### ❶ 印品中青色系颜色的特点

第66讲

张老师：青色是一种偏冷的颜色，介于绿色和蓝色之间，象征着坚强、希望、古朴和庄重，中国的传统器物和服饰常采用青色，尤其以青花瓷为代表，深受国人喜爱，如图4-29所示。青色的补色是红色，以青色系为主色调的印刷品，其网点构成通过测量可归纳如下：

图4-29　青色系颜色

图4-30　青色+黄色的颜色变化

图4-31　青色+品红色的颜色变化

图4-32　青色+黑色的颜色变化

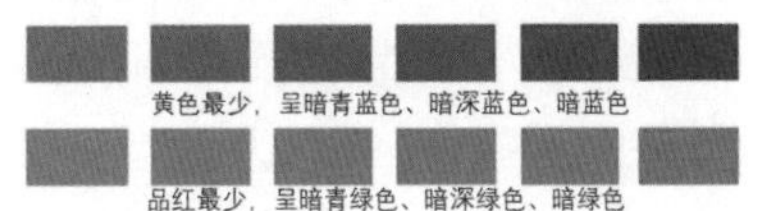


图4-33　青色+黄色+品红色的颜色变化

① 青色中含有黄色，就有绿色的感觉，且随着黄色增多，青色向青绿－深绿－方向变化，黄与青等量时为绿色，如图4-30所示。

② 青色中含有品红时，就有蓝色的感觉，且随着品红色增多，青色向青蓝－深蓝－蓝紫色方向变化，二者等量时为蓝色，如图4-31所示。

③ 青色中含有黑时，青色变暗，且随着黑色增多，向橄榄-暗青色-黑色变化，如图4-32所示。

④ 青中含有黄和品红色时，最少量者参与混合成黑，第二多者引起偏色，得到较暗的复色，如图4-33所示。

小　明：如何辨识和调校青色系颜色呢？

### ❷ 印品中青色系颜色的辨识与调校

张老师：下面通过案例来进行辨识和调校：

案例：在Photoshop中，打开图4-34所示的CMYK图片。

图4-34是以青色系为主色调的天空海景图，图4-34（a）由于含有少量品红，没有图4-34（b）天空青新、纯净、明亮和高远；图4-34（c）由于品红含量更多，显得沉闷和暖色调了，图4-34（d）由于含有少量的黑色，天空显得不够干净。下面将图4-34（a）分次调校成图4-34（b）、图4-34（c）和图4-34（d）的效果，具体操作如下：

（a）　（b）　（c）　（d）

图4-34　青色系颜色辨识与调校
（a）参考点1（b）参考点2（c）参考点3（d）参考点4

1. 将图4-34（a）图调成图4-34（b）图

① 框选图4–34（a）图，选定吸管工具，按住“Shift”键的同时，分次用吸管在图4–34（a）、（b）、（c）和（d）图的同一位置处单击，选定参考点1、参考点2、参考点3和参考点4。

② 分析参考点1和参考点2的CMYK值，确定降低图4–34（a）图的M和Y值。

③ 选“图像/调整/可选颜色”功能，弹出图4–35，在通道处选定“青色”，选“绝对”方法，如红色箭头所指。分次将洋红和黄降到参考点2的数值，由于洋红降低至极限“–100%”时仍与参考点2的数据还有一定的差距，故先确定。

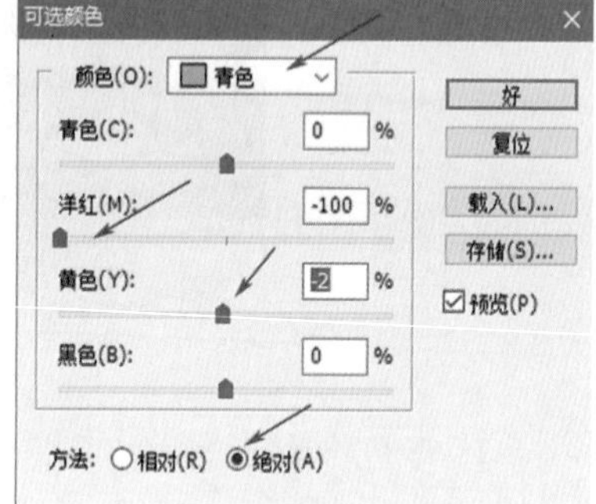


图4-35　青色系调校

④ 接着选“图像/调整/色彩平衡”功能，弹出图4–36进行补充性校色，如图中红色箭头所示，选“高光”，分次降低“洋红”值至符合要求，保存即可。

2. 将图4-34（a）图调成图4-34（c）

接着选“图像/调整/可选颜色”功能，弹出图4–35，在通道处选定“青色”，选“绝对”方法，如红色箭头所指。将洋红增大到符合要求，确定，保存即可。

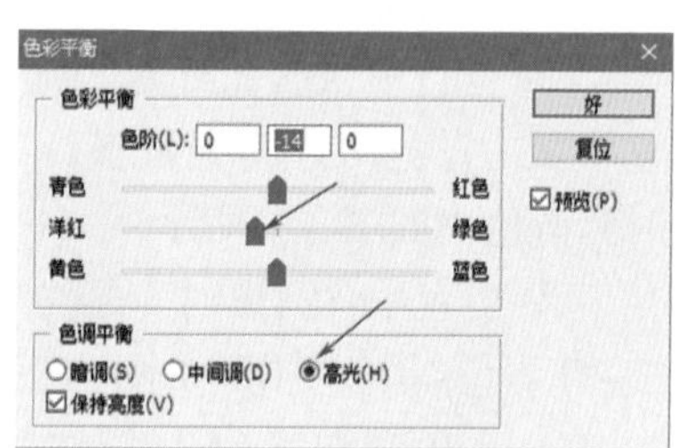


图4-36　补充性校色

3. 将图4-34（a）图调校成图4-34（d）图

① 再次选“图像/调整/可选颜色”功能，弹出图4–35所示对话框，在通道处选定“青色”，选“绝对”方法，如红色箭头所指。对比分析数据，确定降低图4–34（a）图的青和洋红量，增加黄色和黑色量。

② 分次将黄和黑增加至参考点4的数值，将青和洋红降到参考点4的数值，由于洋红降低至极限“–100%”时仍与参考点4的数据还有一定的差距，故先确定。

③ 接着选“图像/调整/色彩平衡”功能，弹出图4–36进行补充性校色，如图中红色箭头所示，选“高光”，将“洋红”降至符合要求，保存。

小　明：在辨识和调校青色系颜色时要注意什么？

张老师：① 首先要清楚在Photoshop中打开的图片是选用所需的颜色特性文件（ICCProfile）和相应的分色参数转换成的CMYK图像（详见第85页分色工艺与印刷分色参数设定内容）。

② 要养成看数据的习惯，不能只看屏幕的颜色。

③ 首选“图像/调整/可选颜色”进行校色，对于局部偏色的图片，如果达不到要求，再选“图像/调整/色彩平衡”进行补充性校色。

学习任务 3

# 印刷品中间色系颜色的辨识与调校

（建议 2 学时）

## 学习任务描述

印刷品的间色是黄、品红、青三原色油墨两两之间叠印而成的。以间色系为主色调的颜色在印刷品中有何特点？如何去辨识和调校？本任务利用Photoshop软件的相应功能，通过分析归纳其颜色变化趋势，以辨识和调校案例，引导学员学习和掌握印刷品间色系颜色的特点和辨识与调校技能。

重点 辨识与调校印品的间色系颜色

难点 调校印品的间色系颜色

## 引导问题

1. 印品中的红色系颜色有何特点？如何辨识与调校？
2. 印品中的绿色系颜色有何特点？如何辨识与调校？
3. 印品中的蓝色系颜色有何特点？如何辨识与调校？

小　明: 红色具有何种特性? 在实际印刷生产中，以红色为主色调的颜色其网点构成有何特点? 如何辨识与调校红色系颜色呢?

## 一、印品中红色系颜色的辨识与调校

### 1 印品中红色系颜色的特点

张老师: 红色是色料的二次色，由品红与黄混合而成，其宽容度仅次于绿色。红色给人以激情和快乐，中国人民是崇尚红色的民族，对于红色的喜爱经历朝朝代代，源远流长。在我国，红色不论在表现人的身份、地位、喜庆盛典的场合，还是在装饰、纳福迎祥等方面，均得到广泛使用，如图4–37所示。红色的补色是青色。

第67讲

红色系颜色在印刷品上的网点构成与颜色变化趋势，通过测量可归纳如下:

① 黄与品红等量混合时，得到大红色，品红不断增多时，色相由大红向橘红 – 水红 – 品红色方向变化，颜色逐渐偏冷，如图4–38所示。

图4-37　红色系颜色

② 当再向其中加入青或黑时，颜色变暗，明度降低，饱和度也降低，如图4-39所示。

③ 当黄与品红混合时，等量混合得到大红色，随着黄色量的不断增多，色相由大红向橙红－橙黄－黄色方向变化，颜色逐渐偏暖，如图4-40所示。

④ 当再向其中加入青或者黑色时，颜色变暗，明度降低，饱和度也降低，如图4-41所示。

小　明：如何辨识和调校红色系颜色呢？

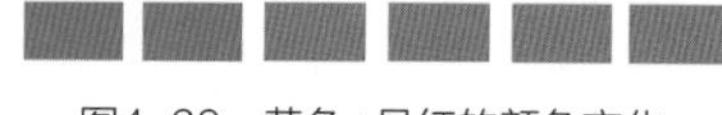

图4-38　黄色+品红的颜色变化

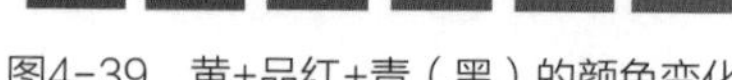

图4-39　黄+品红+青（黑）的颜色变化

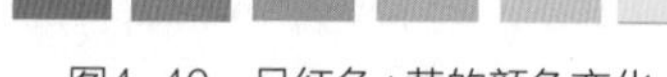

图4-40　品红色+黄的颜色变化

图4-41　品红色+黄+青（黑）的颜色变化

## ❷ 印品中红色系颜色的辨识与调校

张老师：下面通过案例来进行辨识和调校：

案例：在Photoshop中，打开图4-42所示的CMYK图片。

奥运会五环的颜色在世界各国都是一样的，怎样确保伦敦奥运五环的红与北京奥运五环的红是一个颜色呢？图4-42（a）五环的红与图4-42（b）五环的红相比，图4-42（a）的品红与黄都不够，现在要将图4-42（a）调校成图4-42（b）的效果。具体操作如下：

（a）　（b）

图4-42　红色系颜色的辨识与调校

① 框选图4-42（a），接着选“窗口/信息窗”，打开信息窗口，选定吸管工具，分次测量图4-42（a）和图4-42（b）图的五环红的CMYK数据，并记住数据。对比数据后确定要提升图4-42（a）五环红的品红与黄色值。

② 选“图像 / 调整 / 可选颜色”功能，弹出图4-43，在通道处选定“红色”，方法选“相对”，如图中的红色箭头所指。增加洋红值和黄值到与图4-42（b）一样，保存即可。

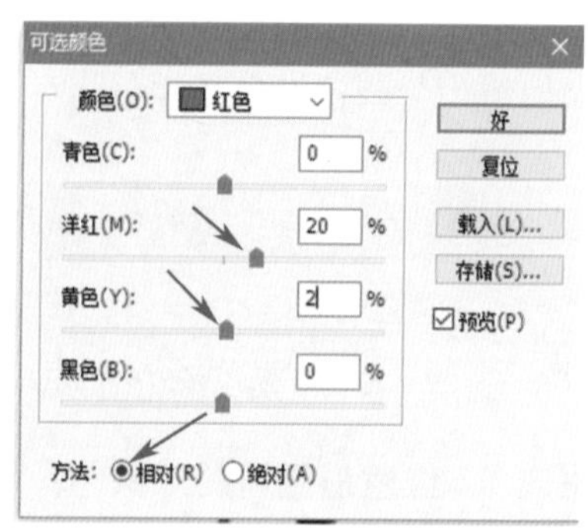


图4-43　颜色调校

只要确保印前系统的标准化，所用纸张与油墨符合Pantone标准，以及印刷生产按标准化调控进行，就可确保伦敦奥运五环的红与北京奥运五环的红印刷出的是同样的红色。其他四个环按此方法调校即可。如果一次调校达不到要求，可利用“图像 /调整 /色彩平衡”进行补充性校色。

小　明：在辨识和调校红色系颜色时要注意什么？

张老师：① 要清楚在Photoshop中打开的图片是选用所需的颜色特性文件（ICCProfile）和相应

的分色参数转换成的CMYK图像（详见第85页分色工艺与印刷分色参数设定内容）。

② 要养成看数据的习惯，不能只看屏幕的颜色。

③ 校色时首选“图像 / 调整 / 可选颜色”功能，对于局部偏色的图片，如果达不到要求，再选色“图像 / 调整 / 色彩平衡”进行补充性校色。

小　明：绿色系颜色在印刷品中又有何特点？如何进行辨识和调校？

## 二、印品中绿色系颜色的辨识与调校

### ❶ 印品中绿色系颜色的特点

第68讲

张老师：绿色是一种轻松、自然、和谐、安全的色彩，由黄和青混合而成，绿色的宽容度最大，如图4-44所示，绿色的补色是品红色。绿色系的颜色在印刷品上的网点构成与颜色变化趋势，通过测量可归纳如下：

图4-44　绿色系颜色

① 黄与青等量混合时，得到绿色，黄色量不断增多时，色相由绿向草绿 - 黄绿 -黄色方向变化，颜色逐渐偏暖，且越来越明亮，如图4-45所示。

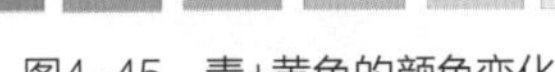

图4-45　青+黄色的颜色变化

② 再加入品红或黑时，颜色变暗，明度降低，饱和度也降低，如图4-46所示。

图4-46　青+黄+品红（黑）色的颜色变化

③ 当黄与青混合时，随着青量不断增多，色相由绿向深绿 - 青绿- 青色方向变化，颜色逐渐偏冷，如图4-47所示。

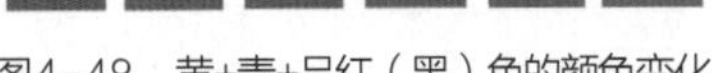

图4-47　黄+青色的颜色变化

④ 当向其中加入品红色墨或者黑色墨时，颜色变暗，明度降低，饱和度也降低，如图4-48所示。

图4-48　黄+青+品红（黑）色的颜色变化

小　明：如何辨识和调校绿色系颜色呢？

### ❷ 印品中绿色系颜色的辨识与调校

张老师：下面通过案例来进行辨识和调校：

案例：在Photoshop中，打开图4-49所示的CMYK图片。

图4-49（b）由于品红含量过多，植物的叶子显得比图4-49（a）枯老一些，现在要将（b）图调校成（a）图的效果。具体操作如下：

（a）

（b）

图4-49　绿色系颜色的辨识与调校

① 框选（b）图，选定吸管工具，按住“Shift”键的同

时，分别用吸管在（a）图和（b）图的同一位置处单击，选定参考点1和参考点2。

② 分析参考点1和参考点2的CMYK值，确定降低（b）图的C、M、Y值，增大K值。

③ 选“图像 /调整 /可选颜色”功能，弹出图4-50，在通道处选定“绿色”，方法选“绝对”，分次降低青、洋红和黄值，增加K值到与（a）图数据相同。由于洋红与黄降到极限也无法达到要求，故先确定。

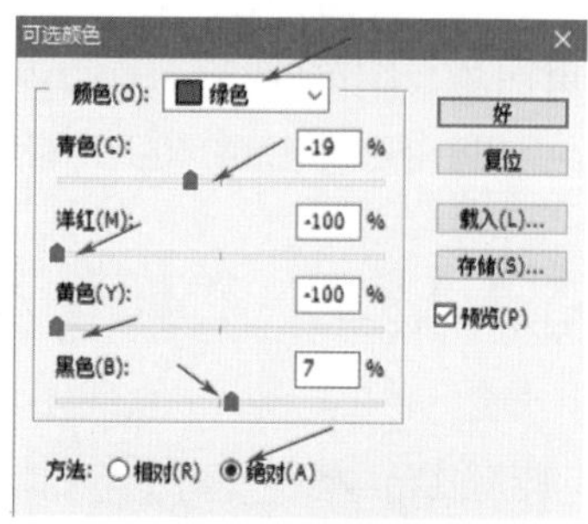


图4-50 绿色系颜色调校

④ 接着选“图像 /调整 /曲线”功能，弹出图4-51进行补充性校色。先在通道处选定“洋红”通道，在“输入”与“输出”位置分别输入（b）图的M值与（a）图的M值；紧接着在通道处选定“黄色”通道，在“输入”与“输出”位置处分别输入（b）图的Y值与（a）图的Y值。最后确定，保存。

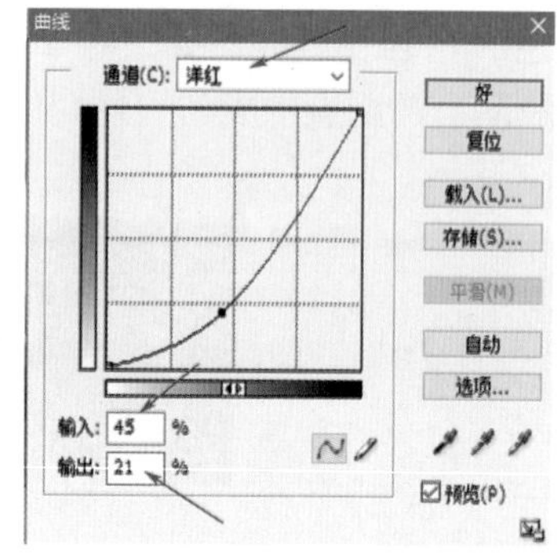


图4-51 绿色系补充性校色

小　明：在辨识和调校绿色系颜色时要注意什么？

张老师：①要清楚在Photoshop中打开的图片是选用所需的颜色特性文件（ICCProfile）和相应的分色参数转换成的CMYK图像（详见第85页分色工艺与印刷分色参数设定内容）。

② 要养成看数据的习惯，不能只看屏幕的颜色。

③ 校色时首选“图像 /调整/可选颜色”功能，对于整体阶调偏色的图片，如果达不到要求，再选色“图像/ 调整/ 曲线”功能进行补充性校色。

小　明：蓝色系颜色在印刷品中又有何特点？如何进行辨识和调校？

## 三、印品中蓝色系颜色的辨识与调校

### ❶ 印品中蓝色系颜色的特点

第69讲

张老师：蓝色是最冷的色彩，由青和品红混合而成，蓝色的宽容度最小，稍有差异，就易觉察，较难复制，其补色是黄色。纯净的蓝色让人联想到海洋、天空、水、宇宙，表现出一种美丽、冷静、理智、安详与广阔意境，给人以稳重和信任感，如图4-52所示。由于蓝色沉稳的特性，具有理智、准确的意象，在商业设计中，强调科技、效率的商品或企业形象时，大多选用蓝色当标准色、企业色，如电脑、汽车、影印机、摄影器材等标志都以蓝色为主色调，但在文学作品或感性诉求的商业设计中，蓝色也代表忧郁，如图4-53所示。

图4-52 蓝色系颜色

图4-53 蓝色系在产品标志中的应用

以蓝色系为主色调的印刷

品，其网点构成通过测量可归纳如下：

① 青色与品红等量混合得蓝色。品红色量不断增多时，色相由蓝向蓝紫色 – 紫红色 – 品红色方向变化，颜色逐渐偏暖，如图4–54所示。

图4-54　青+品红色的颜色变化

② 再向其中加入黄或黑时，明度降低，饱和度也降低，如图4–55所示。

图4-55　青色+品红+黄（黑）色的颜色变化

③ 品红与青等量混合时得蓝色，当青不断增多时，色相由蓝向蓝青 – 天蓝 – 青色方向变化，颜色逐渐偏冷，变得明亮一些，如图4–56所示。

图4-56　品红+青色的颜色变化

④ 再向其中加入黄或黑时，明度降低，饱和度也降低，如图4–57所示。

图4-57　品红+青+黄（黑）色的颜色变化

小　明：如何辨识和调校蓝色系颜色呢？

## ❷ 印品中蓝色系颜色的辨识与调校

张老师：下面通过两个案例来进行辨识和调校：

案例一：在Photoshop中，打开图4–58所示的CMYK图片。

（a）　（b）

图4-58　蓝色系颜色的辨识与调校

图4–58（a）由于品红含量过多，青色不够，天空显得没有图4–58（b）清新明朗。现在要将图4–58（a）调校成图4–58（b）图。

① 框选图4–58（a），选定吸管工具，按住“Shift”键的同时，分别用吸管在图4–58（a）图和图4–58（b）的同一位置处单击，选定参考点1和参考点2。

② 分析参考点1和参考点2的CMYK值，确定降低图4–58（a）的M值，增大C和Y值。

③ 选“图像/调整/可选颜色”功能，弹出图4–59，在通道处选“蓝色”，方法选“绝对”，分次增加青和黄，降低洋红值至与图4–58（b）数据相同，保存。

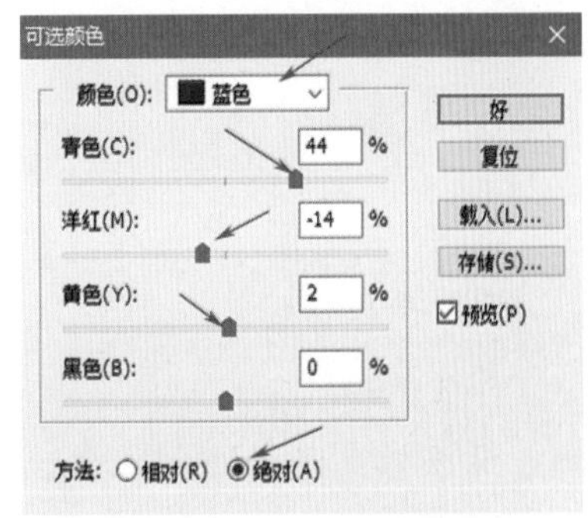


图4-59　蓝色系调校

张老师：案例二：在Photoshop中，打开图4–60所示的CMYK图片。图4–60的（b）由于品红含量过多，花朵没有图4–60（a）鲜嫩，现在要将图4–60（b）调校成图4–60（a）的效果。

（a）　（b）

图4-60　蓝色系的辨识与调校

① 框选图4–60（b），选定吸管工具，按住“Shift”键的同时，分别用吸管在图4–60（a）和图4–60（b）的同一位置处单击，选定参考点1和参考点2。

② 分析参考点1和参考点2的CMYK值，确定降低参考点2的M值和Y值。

③ 选“图像/调整/可选颜色”功能，弹出图4–59，在通道处选“蓝色”，方法选“绝对”，降低洋红和黄。由于洋红和黄降到极限“–100%”时也无法达到与图4–60（a）一致的效果，先确定后，再进行补充性校色。

④ 接着选“图像 /调整 /色彩平衡”功能，弹出图4-61进行补充性校色，如图中红色箭头所指，选“高光”，将“洋红”值和“黄”值降到与图4-60（a）的数据相同为止，保存即可。

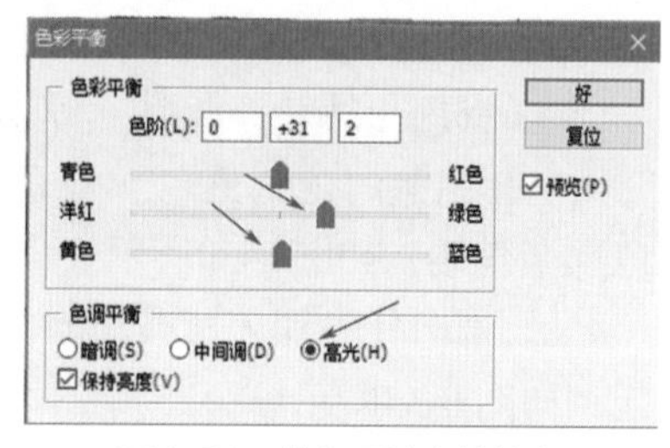


图4-61　蓝色系补充性校色

小　明: 在辨识和调校蓝色系颜色时要注意什么?

张老师: ① 首先要清楚在Photoshop中打开的图片是选用所需的颜色特性文件（ICCProfile）和相应的分色参数转换成的CMYK图像（详见第85页分色工艺与印刷分色参数设定内容）。

② 要养成看数据的习惯，不能只看屏幕的颜色；

③ 首选“图像 /调整 /可选颜色”功能进行校色，此功能对颜色进行调校时，对层次的影响是最小的，对于局部偏色的图片，选此功能校色后，还达不到要求，再选“图像/调整/色彩平衡”进行补充性校色。如果图像整体偏色，首选“图像 /调整 /曲线”功能校色，效果比较理想。特别要注意的是，首选“图像 / 调整 /曲线”功能校色时，对层次的影响较大，需要丰富的经验，否则，校好了颜色，但层次又不符合要求了。

## 学习评价

自我评价

是否清楚了消色系、原色系、间色系颜色的构成特点？　是□　否□

能否根据原稿图像特点对消色、原色和间色进行调校？　能□　否□

小组评价

能否较熟练地辨识消色、原色与间色系的颜色构成？　能□　否□

能否较熟练地调校消色、原色与间色系颜色？　能□　否□

### 学习拓展

在网络上收集以消色类、原色类和间色类为主色调的原稿，在印刷复制时的颜色调校案例；并收集以消色、原色和间色为主色调的广告、标签和包装设计产品的图片。

### 训 练 区

一、知识训练

（一）填空题

1. 消色系随着 K 或者是 Y、M、C 三色网点________颜色变得越来越________。
2. 偏深绿的黄色表明黄中加入了较多的________，而偏草绿色的黄色则表明________多于________。
3. 青蓝色表明青与品红混合时________ > ________，而紫红色表明青与品红混合时________ > ________。
4. 青与等量的 Y、M 混合时，得到________色，品红色中加入补色绿色，其颜色的饱和度将________，明度也________。
5. 黄与品红混合时，如果得到橙红色，表明________ > ________，如果得到橙黄色，则表明________ > ________。

（二）单选题

1. 下述颜色中，哪组（　　）属于消色系列颜色。
   （A）黑、白、灰色　　（B）绿色、白色、红色
   （C）黄色与黑色　　（D）品红与暗红色
2. 具有暖色调特性的颜色是（　　）。
   （A）橙黄色　　（B）蓝紫色　　（C）黑色　　（D）天蓝色
3. 在 Photoshop 中，对图像的颜色进行调控时对阶调影响很小的工具是（　　）。

（A）图像 / 调整 / 可选颜色　　（B）图像 / 调整 / 曲线
（C）图像 / 调整 / 色阶　　（D）自动色阶

4. 风境图片中的树叶以绿色系为主调，如果树叶显得苍老，则说明（　　）。
（A）C>Y　　（B）Y>C　　（C）Y=C　　（D）C>M

5. 海景图片中的海水看起来带点紫红味道，这表明（　　）。
（A）M 过量　　（B）C 过量　　（C）Y 过量　　（D）K 过量

6. 如果一张风景图片中的花朵，有点偏蓝紫色，表明（　　）。
（A）M 过量　　（B）C 过量　　（C）Y 过量　　（D）K 过量

7. 如果向蓝色中加入少量的相反色黄墨，则颜色将呈现出（　　）。
（A）蓝色变暗　　（B）黑色　　（C）暗红色　　（D）暗绿色

8.（　　）色是间色中人眼较敏感的颜色，在色度图中其宽容度最小，印刷复制时需要严格调控。
（A）青　　（B）蓝　　（C）绿　　（D）黄

9. 宽容度较大的颜色是（　　），印刷复制时相对容易。
（A）红色与绿色　　（B）红色与蓝色　　（C）绿色与青色　　（D）黄色与品红色

10. 在绿色系中，比较鲜嫩的是（　　）。
（A）草绿色　　（B）深绿色　　（C）暗绿色　　（D）青绿色

（三）名词

1. 原色；2. 间色；3. 消色

## 二、能力训练

分析下列三组图片，比较两图的颜色状况，对存在问题的图片，指出在 Photoshop 中选用什么工具进行颜色调校，并进行调校体验。

能力训练11

能力训练21

能力训练31

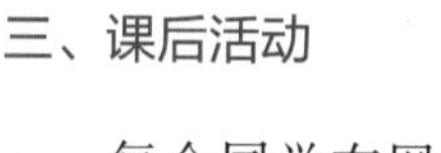

## 三、课后活动

能力训练12

能力训练22

能力训练32

每个同学在网络上收集 5 张不同类别（消色、原色、间色为主色调）的彩色图片，观察分析图片的颜色特点，并利用 Photoshop 的相关工具进行恰当的调校。

## 四、职业活动

在小组内对收集到的不同风格的彩色图片进行分析比较和交流，并针对偏色图片谈谈利用 Photoshop 调校的主要方法。

# 如何调配印刷专色

## 学习目标

完成本学习情境后，你能实现下述目标：

### 知识目标

❶ 能解释专色油墨与专色印刷的定义。
❷ 能解释专色印刷产生的原因及专色配色原理。
❸ 能归纳并简述经验法调配专色油墨的条件、流程和注意事项。
❹ 能解释电脑配色原理，能概述电脑配色系统的构成。
❺ 能清晰地表述电脑配色的流程。

### 能力目标

❶ 能用经验调色法调配深色专色油墨。
❷ 能用经验调色法调配浅色专色油墨。
❸ 能使用电脑配色系统调配专色油墨。

建议12学时
完成
本学习情境

## 内容结构

学习任务 1

# 经验法如何调配印刷专色

（建议 6 学时）

## 学习任务描述

印刷企业在生产中经常要根据客户的需求调配专色油墨，尤其在证券、广告、商标、地图和包装品的印刷生产中需要大量使用专色。本任务以问题引导和对话交流的形式，展开对专色油墨调配的基本定义、原理、原因和注意事项的学习；通过调配深红色、浅绿色专色油墨的工作过程，来掌握经验法调配专色油墨的流程和调色技能。

重点　配色原理、配色流程与配色操作

难点　色样分析与评价

## 引导问题

❶ 什么叫专色油墨？什么叫专色印刷？

❷ 彩色印刷为何要调配专色油墨？

❸ 调配专色油墨的原理是什么？

❹ 什么叫经验调色法？经验调色法需具备什么条件？

❺ 深色专色油墨调配有何特点？浅色专色油墨调配有何特点？

❻ 经验调色法的配色流程分为几步？

❼ 经验法调配专色油墨时需要注意什么？

小　明：到印刷公司参观，经常看到机长在机台旁边调配专色油墨，我感到纳闷：按照色料减法色，YMCK四色按任意比例混合，不是可以调配出任何颜色吗？为何还要调配专色油墨？

## 一、为何要调配专色油墨

### ❶ 专色油墨与专色印刷的定义

第70讲

张老师：你提的问题是很多初学印刷者都曾有过的，在这里首先要搞清楚两个基本概念“专色油墨”与“专色印刷”。

（1）专色油墨　常用油墨之外由客户指定的某一颜色油墨。如黄、品红、青、黑、大红、桃红、深红、深蓝、射光蓝、绿、紫蓝等都属于常用油墨，而如图5-1所示的荧光橙、荧光蓝等各种金属光泽效果的油墨，热致变色、光致变色等各类防伪油墨，以及有特别色相与饱和度要求的油墨等都属于专色油墨。

（2）专色印刷 使用一块印版去印刷某一专色油墨的印刷方法。如肯德基的红，麦当劳的红与黄都是使用专色印刷而成的，如图5-2所示。

要注意的是：进行专色印刷时，多数情况印版是实地的（即加网100%），少数印版是平网或过度网，如图5-3所示。

图5-1 专色油墨

图5-2 专色样图

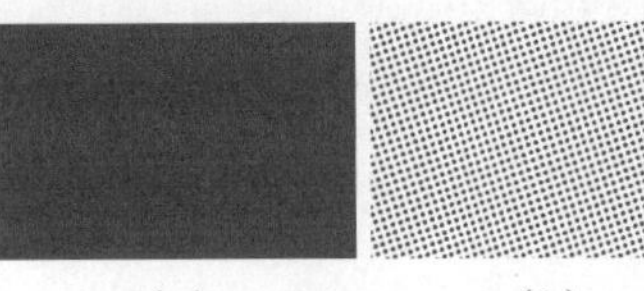
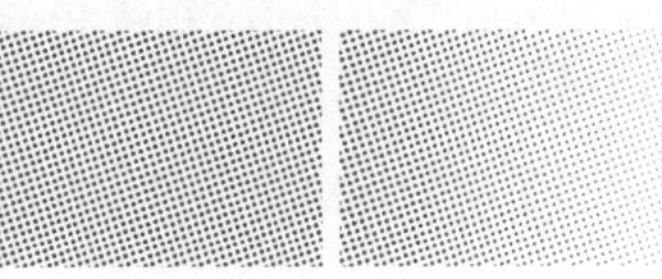

（a） （b） （c）

图5-3 专色印版加网状态

（a）实地100%网点（b）30%平网（c）30%～0过渡网

## ❷ 需要专色油墨的原因

从色料减色混合原理来说，YMCK四色按任意比例混合可以得到任意的颜色，但实际印刷生产中由于油墨并不理想，印刷控制也难达到理想的状态，对于颜色要求高的产品，以YMCK四色叠印方式，较难满足要求，因此，必须以专色印刷方式才能确保印刷再现。需要专色印刷的原因，可归纳如下：

① 特殊效果及防伪功能的需要。中高档烟盒、酒盒、化妆盒、商标等颜色往往有金属色、荧光色和珠光色的要求，仅用CMYK四色印刷无法满足要求；高端产品的标签和包装，以及有价票证还要有防伪功能要求，如人民币就需油墨具有光致变色功能，而传统的四色油墨YMCK也无法满足要求。

② 颜色再现要求高的需要。因为YMCK叠印的油墨厚度、饱和度、颜色稳定性和均匀性存在不足，而专色印刷能克服这些不足，可以满足颜色要求高的需要。

③ 降低成本、提升效率需要。即使部分专色用YMCK四色叠印能够100%再现，但四色印刷需要制作四块印版，印刷工艺复杂，增加材料用量，浪费时间，降低生产效率，增大了成本。对印量不大的产品来说，采用四色叠印的方式去实现，也是不明智的。尤其是当今个性化，少批量印刷品需求越来越多，用多张印版去叠印专色更不划算。

小 明：也就是说，由于有专色印刷需求，因此就必须调配专色油墨。

张老师：非常正确，在实际印刷生产中，专色印刷往往与四色加网叠印结合起来进行，通常所说的4+1、4+2等印刷工艺，这里的“1”或“2”是指在YMCK四色加网叠印的基础上，再增加1个或2个专色印刷单元。如五色印刷机、六色印刷机等多色印刷机，就能高效地满足此类印刷工艺需求，因为四色与专色结合起来一次性印刷，可显著提高产品质量和生产效率。而专色油墨是专色印刷的基础。

小 明：看来专色油墨调配十分重要，那么专色油墨依据什么原理调配？如何进行调配？

# 二、油墨颜色分类与专色油墨调配原理

## ❶ 油墨的颜色分类

张老师：要搞清楚专色油墨的配色原理，首先要知道油墨颜色分类。印刷所用油墨的颜色分为原色、间色与复色三大类。原色是指Y、M、C三种，它们是无法用其他颜色混合得到的。实际印刷生产中常使用洋红、中黄和天蓝作为三原色墨，但随着标准化意识的日益增强，越来越多的企业开始使用四色红、四色蓝、四色黄为三原色墨。

第71讲

间色是指用两种原色墨调配而成的颜色，红、绿、蓝就是最典型的三个间色，如用等量的四色红与四色黄就可调出大红色，但当二者的量变化时会得出不同色相的红，也就是说间色有无数个。

复色是指用任何两种间色墨或三种原色墨混合调配出来的颜色，如枣红色、橄榄色、古铜色就是最典型的复色，当参与混色的原色墨量变化时，就出现新的复色，因此复色也有无数个。

小　明：专色油墨调配是以原色墨为基础吗？其调配原理是什么？

### ❷ 专色油墨调配原理

张老师：是的，从理论上来说，色料三原色按任意比例混合，可以调配出任意的颜色，但在实际配色时，也辅以油墨厂生产出来的红、绿、蓝等间色墨以及黑墨、白墨等其他色墨进行调配。配色的原理主要有三个：

① 色料减色混合原理。即从复色光中减去一种或几种单色光，得到另一种色光。也就是几种色料混合时，减去了相应的色光，从而得到新的色光。最典型的就是Y、M、C三种原色两两之间，或三者之间按不同比例混合得到不同的颜色，如图5-4所示。

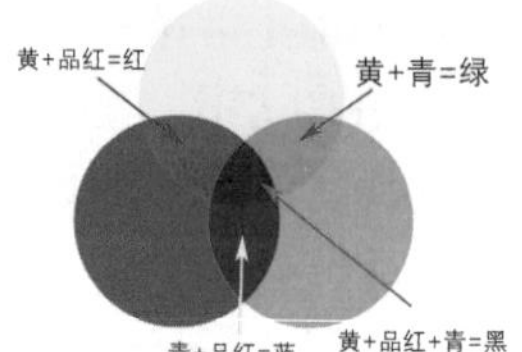

图5-4　色料减色混合原理

② 色料互补原理。即两种色料混合呈黑色，则二者为互补色料。在调配专色油墨时，常用互补色来校正色偏，如配色时偏绿，则可添加其互补色品红来消除。要注意的是，加入互补色时，油墨颜色会变暗，饱和度也会降低。

③ 色料减色代替律。两种成分不同的颜色，只要视觉效果相同，就可相互代替。详细内容请查看情境1任务2的相应内容，要注意的是，以最少种类的色墨调出所需的颜色，效果是最好的。

小　明：印刷企业在调配专色油墨时，常用什么方法进行调色呢？

## 三、经验法调色的基本知识

第72讲

### ❶ 经验调色法定义与十色图

张老师：实际印刷生产中的专色油墨调配，最常用的是经验调色法：即利用色料减色法，将色样比对色卡，凭借配色人员对色样的分析和经验判断进行调色。使用经验调色法调色时，可利用十色图判断颜色的变化趋势与各原色墨用量的大小，如图5-5所示。图中最小三角形的三个顶点代表黄、品红、青三原色。两原色之间等量混合时，得到其对应第二大三角形三个顶点的间色红、绿、蓝；当三原色油墨等量混合时，得到中心点的黑色；如果三原色墨不等量混合时，向最大三角形三个顶点的颜色变化，如品红墨量最大，就向枣红色方向变化；黄色墨量最大，就向古铜色方向变化；青色墨量最大，就向橄榄色方向变化。随着

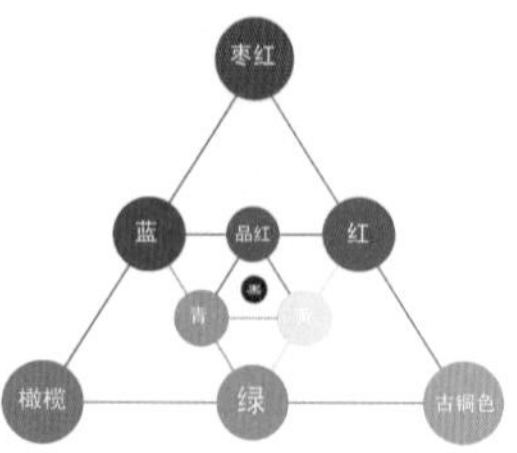

图5-5　经验调色十色图

潘通色卡的广泛应用，印刷公司调色时，将色样比照潘通色卡，寻找出最接近色样的潘通色卡编号，查看色卡的颜色构成数据，再结合经验调色法和十色图进行颜色分析与调色。潘通色卡的应用前面已学过，一定要注意：潘通色卡的类型要与色样的纸张相同，即应区分铜版纸、哑粉纸还是非涂布纸等类型。

小　明：看来熟记色料减色法方程及经验调色十色图很有必要。按经验调色法调配专色时需要具备什么条件？

### ❷ 经验调色法应具备的条件

张老师：如图5-6所示，用经验调色法调配专色油墨，必须具备如下条件：

①调墨台；②调墨刀；③电子天平；④比色灯箱；⑤密度计：用于测量色差；⑥材料（油墨、清洗剂、清洗布、冲淡剂、捻样纸片、玻璃片等）；⑦环境（消色N6/~N8/）：环境色是浅灰色，不能有彩色存在。

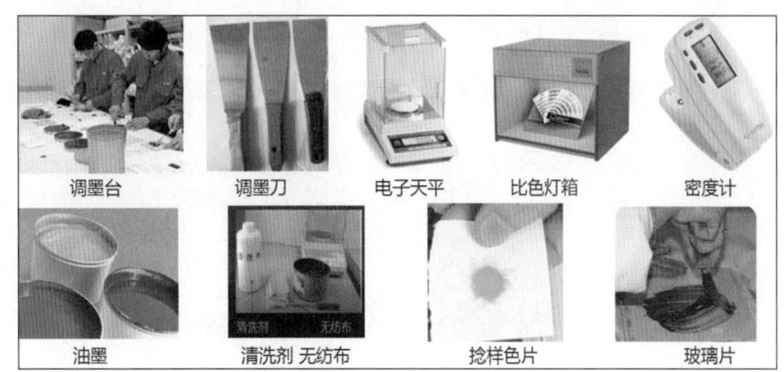


图5-6　经验法配色的条件

小　明：使用经验法调色时，有哪些基本操作？

## 四、经验法调色的基本操作

张老师：经验调色的基本操作有：去墨皮、取墨、称量、匀墨、捻样、辨色、测量验证。

（1）去墨皮　由于油墨露在空气中会氧化结膜，因此，取墨前首先要用墨刀沿墨盒四周切开墨皮，以扇形运动轨迹取出表面结膜的墨皮，将墨皮放于盛装废墨的回收桶中，如图5-7所示。

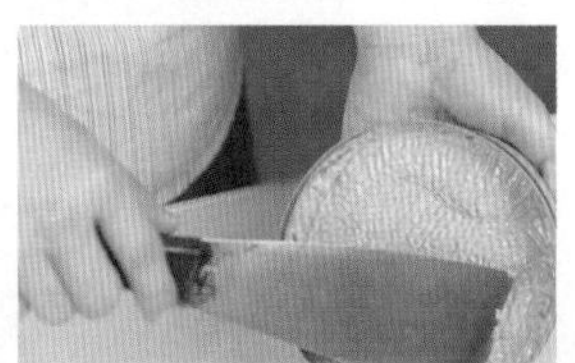

图5-7　去墨皮

第73讲

（2）取墨　取墨时也以扇形运动的轨迹，将墨盒中的油墨取出放到调墨台或玻璃片上，要注意的是：不能以挖洞的方式取墨，否则会增加墨层与空气接触的面积，增大结膜量而导致浪费，如图5-8所示。取墨后要将墨盒里的墨层抹平，扣紧盒盖，存放即可。

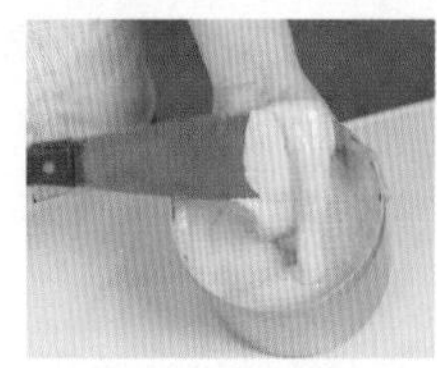

图5-8　取墨

（3）称量　如图5-9所示。

①在称量之前，对天平进行归零处理。

②称取玻璃片的重量并记下数据。

③再次归零天平后取出玻璃片，添加第一种色墨至玻璃片上（注意：取墨时按量从大至小的顺序依序取墨放到玻璃片上，取完墨后要抹平墨层表面）。

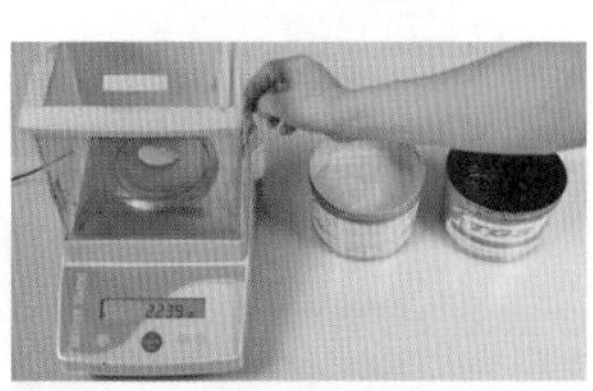

图5-9　称量

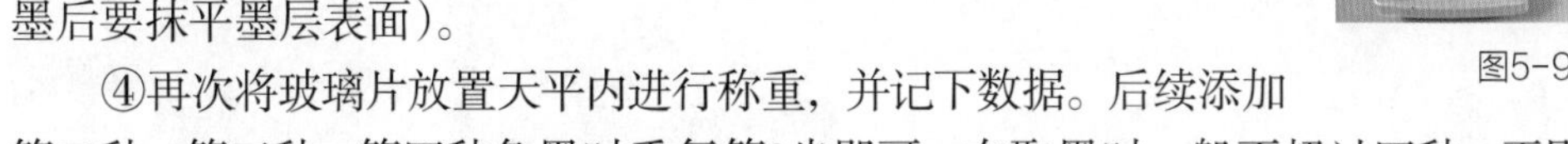

④再次将玻璃片放置天平内进行称重，并记下数据。后续添加第二种、第三种、第四种色墨时重复第3步即可。在取墨时一般不超过四种，否则调出的专色

饱和度不够，明度也会降低。

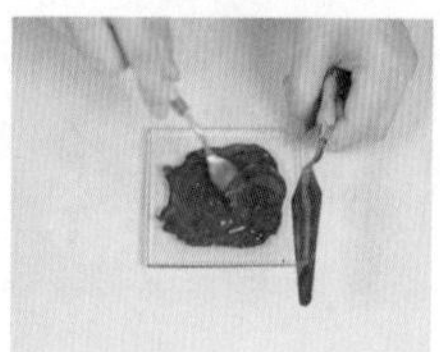
图5-10　匀墨

（4）匀墨　用墨刀将参与混色的色墨混合均匀。在获取调色配比时，一般用小墨刀在玻璃片或调墨板上进行匀墨，如图5–10所示。注意墨刀的运动轨迹，具体操作手法请看微课视频。

（5）捻样　将调匀的色墨，模拟印刷机墨层厚度，打出色样。一般采用挤压捻样法和斜擦式捻样法打样，如图5–11所示。具体操作手法请见微课视频。

（6）辨色　将捻出的色样与标准色样（客户提供的）一并放置于标准比色灯箱内进行观察对比（标准光源D50或D65照射），如图5–12所示。

图5-11　捻样

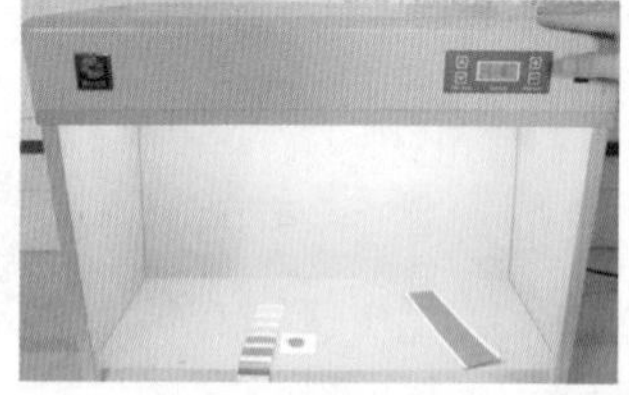
图5-12　辨色分析

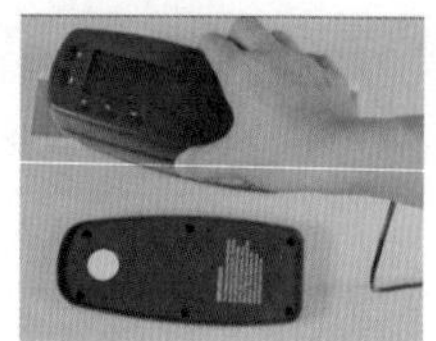
图5-13　测量验证

（7）测量验证　在人眼辨色感觉不出明显差异的情况下，再用密度计测量捻出的色样与标准色样的色差，以验证色差是否符合要求，如图5–13所示。

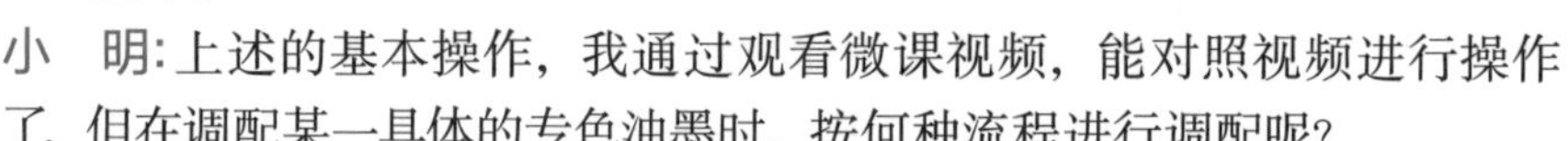

小　明：上述的基本操作，我通过观看微课视频，能对照视频进行操作了，但在调配某一具体的专色油墨时，按何种流程进行调配呢？

## 五、经验法调配深色专色油墨

### ❶ 深色专色油墨定义

第74讲

张老师：下面以一个深色专色油墨调配案例来展开学习。首先要明白什么叫深色专色油墨：仅用原色（这里泛指某一种色墨）墨，不加任何冲淡剂调配出的专色油墨，即为深色专色墨。如用黄墨和品红墨调出的红色系列墨就属于深色专色墨，其调配流程如下：

### ❷ 深色专色油墨调配流程

（1）明确任务　确定调配肯德基汉堡盒专色红（如图5–14所示）所用原色墨种类及百分比，具体要求如下：

印刷方式：胶印

纸张：金东230g白卡（单光面）

油墨：亮光快干胶印油墨

色差：$\Delta E_{ab} \leqslant 3.0$NBS

图5-14　汉堡盒红

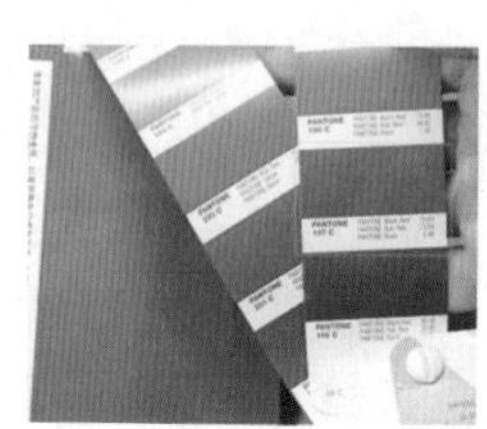
图5-15　辨色定比

（2）辨色定比　对照Pantone色卡（C类色卡），如图5–15所示。分析确定所用原色墨的种类及参考百分比。经比对找出最接近的色卡编号为：Pantone187C，其颜色构成百分比如下：

Warm Red（金红）　：70.6%

Rub Red　（四色红）：23.5%

Black　　（黑）　　：5.9%

由于实际调色所用的是上海深日快干亮光胶印油墨，与潘通标准色墨有一定的差距，尤其是黑墨，选的超黑墨，色相稍偏蓝，故将其基色配比调整为：

Warm Red（金红）　：70.0%

Rub Red　（四色红）：25.0%

Black　　（黑）　　：5.0%

（3）计量称重　依据所确定的基色构成百分比，按总量10g，计算出三种原色墨用量，数据如下：

Warm Red（金红）　：7.000g

Rub Red　（四色红）：2.500g

Black　　（黑）　　：0.500g

按量由大至小的顺序，依序取墨称重，如图5-16所示。

（4）匀墨捻样　用墨刀将三种基色墨混合均匀，用挤压捻样法打出色样，如图5-17所示。

（5）比色补量　将捻出的色样与汉堡盒色样一并放在标准比色灯箱下进行对比分析，发现黄色量不够，黑墨也少了点，确定添加黄墨0.5g，黑墨0.2g，如图5-18所示。

图5-16　取墨称量

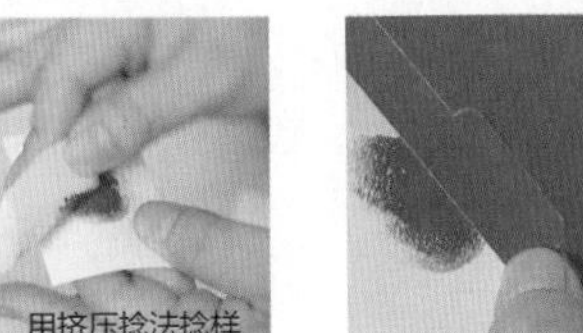

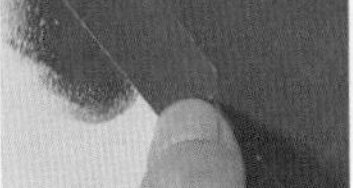


图5-17　匀墨捻样

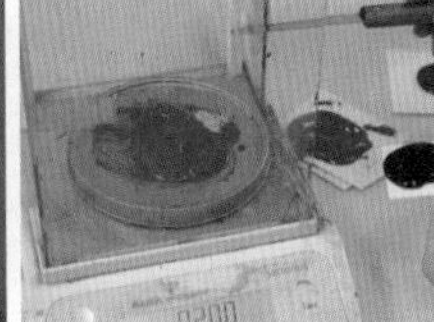

图5-18　比色补量

（6）匀墨捻样　添加后再次匀墨捻样，如图5-19所示。接着进行第二次比色补量，同第（5）步操作，经比对分析，确定添加黄0.3g后，进行第三次匀墨捻样，捻好样后进行第三次比色补量，经对比分析，确定再次添加金红墨0.6g和四色红0.2g后进行第四次匀墨捻样。

（7）比色验证　将第四次捻出的色样与汉堡盒色样一并放入标准比色灯箱下，进行比色分析，在人眼比色感觉不出明显差异时，将捻出的色样用热风吹干（吹1min），然后用密度计测量二者的色差为$\Delta E_{ab}$=1.42NBS，如图5-20所示，色差在3.0NBS以内，这说明色样符合要求。

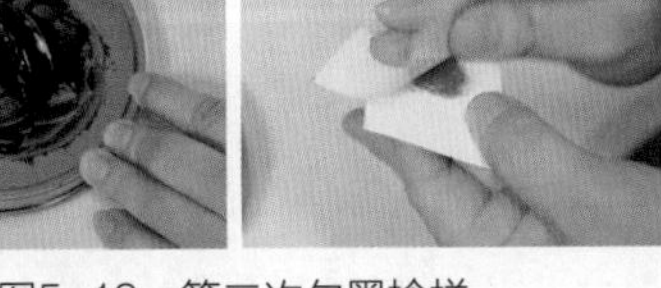

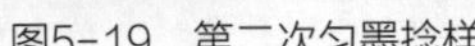

图5-19　第二次匀墨捻样

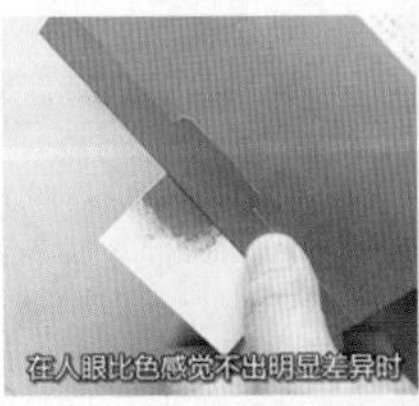


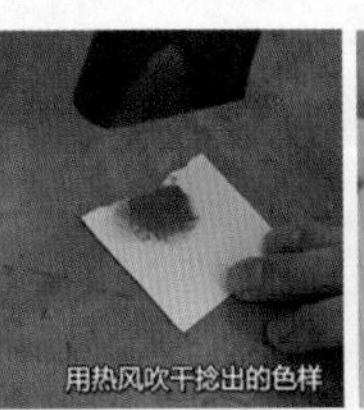


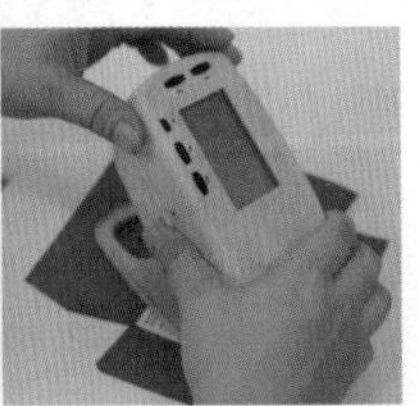

图5-20　比色验证

接着测量捻出色样的实地密度值"M为1.53"，印刷时以此实地密度值作为控制墨量大小的依据进行专色印刷，便可印刷出符合要求的专色红。

（8）记录存档　按表5-1所示，将相关信息及时记录存档，以便查询和后续重印。注意油墨组成重量及占组成百分比，是比色定比添加后色墨的总重量，依此数据计算出的百分比。

表5-1　专色油墨记录存档

| 产品名称 | 肯德基汉堡盒 | | | |
|---|---|---|---|---|
| 专色名称 | 深色红 | | | |
| 印刷用纸 | 金东 230g 单面有光白卡纸 | | | |
| 油墨厂家 | 上海深日油墨有限公司 | | | |
| 油墨型号 | HK 型（亮光快干）胶印 | | | |
| 色种 | 金红 | 四色红 | 四色黄 | 超黑 |
| 组成重量 | 7.6 | 2.7 | 0.8 | 0.7 |
| 占组成百分比 % | 64.41 | 22.88 | 6.78 | 5.93 |
| 印刷密度 | M：1.53 | | | |
| 调色时间 | 2018.07.30 | | | |
| 调墨人 | 李中华 | | | |

（9）清洁整理　保存好余墨，用清洗剂和无纺布清洗干净调墨刀、调墨板（玻璃片）和调墨台，保持环境卫生。

小　明：通过上面的学习我知道了深色专色油墨调配要经过九大步骤：①明确任务；②辨色定比；③计量称重；④匀墨捻样；⑤比色补量；⑥匀墨捻样；⑦比色验证；⑧记录存档；⑨清洁整理。

张老师：是的，要注意的是：实际调配专色时不可能一次成功，第⑤步和第⑥步一般要重复3~4次，才能达到要求。

小　明：我看到很多标签、广告和包装盒上有很浅的专色，这类专色是如何印刷的呢？

## 六、经验法调配浅色专色油墨

### ❶ 浅色专色油墨定义

张老师：你所看到的浅色专色印刷品，同样也是以专色印刷的方式印制而成的，只不过专色油墨的颜色浅淡而已。为了区别深色专色油墨，印刷行业将以冲淡剂（白色油墨、透明油、亮光浆）为主，以原色墨（泛指某一色墨）为辅，调配而成的专色油墨统称为浅色专色墨。在这里要清楚冲淡剂的类型及应用要点，具体如下：

第75讲

① 以维利油、白油为主。具有透明、无遮盖力、不鲜艳的特点，适合叠印，起弥补主色层次和色调不足的作用。一般淡红、淡蓝、淡灰用此类冲淡剂。

② 以白油墨为主。具有色调发粉、鲜艳、遮盖力强、易堆版的特点，适合单色印刷，其耐光性差。

③ 白油、维利油加白油墨。视白油墨量的不同而有不同遮盖力和透明度，特点介于上述两种之间。

在调配浅色专色油墨时，以上述冲淡剂为主，取少许原色墨与之混合，下面以案例来学习调配浅色专色油墨的流程及操作要点。

## ❷ 浅色专色油墨调配流程

（1）明确任务　确定调配三折页宣传广告浅绿色（如图5-21所示）所用冲淡剂和原色墨的种类及百分比，具体要求如下：

图5-21　广告浅绿色

印刷方式：胶印

纸张：金东128g双铜

油墨：亮光快干胶印油墨

色差：ΔEab ≤ 3.0NBS

（2）辨色定比　对照Pantone色卡（U类色卡），如图5-22所示。分析确定所用冲淡剂及原色墨的种类和参考的百分比。经比对找出最接近的色卡编号为：Pantone 564C，其颜色构成百分比如下：

图5-22　辨色定比

Green（绿）：11.30%

Warm Red（金红）：1.20%

Wt（冲淡剂）：87.50%

由于实际调色所用的是上海深日快干亮光胶印油墨，与潘通标准色墨有一定的差距，故将其基色配比调整为：

Green（绿）：10.00%

Warm Red（金红）：2.00%

Wt（冲淡剂）：88.00%

（3）计量称重　依据所确定的基色构成百分比，按总量10g，计算出三种原色墨用量，数据如下：

Green（绿）：1.000g

Warm Red（金红）：0.200g

Wt（冲淡剂）：　8.800g

按量由大至小的顺序，依序取墨称重，如图5-23所示。

图5-23　计量称重

（4）匀墨捻样　用墨刀将冲淡剂和基色墨混合均匀，用挤压捻样法打出色样，如图5-24所示。

（5）比色补量　将捻出的色样与折叠宣传广告色样一并放在标准比色灯箱下对比分析，发现黄色量不够，确定添加黄墨0.25g，如图5-25所示。

图5-24　匀墨捻样

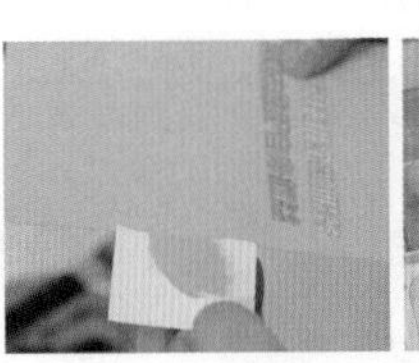

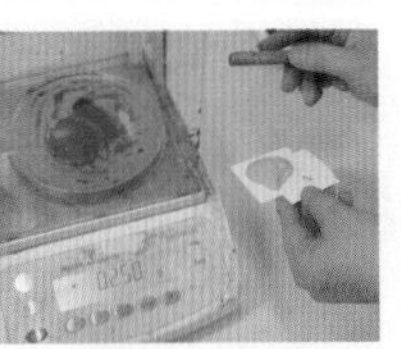

图5-25　比色补量

（6）匀墨捻样　添加黄墨后再次匀墨捻样，如图5–26所示。接着进行第二次比色补量，同第（5）步操作，经比对分析，确定添加绿色墨0.1g后，进行第三次匀墨捻样。

（7）比色验证　将第三次捻出的色样与折叠宣传广告色样一并放在标准比色灯箱下对比分析，在人眼比色感觉不出明显差异时，将捻出的色样用热风吹干（吹1min），然后用密度计测量二者的色差为$\Delta E_{ab}$=0.69NBS，如图5–27所示，符合要求。

图5-26　第二匀墨捻样

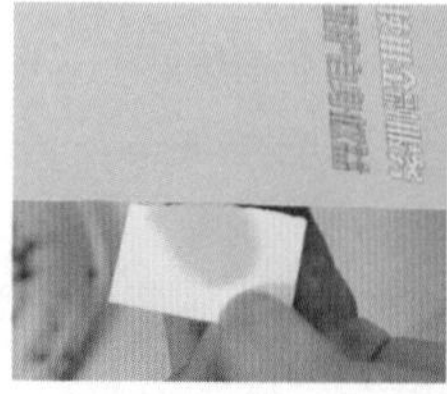
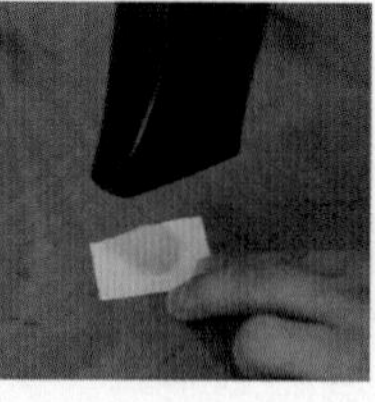
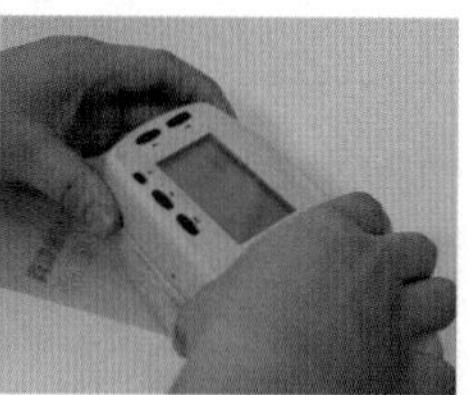

图5-27　比色验证

接着测量捻出色样的实地密度值“C为0.48”，印刷时以此实地密度值作为控制墨量大小的依据进行专色印刷，便可印刷出符合要求的浅色绿。

（8）记录存档　按表5–2所示，将相关信息及时记录存档，以便查询和后续重印。注意冲淡剂和原墨组成重量及占组成百分比，是比色定比添加后色墨的总重量，依此数据计算出的百分比。

表5-2　专色油墨记录存档

| 产品名称 | 折叠宣传广告 | | | |
|---|---|---|---|---|
| 专色名称 | 浅绿色 | | | |
| 印刷用纸 | 金东 128g 双铜 | | | |
| 油墨厂家 | 上海深日油墨有限公司 | | | |
| 油墨型号 | HK 型（亮光快干）胶印 | | | |
| 色种 | 冲淡剂 | 绿 | 四色黄 | 金红 |
| 组成重量 | 8.80 | 1.10 | 0.25 | 0.20 |
| 占组成百分比 % | 85.02 | 10.63 | 2.42 | 1.93 |
| 印刷密度 | C：0.48 | | | |
| 调色时间 | 2018.07.30 | | | |
| 调墨人 | 李中华 | | | |

（9）清洁整理　保存好余墨，用清洗剂和无纺布清洗干净调墨刀、调墨板（玻璃片）和调墨台，保持环境卫生。

小　明：看来浅色专色油墨调配与深色专色油墨调配流程完全相同，只是浅色专色油墨以冲淡剂为主，原色墨用量较少而已。

张老师：是的，都是九大步骤。

小　明：在调配专色油墨的过程中，除了按九大步骤进行调色外，还需要注意什么呢？

## 七、经验法调配专色油墨注意事项

张老师：① 调配专色油墨时，尽可能选用同一厂家、同一系列和同一个批号的油墨。

② 打样纸与印刷用纸及客户标准样纸相同。

③ 按比例大小的顺序取墨放于调墨台或玻璃片上进行匀墨。

④ 用最少种类的原色墨参与调配，所获得的专色饱和度最高，也最明亮。

⑤ 善用补色墨纠正色偏，如调出的色墨偏蓝，则可加适量黄墨吸收。

⑥ 新调出的色墨稍深于标准色样。

第76讲

⑦ 兼顾印后，如印后上光，则选一般油墨即可，因选耐磨性好的油墨，成本高，还影响上光效果。标准色样如有覆膜、上油、压光等工艺，则在调配出来的色样上还需要贴透明胶膜后再对比分析。

⑧ 要清楚油墨的色相特征给调色带来的影响：用带红相的青墨与带红相的黄墨调配出的绿色会发暗，如深蓝和深黄都是带红相的，二者混色时相当于增加了绿色的补色品红色，产生了一定量的黑，不利于调出高质量的绿色。而用天蓝（孔雀蓝）+ 淡黄（偏青）则可调出明亮的绿色。又如调配橘红色时，尽量用金红油墨，因为金红油墨的色相泛黄光，可增加油墨的鲜艳度。再如黑墨偏黄，可加入微量的射光蓝，提高黑度，因为射光蓝偏蓝，可吸收黄光。

⑨ 选密度相近的油墨易混合，如果密度相差太大，印刷时会产生浮色等弊病。如铅铬黄与孔雀蓝调配的绿色墨，易分层，印刷时浮色。但选用有机颜料的黄墨，则可避免。

⑩ 要善于利用密度计测出的颜色差值来判断增加或减少原色墨，如图5-28和表5-3所示。

表5-3　色差与$\Delta L^*$、$\Delta a^*$、$\Delta b^*$的关系

| 色差 | + | − |
|---|---|---|
| $\Delta L^*$ | 偏浅 | 偏深 |
| $\Delta a^*$ | 偏红 | 偏绿 |
| $\Delta b^*$ | 偏黄 | 偏蓝 |

上表数据告诉我们，如果捻出的色样减去标准色样的色度值出现下述情况：

$\Delta L^* > 0$：说明捻出的色样墨层过薄，要多取点样墨后再捻样；

$\Delta L^* < 0$：说明捻出的色样墨层过厚，要少取点样墨后再捻样；

$\Delta a^* > 0$：说明色样偏红，要减少黄墨和品红墨，或者增加青墨（但增加青墨会降低明度与饱和度）；

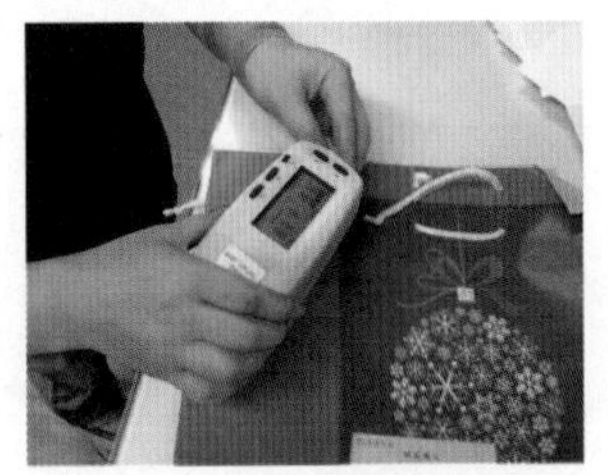

图5-28　测量色差

$\Delta a^* < 0$：说明色样偏绿，要减少黄墨和青墨，或者增加品红墨（但增加品红墨会降低明度与饱和度）；

$\Delta b^* > 0$：说明色样偏黄，要减少黄墨，或者增加蓝墨（但增加蓝墨会降低明度与饱和度）；

$\Delta b^* < 0$：说明色样偏蓝，要减少品红墨与青墨，或者增加黄墨（但增加黄墨会降低明度与饱和度）。

⑪ 捻样时，先将墨层的厚度达到要求后，再比色才有效，否则色差较大。如果调出的色样误差较大，经过几次比色补量后还不能达到要求，则要果断放弃，重新调配。

## 八、典型专色油墨调配参考比例（选学）

在实际生产中，一些常用的比较典型的专色，经过长期经验积累，形成了一些较实用的调配比例，可供生产时参考，具体如表5-4、表5-5和表5-6所示。

表5-4　间色深色油墨调配参考表

| 原色（重量） | | | 混合比例 | 间色色相 |
| --- | --- | --- | --- | --- |
| 中黄 | 桃红 | 天蓝 | | |
| 50 | 50 | 0 | 1 ∶ 1 ∶ 0 | 大红 |
| 75 | 25 | 0 | 3 ∶ 1 ∶ 0 | 深黄 |
| 25 | 75 | 0 | 1 ∶ 3 ∶ 0 | 金红 |
| 50 | 0 | 50 | 1 ∶ 0 ∶ 1 | 绿 |
| 75 | 0 | 25 | 3 ∶ 0 ∶ 1 | 翠绿 |
| 80 | 0 | 20 | 4 ∶ 0 ∶ 1 | 苹果绿 |
| 0 | 50 | 50 | 0 ∶ 1 ∶ 1 | 蓝紫 |
| 25 | 0 | 75 | 1 ∶ 0 ∶ 3 | 墨绿 |
| 0 | 75 | 25 | 0 ∶ 3 ∶ 1 | 青莲 |

表5-5　复色深色油墨调配参考表

| 原色（重量） | | | 混合比例 | 复色色相 |
| --- | --- | --- | --- | --- |
| 中黄 | 桃红 | 天蓝 | | |
| 25 | 50 | 25 | 1 ∶ 2 ∶ 1 | 棕红 |
| 25 | 100 | 25 | 1 ∶ 4 ∶ 1 | 红棕 |
| 25 | 25 | 50 | 1 ∶ 1 ∶ 2 | 橄榄 |
| 25 | 25 | 100 | 1 ∶ 1 ∶ 4 | 暗墨绿 |
| 33 | 33 | 33 | 1 ∶ 1 ∶ 1 | 黑色 |

表5-6　浅色油墨调配参考表

| 深色油墨 | 主冲淡剂 | 混合比例（冲淡剂：深色墨） | 浅色油墨色相 |
| --- | --- | --- | --- |
| 桃红或橘红 | 白墨 | 85 ∶ 15 | 粉红 |
| 孔雀蓝（如需深些，略加天蓝） | 白墨 | 80 ∶ 20 | 湖蓝 |
| 桃红或橘红 | 维利油、冲淡剂 | 95 ∶ 5 | 浅红色 |
| 孔雀蓝 | 维利油 | 95 ∶ 5 | 浅蓝色 |
| 桃红、天蓝 | 白墨 | 90 ∶ 5 ∶ 5 | 浅白青 |
| 浅蓝、亮光蓝（如需深些、略加中黄） | 白墨 | 90 ∶ 5 ∶ 5 | 湖绿 |
| 孔雀蓝、中黄 | 冲淡剂 | 90 ∶ 7 ∶ 3 | 翠绿 |
| 银浆 | 白油、冲淡剂、白墨 | 90 ∶ 10 | 银灰 |

学习任务 2

# 电脑配色系统如何调配印刷专色

（建议 6 学时）

## 学习任务描述

随着颜色科学、光电技术与计算机数字颜色处理技术的快速发展，电脑配色技术日益成熟，越来越多的印刷企业开始引进电脑配色系统调配专色油墨。本任务以问题引导和对话交流的方式，来学习电脑配色系统产生的原因、电脑配色的原理、特点，电脑配色系统的构成及配色注意事项；通过以X-RiteColorMasterCM2配色软件的配色案例，来掌握电脑配色的流程和操作技能。

重点　配色流程与配色操作

难点　配色原理

## 引导问题

1. 电脑配色系统产生的原因？
2. 电脑配色的原理？电脑配色系统的构成？电脑配色的特点？
3. 电脑配色的工作流程？
4. 电脑配色的注意事项？

小　明：到汽车4S店，会看到电脑配色服务，到印刷公司去参观，也会发现一些企业使用电脑配色系统进行专色油墨调配。经验法配色已可实现专色油墨调配，为何还要引进电脑配色系统？

## 一、电脑配色基础知识

### 1 为何要产生电脑配色系统

张老师：虽然在实际生产中大部分印刷企业采用经验调色法来调配专色油墨，但由于经验调色受到调色者的生理、心理、经验丰富程度以及照明和环境条件的影响，调色时油墨浪费大，剩余油墨利用率低，调色速度慢，且配色质量的稳定性差。这种依靠经验和感觉调色的方法，只能定性，无法定量，调色技术的传播与交流也比较困难。为了消除人为因素的影响，满足精确、快速、稳定的专色配色需求，由此催生了通过光谱数据和色度数据进行数字化配色的电脑配色系统的研发与问世。

第77讲

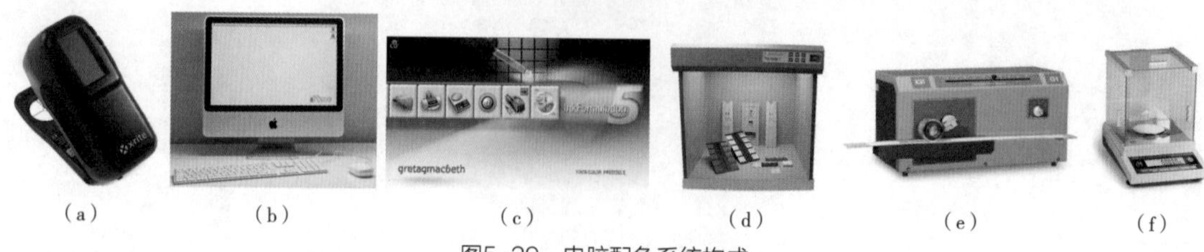


(a)　(b)　(c)　(d)　(e)　(f)

图5-29　电脑配色系统构成

（a）分光光度计（b）计算机（c）配色软件（d）标准比色箱（e）印刷适性仪（f）电子天平

## ❷ 电脑配色系统的构成

电脑配色系统是集测色仪、计算机及配色软件于一体的自动计算匹配系统，一般包括：计算机、配色软件、展色仪或印刷适性仪、电子天平、分光光度仪、标准光源看样台或比色灯箱等，如图5–29所示。

## ❸ 电脑配色原理

电脑配色原理的核心要点是：两个颜色的三刺激值相等或在允许的误差内，则二颜色相同。具体来说就是通过测量客户提供的专色样的光谱反射率，将其作为目标值，再选用几种基础油墨的光谱反射率，按特定公式进行计算，找出与目标值相等或色差在允许范围内时，所用的几种基础油墨的百分比。

## ❹ 电脑配色的特点

① 可以减少配色时间、降低成本、提高配色效率。

② 能在较短的时间内计算出修正配方。

③ 将以往所有配过的油墨颜色存入数据库，需要时可立即调出使用。

④ 操作简便、余墨利用、减少库存。

⑤ 修正配方及色差的计算均由计算机数字显示或打印输出，最后的配色结果也以数字形式存入电脑中。

⑥ 实现数据化管理，对人的经验依赖少。

小　明：电脑配色系统这么好，如何去实施电脑配色呢？

# 二、基础色样制作

## ❶ 条件准备

张老师：电脑配色是依据基础色样的光谱反射率进行计算匹配的，基础色样制作的质量，直接影响电脑配色的准确性和效率。因此电脑配色最重要和首要的工作是制作基础色样，而要制作出高质量的基础色样，首先要准备好如下条件：

第78讲

① 油墨。需准备17种基础色墨，其中红色类5种：包括玫瑰红、桃红、大红、四色红和金红；蓝色类5种：包括射光蓝、青莲、深蓝、四色蓝、天蓝；黄色类4种：包括橘黄、四色黄、深黄、中黄；绿色1种、白色1种、黑色1种，再加上冲淡剂。

② 其他材料。包括打样纸条、胶粘带、清洗剂、无纺布（清洗用纸）等。

③ 软件、仪器与工具。配色软件、展色仪（印刷适性仪）、电子天平、分光光度计、计算机、调墨刀、注墨器、比色灯箱、玻璃片。

### ❷ 制作基础色样

① 按比例取墨、称重、匀墨。将上述16种基色墨（白墨除外），分别以质量占总量的2%、4%、8%、16%、32%、64%、99.99%的比例与冲淡剂（维利油）混合，调配成10g（精度0.001g）不同浓度的基础色墨，如图5-30所示。

② 展色样。将每一浓度调匀后的基色墨，用展色仪（印刷适性仪）打出3条色样（具体操作请看微课），同时打出3条白墨色样。按浓度为2%、4%、8%、16%、32%、64%、99.99% 的比例分次打出色条，每一基色墨总共可打出如图5-31所示的7个色条。基色墨样干燥后供建立基础油墨数据库测量之用。

小　明：打出基础色墨的色样后，如何建立基础色墨的数据库呢？

取墨

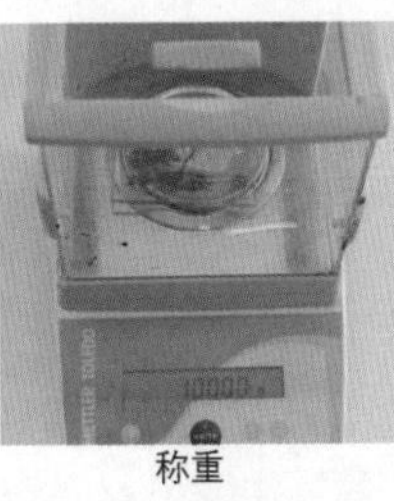

称重

匀墨

图5-30　取墨称重匀墨

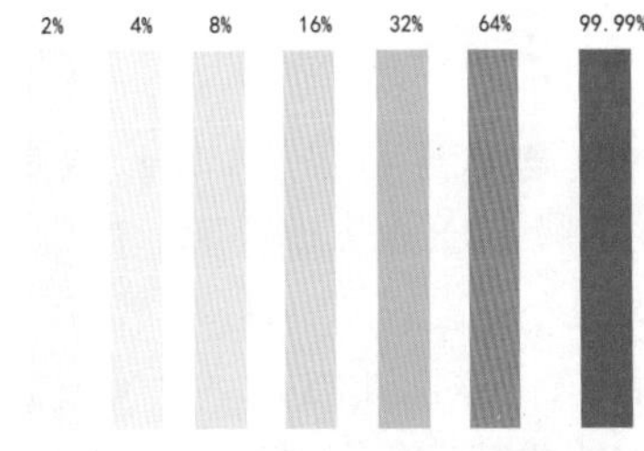


图5-31　基色墨不同浓度的色样

## 三、创建基础色墨数据库

### ❶ 编辑油墨供应商

张老师：（1）运行配色系统，联机校正　打开计算机后运行X-RiteColorMaster系统，接着联接分光光度仪，进行白点校正。

（2）编辑油墨供应商　① 打开X-RiteColorMaster-CM1界面，选“文件 /打开数据库”，选CM2类型，如图5-32中的箭头和红色圆圈所示。

② 选“数据库 / 编辑供应商”选项，填写相关信息，如图5-33所示。

第79讲

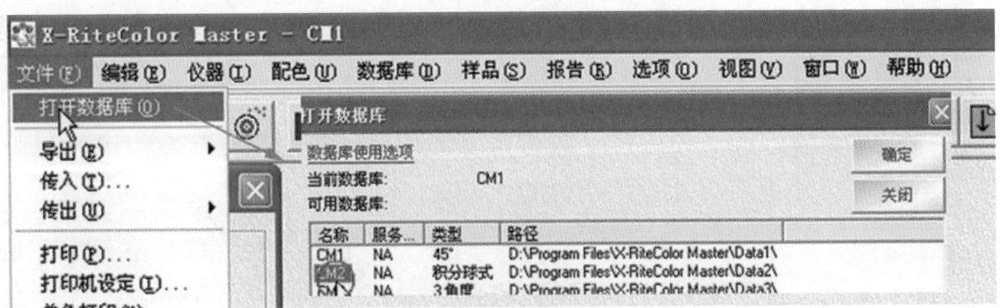


图5-32　选定数据库类型

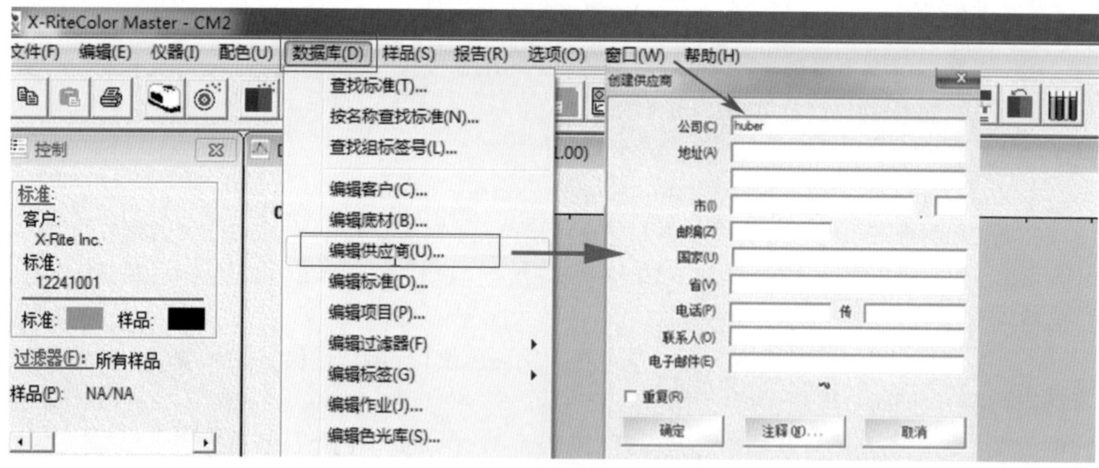

图5-33　编辑油墨供应商信息

## ❷ 编辑数据库集

在软件首页界面的“数据库”下拉菜单中选择“编辑数据库集”弹出如图5-34右侧所示对话框，按对话框中的各项参数输入相关信息。需要提示的是“底材”项目点击后，弹出右侧的小对话框，按实际使用的纸张命名，并点按“测量”来输入承印材料的颜色特性，此时弹出图5-35，从图5-35可看出纸张的光谱反射率及颜色特性。

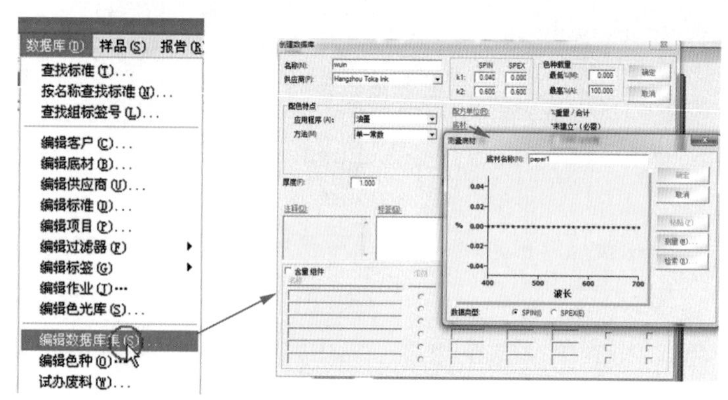

图5-34　创建数据库

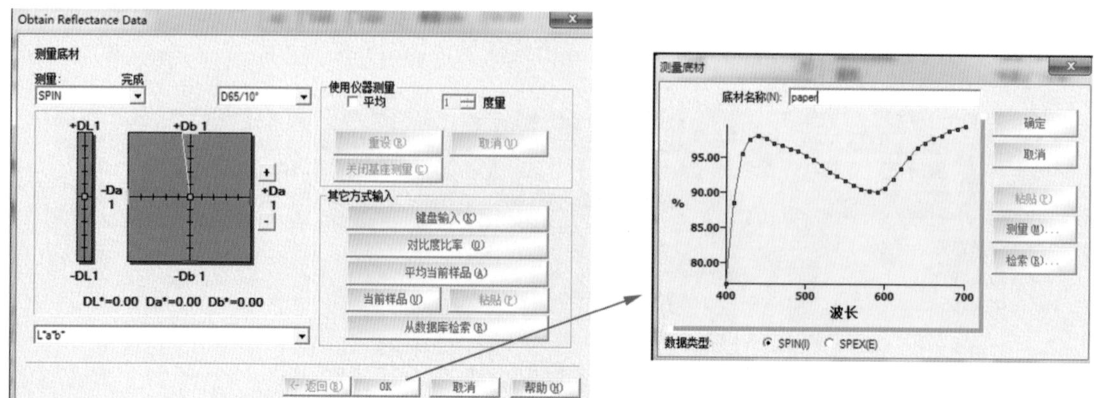

图5-35　测量并输入纸张光谱反射率

## ❸ 编辑色种

在软件首页界面的“数据库”下拉菜单中选择“编辑色种”弹出如图5-36右侧所示对话框，点击图中红色箭头所指的“创建”按钮，弹出图5-37。

在图5-37中输入基色油墨的名称，点击红色箭头所指的“数据库数据”按钮，弹出图5-38对话框，在此对话框上面的红色箭头所指“油墨”右侧的空白框内输入“2%”后，点击“添加”按钮，接着分次输入“4%、8%、16%、32%、64%、99.99%”，分次点击“添加”按钮一次，最后得到图5-39所示的对话框，点击对话框中的“全部测量”按钮，用分光光度仪“SP60”分次测量如图5-31所示的色条，当测量完某一色条时，会弹出如图5-40所示对话框（如测量完4%的基色墨色条时），点击图5-40中的

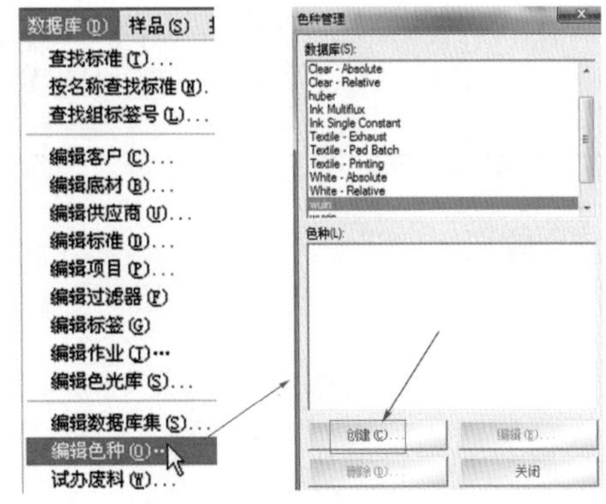


图5-36　编辑油墨颜色种类

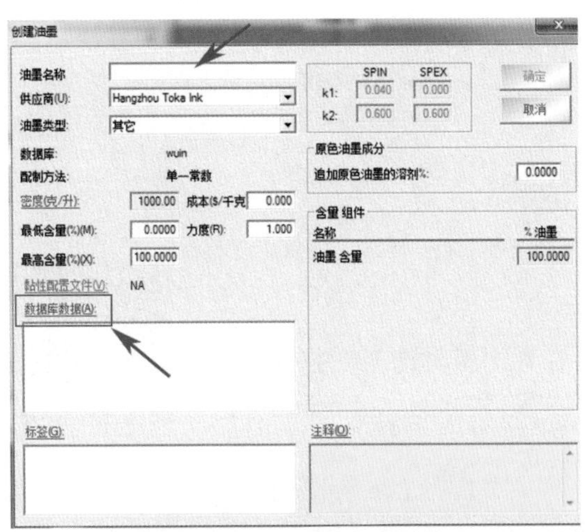


图5-37　创建油墨特性数据

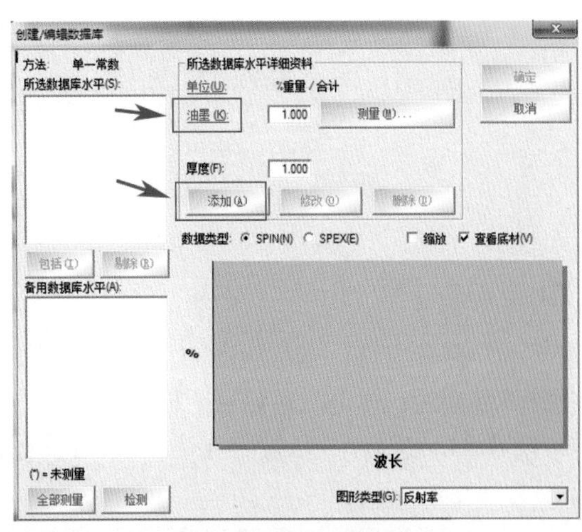


图5-38　编辑油墨数据库

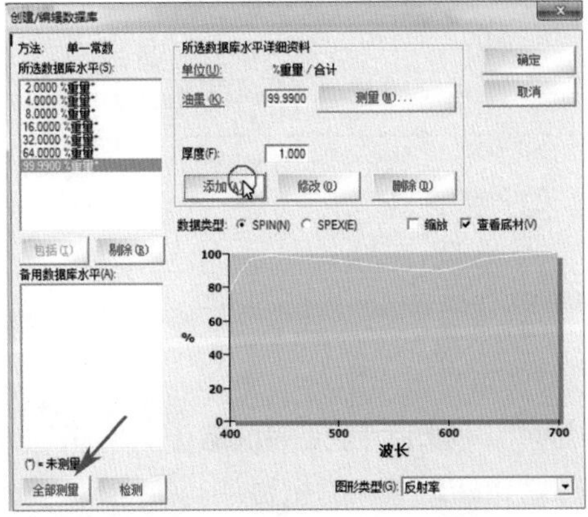


图5-39　编辑油墨颜色数据库

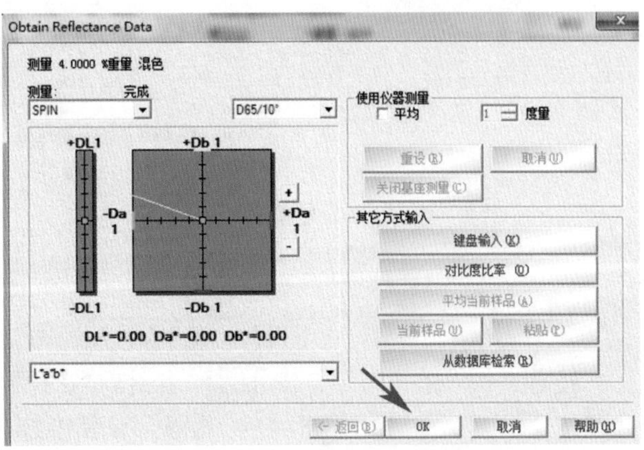


图5-40　测量基础色样数据

"OK"按钮时，又弹出如图5-41所示对话框。当测量完全部色条后，最后弹出如图5-42所示的"某一基色墨"在不同浓度下的总分光光度曲线图，接着点击图5-42中的"确定"按钮，即完成了"某一基色墨"数据库的建立。其他各基色油墨数据库按此流程重复操作即可。

小　明：17种基色墨按上述流程创建好数据库后，如何进行电脑配色呢？

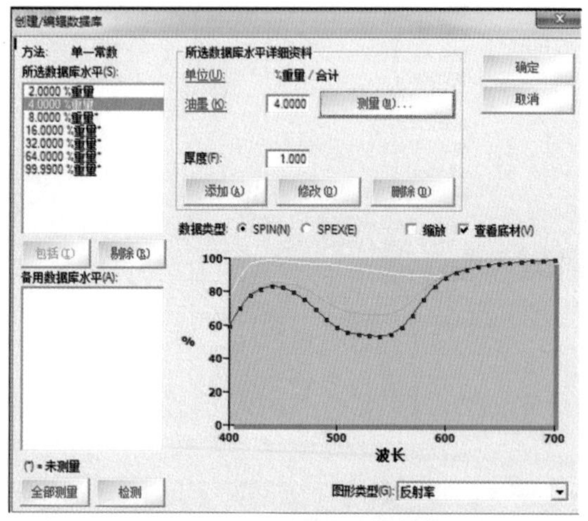

图5-41　所测油墨分光光度曲线

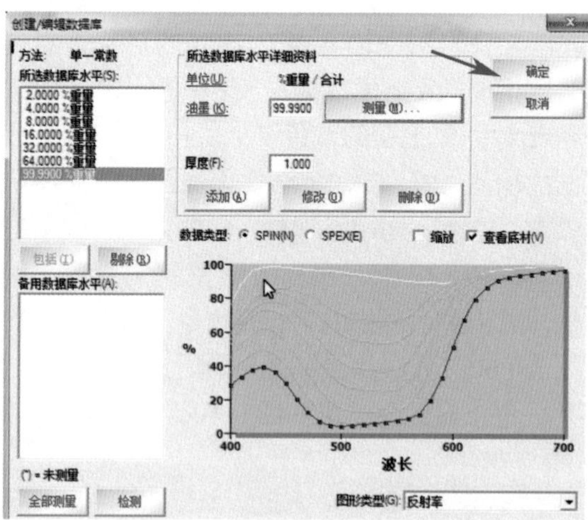

图5-42　全部色样的分光曲线图

## 四、电脑配色

### ❶ 运行配色软件，联机校正

第80讲

张老师：打开电脑，运行X-RiteColorMaster软件，在界面首页选"文件/打开数据库"菜单后，弹出图5-43对话框，选"CM1"45°类型数据库。接着选定"选项/仪器端口/COM 4"联接分光光度仪，进行白点校正。

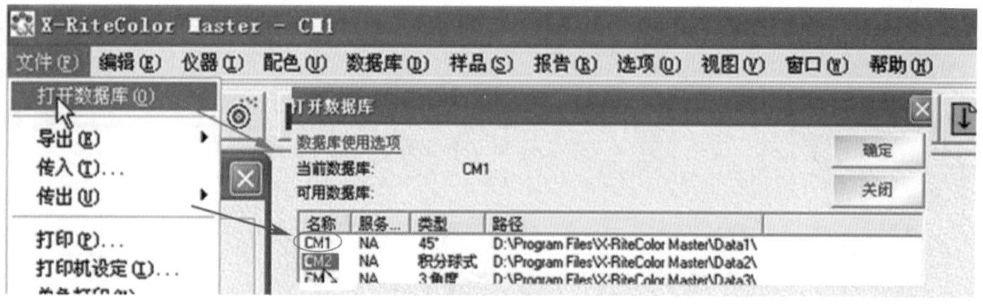

图5-43　联机校正

### ❷ 创建待配标准

接着点按"标准向导"按钮，弹出图5-44对话框，选择"使用所连接的仪器进行测量"，并点按"下一步"，弹出图5-45对话框，在其中选定光源"D50/2°"，测量待测标准色样，接着点按图5-45中的"下一步"弹出图5-46，在此图中输入标准色样的名称"专绿001"，在客户

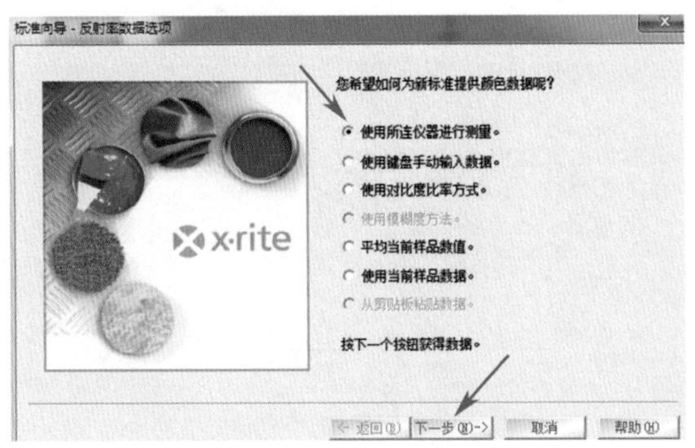


图5-44　联机测量、创建标准

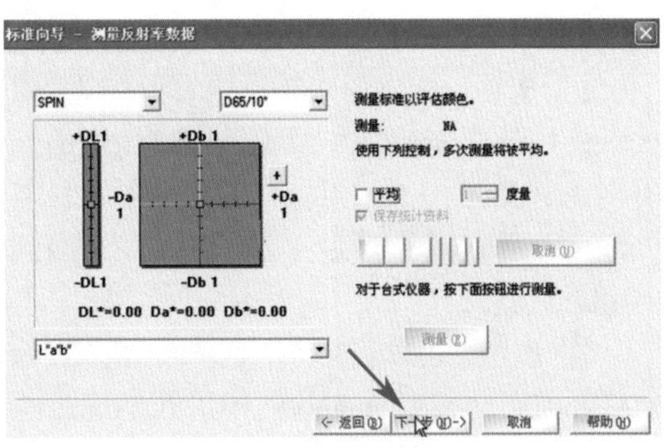


图5-45　测量标准色样

列表中选“测试”，接着点按“下一步”按钮，在弹出的对话框中，确定容差的类型后，再点按“下一步”完成待配标准创建。

### ❸ 配色

油墨配方软件Ink Formulation或X-RiteColorMaster会根据已创建的待配标准色样的光谱数据，用基色墨数据按特定的算法运算匹配，软件会根据设定的条件，算出配方，并按优劣列序呈现。

① 选择配色功能。在配色菜单下选“配色”功能，如图5-47所示，弹出图5-48对话框，并点击红色箭头所指的“色种”菜单，弹出图5-49对话框。

② 选择数据库，选定色种。在图5-49对话框中，选择已建的基色墨数据库，并选定所需基色墨的种类，然后点按“确定”按钮，又弹回到图5-48。

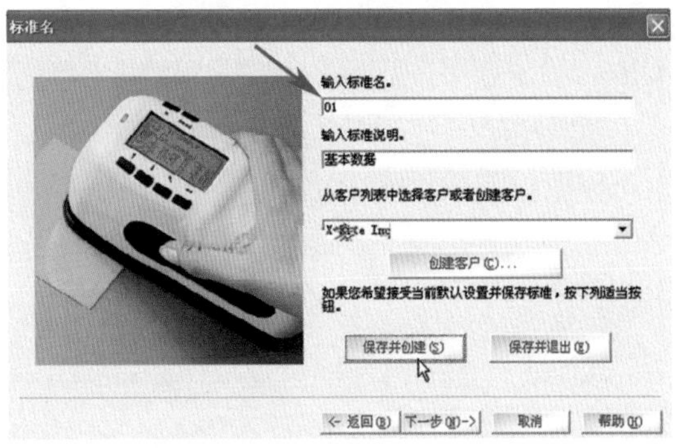


图5-46　输入待配标准名称

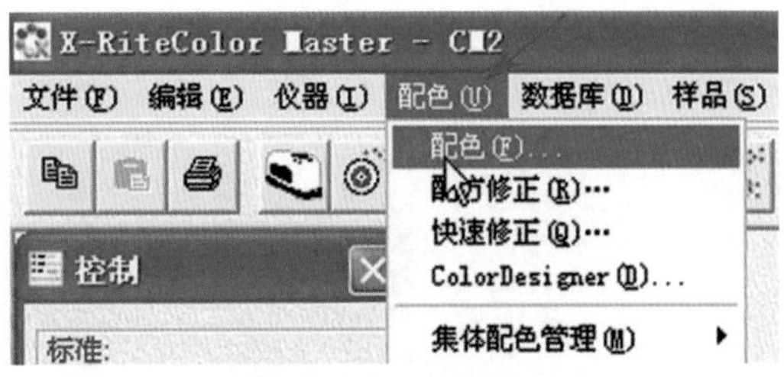


图5-47　选择配色功能

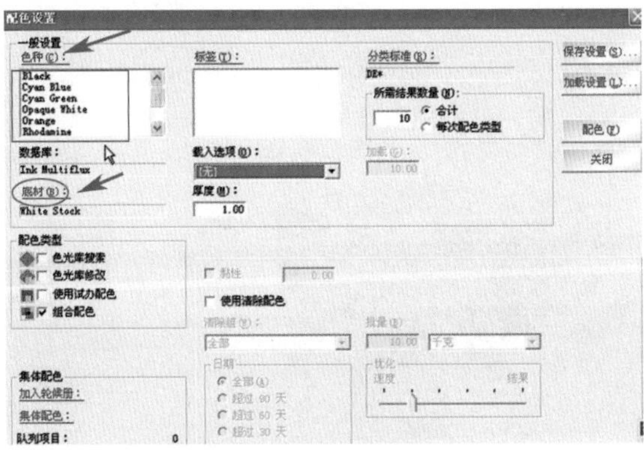


图5-48　打开色种功能

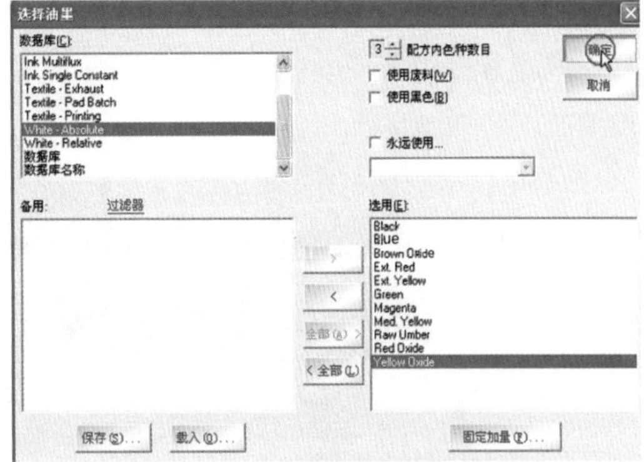


图5-49　选择基色墨种类

③ 测量底材光谱特性。在图5-48中点按“底材”选项，弹出图5-50，接着点按“测量”按钮，用分光光度计测量实际印刷用纸的光谱反射率，测量完毕，点按“OK”，在底材名称处输入纸张名称，最后点按“确定”又回到图5-48对话框。

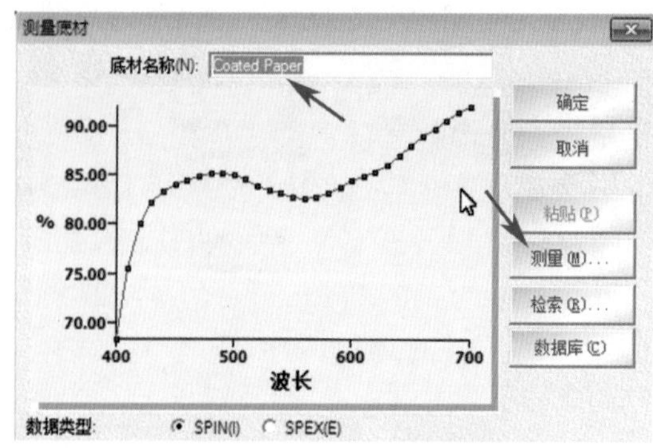

图5-50　测量底材光谱数据

④ 配色。在图5-48中，点按“配色”按钮，软件系统自动按所选的基色墨进行匹配，并弹出如图5-51所示对话框，在图中呈现出最佳配方。如果达不到期望的效果，可换选其他基础色墨进行再次匹配，并可根据软件筛选出来的配方，在电脑上再次筛选，直到选出最合适的配方。

⑤ 保存配方，输出报告。在图5-51中，点按“保存”按钮，将配方保存，以备调用，同时也可以通过点按“报告”按钮，弹出图5-52所示对话框，点击“Scaled Amount”在弹出的小对话框中输入“10克”，就得到10克总量时各基色墨量，可输出专色配方报告单，并可打印或导出报告单。

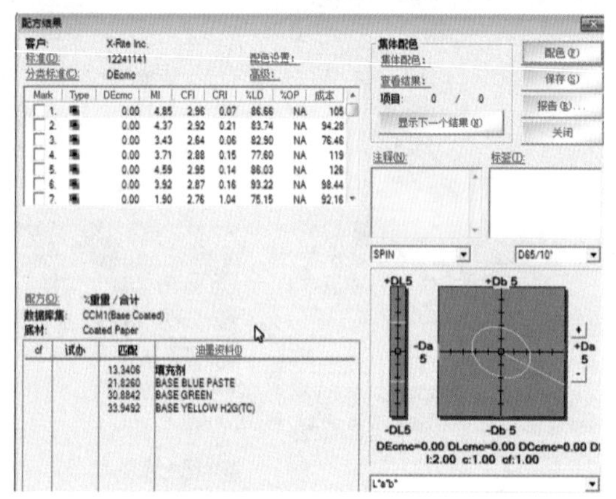

图5-51　自动配色

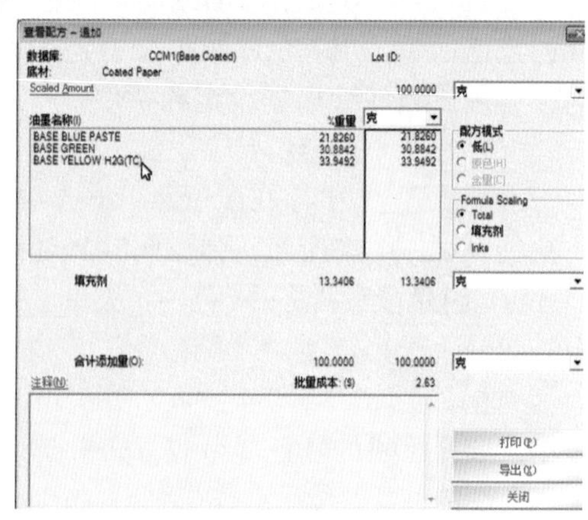

图5-52　配色报告

## ❹ 称墨与调墨

按配方提供的不同基色油墨的重量，用电子秤称取油墨，并调匀油墨，如图5-53所示。

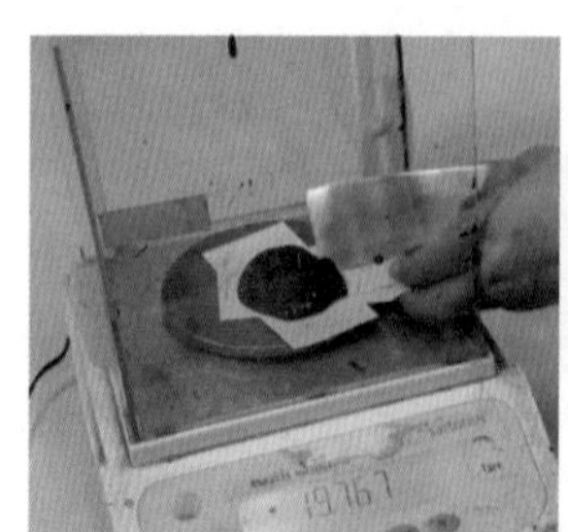

图5-53　称墨与调墨

## ❺ 打样与比色

将调匀的油墨装入注墨器，按所需的墨量（一般转2.2圈）涂注到展色仪或印刷适性仪滚筒表面进行打样。也可用电子天平称取所需的墨量（一般0.06g）涂布到展色仪进行打样，如图5-54所示。

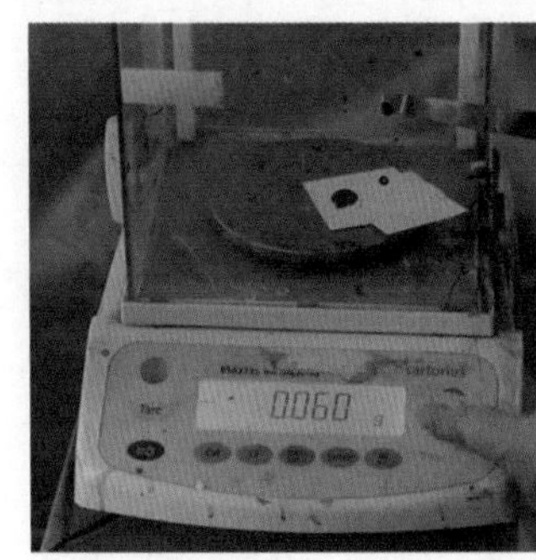

图5-54　称墨展色样

用热风吹干打出的色样1min后，将色样与标准色样进行比色分析，感觉不出明显差异后，再进行试样验证。

## ❻ 试样验证与优化

用分光光度仪测量干燥后的色样的光谱反射率至配色系统中，系统将此数据与标准色样数据进行对比分析，验证色差是否合格，如果合格，则此配方即可指导大批量配色，否则，要选择修正配方，按修正配方比例再加入相应的基色墨后进行调色，再次展色样、比色分析、测量验证直至合格。

小　明: 用电脑配色系统配色时，要注意什么呢?

张老师: 要注意以下几点：①所选油墨数据库应与实际使用油墨一致；②验证时要吹干打出的色样后再进行测量；③如果显示不合格，则进行优化处理，完善原来的配比数据。

## 学习评价

自我评价

能否解释经验法调配专色的原理与电脑配色原理？ 能□ 否□

能否用经验法和电脑配色系统调配专色？ 能□ 否□

小组评价

1. 积极主动地与同组其他成员沟通与协作，共同完成学习任务？

评价情况：

2. 完成本学习任务后，能否独立采用经验调色法调配某一专色？能否用电脑配色系统调配专色油墨。

评价情况：

### 学习拓展

在网络上查找并收集调配各种印刷专色油墨的经验技巧与处理方法。

### 训 练 区

一、知识训练

（一）填空题

1. 油墨颜色中，属于三原色的是________、________和________，典型的三个间色是________、________、________，而枣红色、橄榄色和古铜色属于________。

2. 专色油墨调配是以________________为依据，以色料________方式得到________油墨的过程。

3. 深色专色油墨仅用________调配而成，浅色专色油墨是以冲淡剂或白墨为主，以________为辅调配而成。

4. 电脑配色系统一般包括________、________、________、________、________、________________。

5. 经验法调配专色油墨流程为________、________、________、________、________、________、________、________、________九步。

（二）单选题

1. 在调配专色油墨时，精细印刷品的专色色差应（　　）。

（A）$\Delta E_{ab}<1.5$ （B）$\Delta E_{ab}>1$ （C）$\Delta E_{ab}<3$ （D）$\Delta E_{ab}>3$

2. 在调配专色油墨时，一般印刷品的专色色差应（　　）。

（A）$\Delta E_{ab}<1$　（B）$\Delta E_{ab}>1$　（C）$\Delta E_{ab}<3$　（D）$\Delta E_{ab}>3$

3. 从墨罐中取墨时，应（　　）。

（A）从上至下，一层层取墨　（B）直接挖取

（C）半边挖取　（D）中间挖取

4. 手工调配较少量的专色油墨时，调墨刀应按（　　）路径，往复运动调匀油墨。

（A）"之字"　（B）"左右"　（C）"上下"　（D）"前后"

5. 手工调配较大量的专色油墨时，调墨刀应按（　　）路径，往复运动调匀油墨。

（A）"6 字"　（B）"倒 8 字"　（C）"9 字"　（D）"3 字"

6. 电脑配色系统建立基础油墨数据库时，按先后顺序一般要经过（　　）环节。

（A）编辑油墨供应商、创建数据库、编辑色种

（B）创建数据库、编辑色种、编辑油墨供应商

（C）编辑色种、创建数据库、编辑油墨供应商

（D）测量油墨、编辑色种、创建数据库

7. 电脑配色系统确定待配标准色样时，按先后顺序应经过（　　）环节。

（A）创建标准、测量标准并保存标准　（B）测量标准、创建标准、保存标准

（C）保存标准、测量标准、创建标准　（D）查看标准色样、测量、保存

8. 电脑配色系统进行配色时，按先后顺序要经过（　　）环节。

（A）选择配色功能、选择基础油墨、确定色种数量、确定底材表面的光谱特性、配色

（B）选择基础油墨、选择配色功能、确定底材光谱特性、确定色种、配色

（C）确定色种、确定底材表面光谱特性、选择基础油墨、配色

（D）配色、选择基础油墨、选择配色功能、确定底材、确定色种

9. 电脑配色系统的构成必须包括（　　）几部分。

（A）分光光度计、配色软件，电子天平、电脑、比色灯箱、印刷适性仪

（B）配色软件、电子天平、分光光度计、电脑、自动打样机

（C）电脑、电子天平、自动打样机、分光光度计

（D）配色软件、电脑、自动打样机

（三）判断题

1. 根据色料减色法原理，黄、品红、青以任意比例混合可以调出任意颜色，所以印刷复制不需要调配专色油墨。（　　）

2. 在调配专色时，发现所调的油墨偏黄，可以加适量补色——蓝墨吸收。（　　）

3. 掌握油墨的色相特征，对调配专色没有意义。（　　）

4. 调配专色油墨时，要选择比重相近的原墨进行调配。（　　）

5. 黑墨偏黄，可加入微量的射光蓝，提高黑度。（　　）

6. 在调配浅色专色油墨时，应先取冲淡剂，再向冲淡剂中加入少量原色墨进行调配。（　　）

7. 在专色油墨调配时，可以选用不同厂家，不同批号的原墨进行调配。（　　）

8. 进行电脑配色时，事先要建立好本公司所用原色油墨的基础颜色数据库。（　　）

9. 不管是电脑配色，还是经验法配色，所得专色与客户提供的色样相比，都是同色异谱色。（　　）

10. 电脑配色时，基础色样制作是用原墨与冲淡剂按2%、4%、8%、16%、32%、64%、99.99%的比例混合调匀后打出的色样。（　　）

（四）名词

1. 色料原色

2. 色料间色

3. 色料复色

4. 专色油墨

## 二、职业能力训练

按经验法调配流程，调配间色“红、绿、蓝、古铜色”，并写出实验报告。

## 三、课后活动

每个同学对“如何调配印刷专色”学习内容进行归纳，并写出自己认为最重要和最难理解和掌握的内容。

## 四、职业活动

在小组内比一比谁收集到的专色油墨调配的相关资料多，对专色油墨调配的经验与技巧进行分析比较和交流，并列举出自己认为最有价值的案例。

# 如何测量与评价印刷品颜色

## 学习目标

完成本学习情境后，你能实现下述目标：

### 知识目标

1. 能解释印品颜色质量评价必备的条件。
2. 能解释印品颜色质量评价所用的仪器和工具。
3. 能解释印品颜色质量评价的内容与标准。
4. 能解释印品颜色质量评价的方法。

### 能力目标

1. 能使用密度计或分光光度仪对印品颜色质量进行定量评价。
2. 能结合工具对印品颜色质量进行定性评价。

建议6学时
完成
本学习情境

## 内容结构

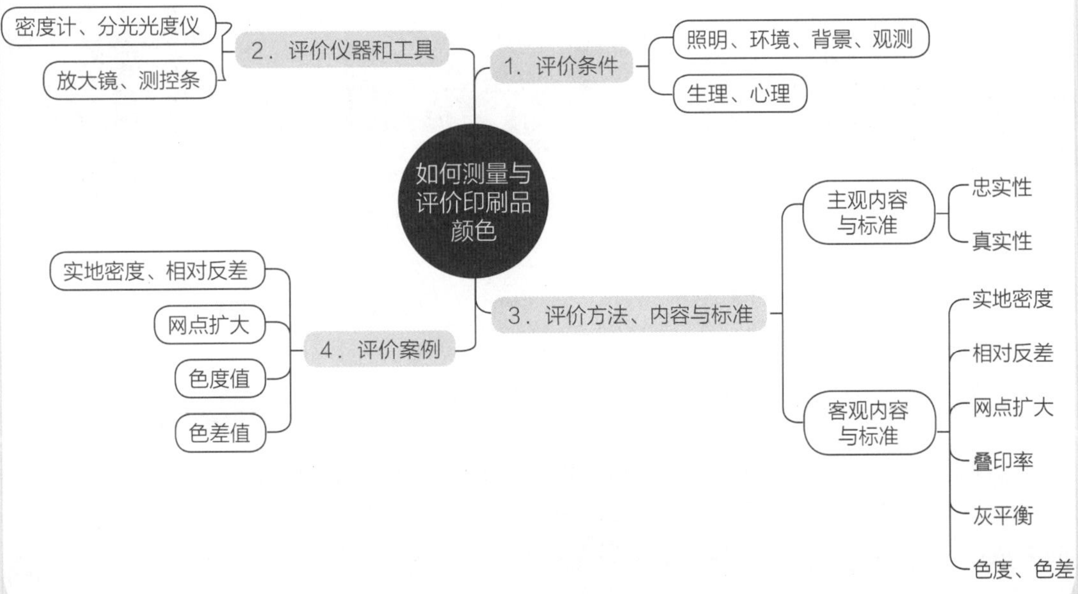

## 学习任务描述

客户送来的原稿，经过印前处理、印刷和印后加工三大环节后，最终变成了彩色印刷品。彩色印品的颜色质量是否合格？还需要经过客户认可才算完成任务。对印刷企业而言，要确保印品的颜色质量，就必须在生产中实施基于标准的过程性评价与管理，以免不合格产品流入最后环节，造成浪费。本学习情境针对印品颜色质量这一重要指标，通过问题引导与对话交流的方式，来学习和掌握评价印品颜色质量的条件、内容、方法与标准；通过测评案例来帮助掌握使用仪器进行客观定量测评和借助工具进行主观定性评价的技能。

重点 评价的内容、标准与方法

难点 评价标准

## 引导问题

1. 印刷品最重要的三个质量指标是什么？
2. 评价印刷品的颜色质量应在什么条件下进行？
3. 评价印刷品颜色质量采用什么方法？
4. 印刷品颜色质量评价的内容有哪些？标准有哪些？
5. 测量印刷品颜色质量常用的仪器有哪些？
6. 评价印品颜色质量的工具有哪些？怎样进行定量评价？
7. 印刷品的颜色密度值与色度值有何区别？

小　明：印刷公司接到客户定单后，经过图像扫描分色、组版、输出印版、打样、印刷和印后加工，最后得到印刷品。如图6-1所示的一幅原稿图片，经过印刷机印刷出来后，其颜色质量是否合格？怎样进行评价呢？

（a）

（b）

图6-1　怎样评价印刷品颜色质量
（a）原稿（b）印刷品

张老师：我们知道颜色、阶调和清晰度是印刷品质量的三个重要指标，在这三个指标之中颜色处于第一位。就印刷品的颜色质量而言，要准确有效地实施评价与管理，首先必须具备符合要求的照明条件、环境条件、背景条件、观测条件、评价者的身心状态等。因为同一件印刷品在不同的照明条件、不同的环境、不同的背景、不同的观测角度以及不同的身心状态下，人所看到的颜色都会有一定的差别。因此对影响印刷品颜色的条件必须要加以规范，以确保观察者所看到的颜色一致。

学习任务 1

# 评价印刷品颜色质量的条件

（建议 1 学时）

## ❶ 照明条件

张老师: 照明光源：由于印刷品大部分属于反射体，因此应采用CIE标准照明体D65或D50的模拟体，即相关色温为6504K或5003K的标准光源，通常显色指数Ra>90%，照度范围为500～1500Lx（照度单位——勒克斯），具体值应视被观察样品的明度而定，明度低即颜色越深越暗时，照度向1500Lx靠近，明度高时向500Lx靠近，一般情况下照度要大于1000Lx。标准光源的整体装置一般包括标准光源、反光与散射光装置等，以使观察面的照度不出现突变，照度的均匀度不小于80%，如图6-2所示。在生产中一般选用德国JUST和飞利浦公司的标准荧光灯管，它们的显色指数可以达到97%，现在国产的标准光源也很不错，但要注意的是：如果观察透射原稿或透射印刷品，用标准光源D50较好，即色温为5003K的标准日光灯管或LED灯，亮度在1000±250cd/m$^2$内。

第81讲

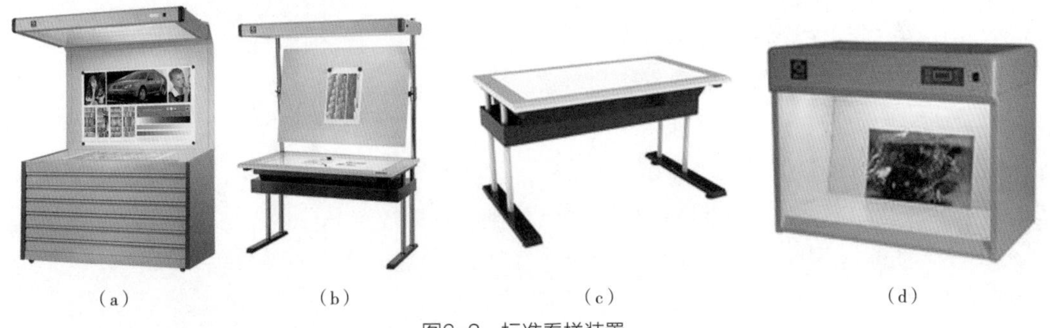

（a）　（b）　（c）　（d）

图6-2　标准看样装置

（a）反射式数码样校样台（b）透/反两用看样台（c）透射式校样台（d）反射式比色灯箱

小　明: 在使用标准光源时要注意什么问题?

张老师: 由于标准日光灯的使用寿命一般为1000h，LED灯为10000h，超过使用寿命，它的色温显色指数就会降低，观察颜色就不准确，因此要及时更换。

## ❷ 环境条件

环境应为孟塞尔明度值N6/～N8/的中性灰，其彩度值越小越好，一般应小于孟塞尔彩度值的0.3。若观察面周围的墙壁和地面不符合上述要求，应用符合上述要求的挡板将样品围起来，或者使用环境反射光，在观察面上产生的照度不小于100Lx。

小　明: 也就是说在观察原稿或印刷样品时，其周围都应是浅灰白的中性色。

张老师：是的，如果印刷样品的周围存在鲜艳的颜色，会对样品色的评价产生直接影响，从而误导印刷生产进行不当调控，增大批量产品不合格的风险。因此，确保环境色符合要求也十分重要。一些推行生产数据化、规范化的印刷公司，如中华商务、当纳利、雅昌印务等品牌公司，十分注重这些细节管理，获得了客户的高度认可，取得很好的社会经济效益。

图6-3　拼在一起比较准确性高

### ❸ 背境条件

印刷品应放在无光泽的孟塞尔颜色N5/～N7/之间，彩度值一般小于0.3的背景下观察，对于配色要求较高的场合，彩度值应小于0.2。但要注意，在实际工作中，要准确比较两个样品的颜色，尤其是面积较小的样品的颜色时，应将两个样品拼在一起，中间不留间隙地放在看样台上进行观察比较，否则受背景色影响大，导致辨色不准，如图6–3和图6–4所示。

图6-4　分开比较准确性降低

### ❹ 观测条件

观察印刷品（反射样品）时，光源与样品表面垂直，观察角度与样品表面法线成45°夹角，对应于0°/45°照明观察条件，如图6–5所示。也可以用与样品表面法线成45°角的光源照明，垂直样品表面观察，对应于45°/0°照明观察条件，但此时观察面照度的均匀度应不小于80%，如图6–6所示。当观察光泽度较大的样品时，观察角度可以在一定范围内调整，以找出最佳的观察角度。

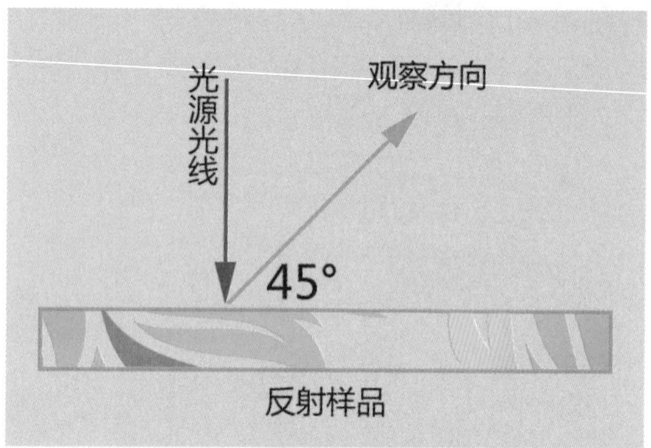



图6-5　观察角度与印品成45°

### ❺ 评价者心理和生理状态

除了前面所述的条件外，评价者的生理状态必须正常，如果评价者长时间工作，或长时间对彩色印刷品连续评价，会由于生理上的疲劳给评价结果带来误差。此外，评价者处于狂喜、愤怒、沮丧、悲伤等心理状态时也无法对颜色质量进行正确评价。

小　明：具备上述条件后，对于任何一件彩色印刷品而言，评价时需要什么仪器与工具呢？

张老师：这个问题将在任务2中解答。

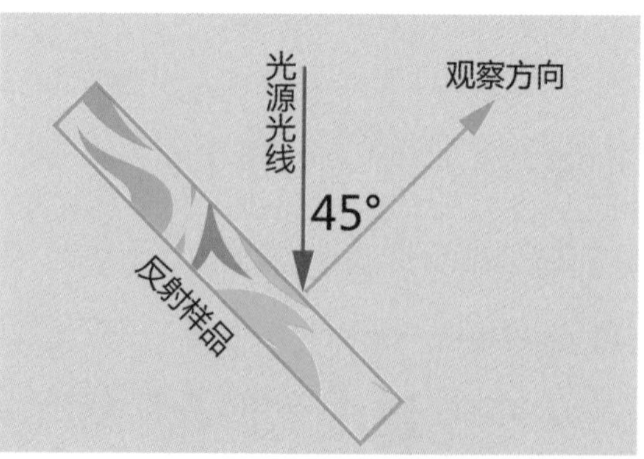



图6-6　观察角度与印品成90°

学习任务 2

# 评价印刷品颜色质量的仪器和工具

（建议 1 学时）

张老师：在实际印刷生产中，对颜色质量的评价与控制主要用到密度计（透射和反射）、分光光度仪、放大镜（10~15倍）和测控条等器材。

第82讲

## ❶ 密度计

密度计用于测量实地密度和网目调密度。密度计是印刷中最常用的仪器之一，它是用来间接确定物体表面吸收光程度的测量仪器。现在的密度计功能很多，既可测密度、相对反差、网点大小、叠印率，也可测色度值和色差值等。密度计分为透射和反射两种类型。透射密度计用于测量通过透明胶片的光量，从而测量出透射密度。反射密度计用于测量从印刷品反射的光量，从而测量出反射密度。现在印刷企业使用较多的是美国爱色丽（X- rite）系列密度仪，另一类是瑞士的格林达- 麦克贝斯（Gretag Macbeth）系列密度计（格林达已被爱色丽收购），如图6-7所示。密度计的使用很简单，只需接通电源，选用密度功能，校零后，将采光头对准需要测量的位置，按下测量头即可。

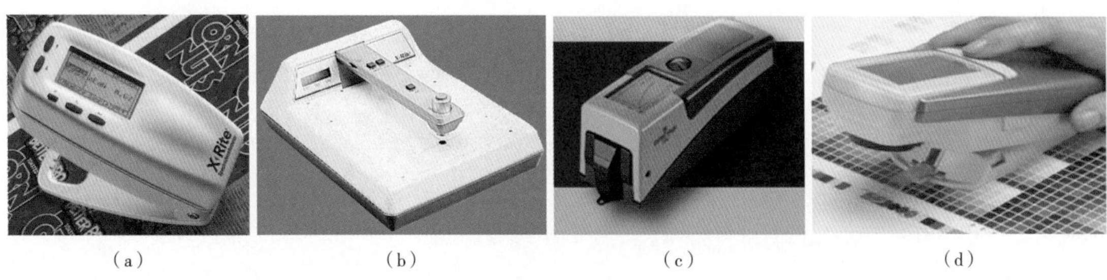


（a）（b）（c）（d）

图6-7 密度计

（a）X-rite500_L（b）X-rite台式透射密度仪（c）DensiEye 700（d）D118C

## ❷ 分光光度计

分光光度计是用不连续的波长采样反射物体或透射物体的一种测量仪器。由于不同物体的分子结构不同，对不同波长光线的吸收能力也不同。因此，每种物体都具有特定的吸收光谱，能从含有各种波长的混合光中，将每一种单色光分离出来，并测量其强度的仪器叫做分光光度计。无论是哪一类分光光度计，主要都是由光源、单色器、狭缝、吸收器、检测器系统5个部分组成。现在较好的分光光度计都具有测量色差、色度、反射或透射光谱率、色密度等功能。厂家在使用时选用所需功能，进行白点校正后即可测量。现在使用较多的是美国爱色丽SP60-l分光光度计、X-rite exact和X-rite EyeOne i1分光光度计，如图6-8所示。

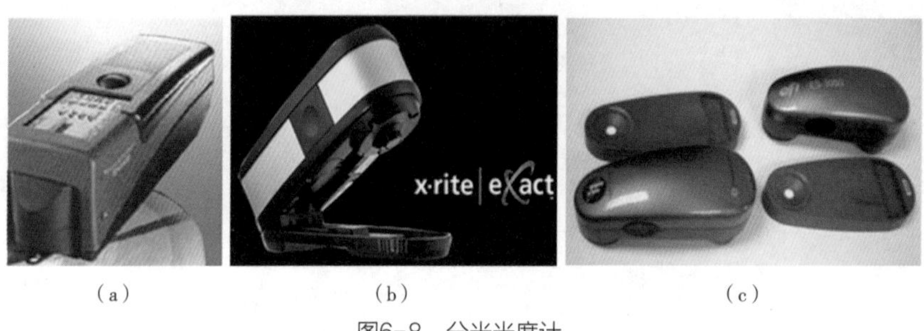


（a）　（b）　（c）

图6-8　分光光度计

（a）SP60-I分光光度计（b）X-rite exact（c）X-rite EyeOne i1

## ❸ 放大镜

小　明：印刷品大部分（少部分是实地专色）都是用加网的方式通过叠印再现图像的颜色和阶调的，密度计和分光光度计虽然可以测出密度、相对反差、叠印率、色度及色差值，但是对于网点的还原状态，如网点是否虚实、变形、丢失，以及网点的并级情况等并不能直观告知，但用放大镜观察就能一目了然。现在一般采用10~15倍放大镜，常用放大镜如图6-9所示。

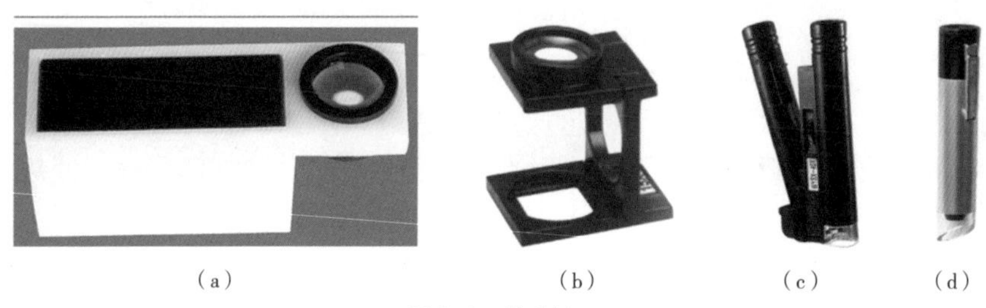

（a）　（b）　（c）　（d）

图6-9　放大镜

（a）10倍卧式放大镜（b）折叠式放大镜（c）袖珍光源放大镜（d）笔式放大镜

## ❹ 测控条

测控条由一些特殊色块所构成的颜色条，如布鲁纳尔测控条（Brunner）、GATF星标、IDEAlliance、LITHOS信号条、GATF字码信号条、PDI信号条、TAGFQC控制条、CCS色彩控制条、格雷达固CMS-2彩色测试条等。图6-10所示为布鲁纳尔（Brunner）、IDEAlliance和Fogra-MediaWedge V3.0测控条。应用时将测控条放置在印张末端，且与印刷机滚筒轴向平行。

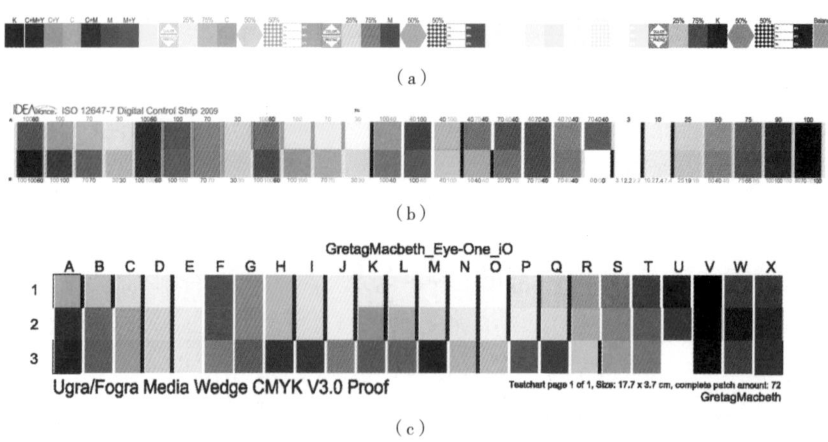


（a）

（b）

（c）

图6-10　测控条

（a）布鲁纳尔（Brunner）（b）IDEAlliance（c）Fogra-MediaWedge V3.0

学习任务 3

# 印刷品颜色质量评价的方法、内容与标准

（建议 4 学时）

张老师：从颜色的角度对印刷品进行评价，就是看印品与原稿的颜色是否一样，而要达到一样，在印刷时必须从油墨的实地密度、相对反差、网点扩大、叠印率、色度值和色差等方面进行控制，因此评价的内容主要是印刷油墨的实地密度、相对反差、网点扩大值、叠印率、色度值和色差值。

第83讲

小　明：针对这些内容，采用什么方法去评价呢？

张老师：现在普遍采用主观评价与客观评价相结合的方法进行评价。

## 一、主观评价内容及标准

主观评价法：是指观察者目视对比印刷品与原稿（打样稿）后作出的评价。主观评价标准有两个：

（1）忠实性　是指印刷品要忠实地再现原稿。未经客户同意或授权，不能随意更改原稿的颜色。

小　明：也就是说印刷出来的产品与原稿放在一起，能做到真假不分的话，就是好产品。

张老师：是的，如图6-11（a）和图6-11（b）所示，色彩和阶调完全相同。

（2）真实感　是指印刷品的图片颜色要真实。如印刷公司给农户的草莓印制包装箱，其包装箱印刷的草莓的颜色一定要真实，否则会直接影响草莓的销售，如图6-12所示，图6-12（a）真实，但图6-12（b）就显得不真实了。因此，主观评价时，不仅要完美的再现原稿的色彩，同时还要提醒客户所提供的原稿的色彩要真实，否则，客户的产品卖不出去，不仅损害了客户的利益，也不利客户与印刷企业建立长久的合作关系。

(a)

(b)

图6-11　忠实地再现原稿
（a）原稿（b）印刷品

(a)　(b)

图6-12　真实感
（a）图真实（b）图不真实

## 二、客观评价内容及标准

客观评价法：使用相关仪器对印品进行测量，将测出的数据与标准数据进行对比，得出评价结论的方法，可以避免主观评价中人为因素的影响，对推进企业实行数据化、规范化生产与管理，提高产品质量和生产效率具有十分重要的意义。

小　明：客观评价有哪些内容及相应的标准呢？

张老师：首先要理解光学密度（简称密度）的概念。

（1）实地密度及标准

① 密度。是描述物体对入射光反射或透射能力强弱的量度，图6–13为物体透射光和反射光的示意图。

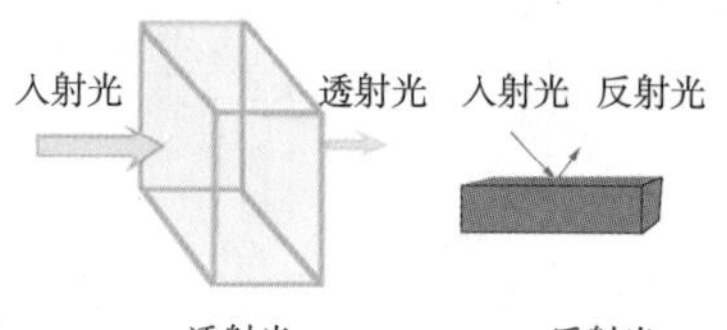


图6–13　透射率与反射率示意图

光学密度的计算公式如下：

$$透射密度=\log \frac{1}{透射率} \qquad 反射密度=\log \frac{1}{反射率}$$

图6–14为物体对光具有不同透射率和反射率时，所呈现出的颜色深浅效果。

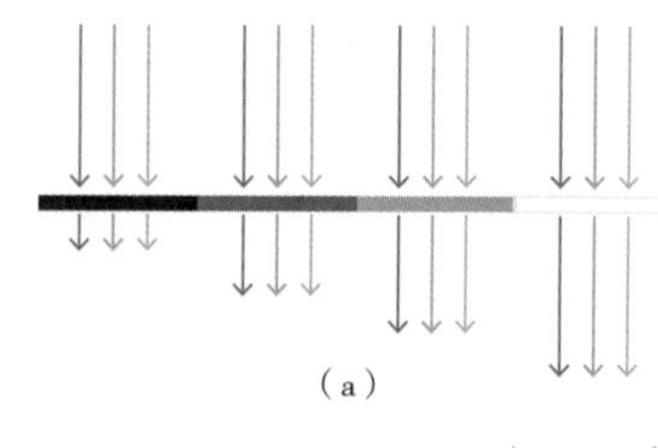

（a）

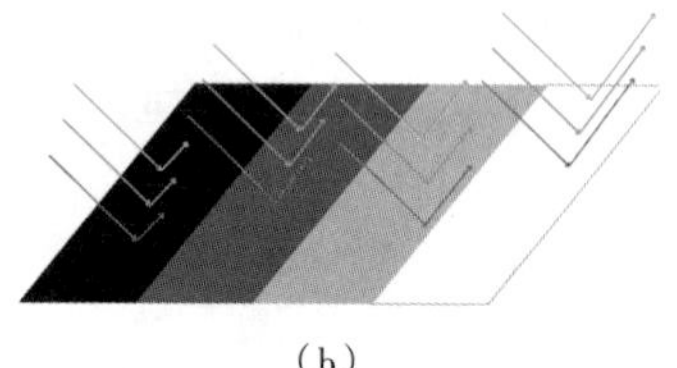

（b）

图6–14　密度与透射（反射率）关系
（a）透射稿：透射率小、密度大、颜色深，透射率大、密度小、颜色浅
（b）反射稿：反射率小、密度大、颜色深，反射率大、密度小、颜色浅

② 实地密度。是指黄、品红、青、黑加网100% 时印出的色块密度。可用密度计测量出来。印刷时，在一定范围内，墨层厚，密度高；墨层薄，密度低。由于实地密度的大小既影响着各原色以及任意两个原色叠印产生的间色再现，也影响着三原叠印的灰平衡，甚至影响着四色印刷或更多色的印刷效果，因此必须控制在一定范围内。

③ 实地密度标准。中国国家标准要求胶印的实地密度范围如表6–1所示。

表6–1　实地密度范围

| 色别 | 精细印刷品实地密度 | 一般印刷品实地密度 |
| --- | --- | --- |
| 黄（Y） | 0.85 ~ 1.10 | 0.80 ~ 1.05 |
| 品红（M） | 1.25 ~ 1.50 | 1.15 ~ 1.40 |
| 青（C） | 1.30 ~ 1.55 | 1.25 ~ 1.50 |
| 黑（K） | 1.40 ~ 1.70 | 1.20 ~ 1.50 |

实际印刷生产控制时，要整体使用上限值或下限值，也就是说要么都取大值，要么都取小值，要么都取中间值，不能一种色墨取大值，另外色墨取小值，否则会影响颜色平衡。

小　明：对于具体的某一产品而言，其印刷实地密度允许的误差有规定吗？

张老师：中国国家标准规定：同批产品不同印张的实地密度允许误差为：

青（C）、品红（M）≤0.15；黑（K）≤0.20；黄（Y）≤0.10。

小　明：客观评价颜色质量的另一指标——“相对反差”指的是什么？

（2）相对反差及标准

张老师：① 相对反差。是指实地密度与网点处积分密度之差同实地密度的比值，又称K值。

用以确定打样和印刷的标准给墨量，其网点处密度是指60% ~ 80% 网点面积，常用75%处网点面积，可直接用密度计测出，其计算公式如下：

$$K=\frac{D_s-D_t}{D_s}$$

式中，$D_s$= 实地密度，$D_t$=75%网点处密度。

*K*值的取值范围在0~1，是直接控制中间调至暗调的指标，影响整个色调的复制。

② 相对反差标准。中国国家标准要求胶印的相对反差值如表6-2所示。

表6-2　相对反差值（*K*值）范围

| 色别 | 精细印刷品的 *K* 值 | 一般印刷品的 *K* 值 |
| --- | --- | --- |
| 黄 | 0.25 ~ 0.35 | 0.20 ~ 0.30 |
| 品红、青、黑 | 0.35 ~ 0.45 | 0.30 ~ 0.40 |

*K* 值与印刷品色调的关系：

*K* 值偏大，图像暗调层次好，但亮调受到影响，暗调层次丰富的图片要使用偏大的 *K* 值。

*K* 值偏小，图像暗调层次差，但亮调层次好，高调层次丰富的原稿，要选用偏小的 *K* 值。

## 项目训练一：测量油墨的实地密度与相对反差

一、目的：学会使用密度计测量油墨的实地密度与相对反差，加深对中国国家标准实地密度与相对反差的认识。

二、训练过程

1. 测量仪器的校准

① 预热。提前打开仪器预热，使仪器达到稳定状态。

②校白。测量与仪器配套的标准白板，使仪器的输出值与标准值一致。

2. 测量油墨实地密度、相对反差（测图6-15下方测控条）。

图6-15　测实地密度与相对反差

（1）测量实地密度

①选取测量功能：密度；②取密度标准：ANSI T；③选取基准白：PAP；④黑纸作衬垫、测量纸张白；⑤测量实地区密度；⑥记录数据。

（2）测量相对反差

①选取测量功能：印刷反差；②测量实地密度；③测量网点区密度（75%）；④ 得到相对反差；⑤记录数据。（注：先测量测控条中的YMCK实地色块，后测75%加网色块）

3. 填表（见表6-3）

表6-3　测量油墨实地密度、相对反差表

| 油墨种类<br>油墨参数 | C | M | Y | K |
| --- | --- | --- | --- | --- |
| 实地密度 | | | | |
| 相对反差 | | | | |

（1）网点扩大及标准

张老师: ① 网点扩大。是指印版上50% 的网点印刷后增大的面积。由于印刷是在印版与压印滚筒的作用下，使油墨转移到承印材料上的，因此，网点受到压力的作用，会产生变形与扩大。如果压力太大或油墨太厚都会引起网点扩大严重，直接影响图像的色彩与阶调，从而导致印品不合要求。

② 网点扩大标准。我国对不同类型的印刷品制定了印刷网点扩大标准（50% 网点处），表6-4所示为中国胶印网点扩大标准。

表6-4　印刷品网点增大质量标准

| 色别 | 精细印刷品网点增大率 /% | 一般印刷品网点增大率 /% |
| --- | --- | --- |
| 黄（Y） | 8 ~ 20 | 10 ~ 25 |
| 品红（M） | 8 ~ 20 | 10 ~ 25 |
| 青（C） | 8 ~ 20 | 10 ~ 25 |
| 黑（K） | 8 ~ 25 | 10 ~ 25 |

小　明: 也就是说在实际印刷生产时，网点扩大值要控制在表中所列的数据范围内。

张老师: 是的，网点扩大不可避免，但扩大偏向小值要好些。

（2）叠印率及标准

① 叠印率。指后印色墨转移到先印色墨上的能力，其计算公式如下：

$$叠印率（\%）= \frac{D_{1+2}-D_1}{D_2} \times 100\%$$

式中，$D_{1+2}$ = 叠印密度，$D_1$ = 先印密度，$D_2$ = 后印密度。

测量密度时，选择后印色墨的补色滤色片，如图6-16所示，选绿色滤色片。

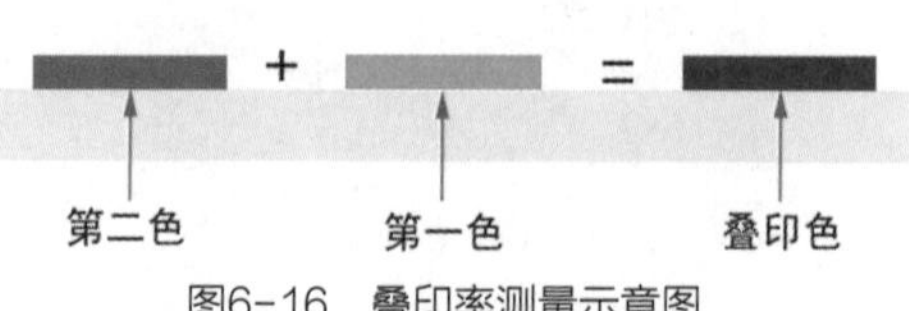


图6-16　叠印率测量示意图

小　明：叠印率多少为好呢？

张老师：② 叠印率标准。叠印率100%是最理想的，但不现实，一般来说叠印率在70%~99%之间，目前还没有一个标准数据，一般来说，叠印率越大，印刷效果越好。现在的密度计都可以直接测出叠印率，只要你选择了测量油墨叠印率功能，按照提示顺序对相应的色块进行测量，就可直接得到叠印率。

（3）灰平衡及标准

① 灰平衡。是指黄、品红、青叠印出灰色时的网点比例关系，是评价印品是否偏色的一个重要指标。对于四色叠印产品来说，灰平衡十分重要，控制不当，将直接导致图像整体偏色。要判断一张彩色图片是否整体偏色是不容易的，但在印刷时拼上一个灰梯尺就可帮助我们方便地判断其整体是否偏色。如图6-17所示，通过下面的灰梯尺可轻松地、准确地判断出右边图片整体偏青了。

图6-17　灰平衡

② 灰平衡标准。对于灰平衡的控制ISO12647-2：2004给出的胶印灰平衡标准值如表6-5所示。

表6-5　灰平衡参考值（ISO 12647-2：2004）

| 阶调划分 | C | M | Y |
|---|---|---|---|
| 1/4 阶调（25%） | 25% | 19% | 19% |
| 1/2 阶调（50%） | 50% | 40% | 40% |
| 3/4 阶调（75%） | 75% | 64% | 64% |

小　明：也就是说在印前分色时，要参考此数据进行分色定标，以便印刷时获得灰色平衡。

张老师：是的，灰平衡必须在印前分色时进行设定，比如在阶调为50%处，C、M和Y的网点分别为50%、40%、40% 时才能叠印出灰色。

前面所述的实地密度、相对反差、网点扩大、叠印率及灰平衡五个参数指标，是针对密度计而定的，随着光电技术、数字图像处理技术和色彩管理技术的融合与发展，色度计、分光光度计的测量得到越来越多的应用，基于此类测试仪器又推出了新的颜色质量指标——色度标准与色差标准。

（4）色度值及标准

① 色度值。是基于CIE1976$L^*a^*b^*$均匀颜色空间的颜色数据，通过“情境2-颜色有何属性？如何表示？”内容的学习，我们知道该空间中的$L^*$表示明度指数，$a^*$ 和$b^*$表示色度指数。

② 色度标准。表6-6和表6-7是ISO/FDIS15339-2所列的横跨印刷类别的标准色度数据（即适合数字印刷、胶印、凹印、柔印等一切印刷方式，此数据是使用符合ISO13655的白衬底，M1测量环境下测得的数据），表6-8是材料类型与用途。

表6-6　特性化参考印刷状态：基础色目标值（参考）

| CRPC | 承印物 | | | 印刷实地 | | | | | | | | | | | |
|---|---|---|---|---|---|---|---|---|---|---|---|---|---|---|---|
| | | | | 青色 | | | 品红 | | | 黄色 | | | 黑色 | | |
| | L* | a* | b* | L* | a* | b* | L* | a* | b* | L* | a* | b* | L* | a* | b* |
| 1 | 85 | 1 | 5 | 59 | -24 | -26 | 56 | 48 | 0 | 80 | -2 | 60 | 37 | 1 | 4 |
| 2 | 87 | 0 | 3 | 57 | -28 | -34 | 52 | 58 | -2 | 82 | -2 | 72 | 30 | 1 | 2 |
| 3 | 96 | 1 | -4 | 60 | -26 | -44 | 56 | 61 | -2 | 89 | -3 | 76 | 32 | 1 | 1 |
| 4 | 89 | 0 | 3 | 55 | -36 | -38 | 47 | 66 | -3 | 83 | -3 | 83 | 23 | 1 | 2 |
| 5 | 92 | 0 | 0 | 57 | -37 | -44 | 48 | 71 | -4 | 87 | -4 | 88 | 19 | 0 | 1 |
| 6 | 95 | 1 | -4 | 56 | -37 | -50 | 48 | 75 | -4 | 89 | -4 | 93 | 16 | 0 | 0 |
| 7 | 97 | 1 | -4 | 54 | -42 | -54 | 47 | 79 | -10 | 90 | -4 | 103 | 14 | 0 | 0 |

色度与密度的区别：
密度描述的是印刷油墨墨层的厚薄，而色度是按照人眼对颜色的感受性来描述颜色的，比密度值更直观，更准确。

表6-7　特性化参考印刷状态：二次叠印色目标（参考）

| GRPC | 红色 | | | 绿色 | | | 蓝色 | | |
|---|---|---|---|---|---|---|---|---|---|
| | L* | a* | b* | L* | a* | b* | L* | a* | b* |
| 1 | 54 | 44 | 25 | 55 | -35 | 17 | 42 | 7 | -22 |
| 2 | 51 | 55 | 32 | 51 | -44 | 19 | 36 | 9 | -32 |
| 3 | 54 | 56 | 28 | 54 | -43 | 15 | 38 | 10 | -31 |
| 4 | 46 | 62 | 39 | 49 | -54 | 24 | 28 | 14 | -39 |
| 5 | 48 | 65 | 45 | 51 | -62 | 26 | 27 | 17 | -44 |
| 6 | 47 | 68 | 48 | 50 | -66 | 26 | 25 | 20 | -46 |
| 7 | 47 | 75 | 54 | 50 | -72 | 29 | 20 | 26 | -53 |

表6-8　特性化参考印刷状态，常规用途

| CRPC | 名称 | 常规用途 |
|---|---|---|
| 1 | 常规冷固新闻纸 | 较小印刷色域（新闻纸印刷） |
| 2 | 常规热固新闻纸 | 在改善后的新闻纸类型纸张上有适当色域 |
| 3 | 常规优质非涂布纸 | 哑光非涂布纸上的印刷效果 |
| 4 | 常规超级压光纸 | 在超级压光纸张上的一般印刷效果 |
| 5 | 常规出版涂布纸 | 常规出版印刷 |

续表

| CRPC | 名称 | 常规用途 |
|---|---|---|
| 6 | 常规优质涂布纸 | 较大色域印刷（通常为商业印刷） |
| 7 | 常规广色域 | 广色域印刷工艺 |

用分光光度计或密度计来测量印刷实地色块处的色度值，对颜色进行规范和评价是国际上一种通用的做法。过去我国一直用密度来表征色彩，通过用密度计进行测控墨层的厚薄，来描述图片色彩再现的情况。在珠三角及以外单为主的印刷公司基本上都采用色度和色差值来测控印刷品颜色质量。随着中国与国际接轨的不断深入，国内印刷企业使用色度与色差值对印刷颜色质量进行测控和评价是大势所趋。新的中国国家标准中已对新闻纸印刷品的色度标准值进行了规范，如表6-9所列数据。

表6-9　新闻纸或打样承印物上油墨的CIE Lab中的$L^*$、$a^*$、$b^*$目标值

| | $L^*$ | $a^*$ | $b^*$ |
|---|---|---|---|
| 青 | 57 | -23 | -27 |
| 品红 | 53 | 48 | 0 |
| 黄 | 79 | -5 | 60 |
| 黑 | 40 | 1 | 4 |
| 青＋黄（绿） | 53 | -34 | 18 |
| 青＋品红（蓝） | 41 | 7 | -22 |
| 品红＋黄（红） | 52 | 41 | 25 |

（5）色差值及标准

① 色差。在实际印刷生产中，印出的产品不可能和原稿（打样稿）完全相同，同一件印品成千上万，每张印品的颜色也不可能完全相同，总会存在一定的差距，这个差距就称为色差，用$\Delta E_{a^*b^*}$表示，是基于CIE1976$L^*a^*b^*$均匀颜色空间两点间的距离，其计算公式如下：

$$\Delta E_{a^*b^*}=\sqrt{(\Delta l^*)^2+(\Delta a^*)^2+(\Delta b^*)^2}$$

$$\Delta l^*=l样^*-l标^*$$

$$\Delta a^*=a样^*-a标^*$$

$$\Delta b^*=b样^*-b标^*$$

现在的密度计和分光光度计都可直接测量出两颜色间的色差，只需选定颜色功能，按提示顺序测量即可。

② 色差标准。两个色样间的颜色差异，要根据比较对象确定，不同的客户有不同的要求，比如专色印刷，一般要求印样与原稿的$\Delta E_{a^*b^*}\leqslant$ 3.0NBS，要求较高的专色印刷产品甚至要求$\Delta E_{a^*b^*}\leqslant$ 1.5NBS。表6-10是ISO12647-2色差标准数据。

表6-10 四色实地的CIELAB ΔEab容差

| 基础色 | 容许偏差 | | 波动偏差 | | |
|---|---|---|---|---|---|
| | OK 样张 | | 印刷样张 | | |
| | $\Delta E_{ab}$ | $\Delta E_{00}$ | $\Delta E_{ab}$ | $\Delta E_{00}$ | $\Delta H$ |
| 黑色 | 5 | 5 | 4 | 4 | — |
| 青色 | 5 | 3.5 | 4 | 2.8 | 3 |
| 品红 | 5 | 3.5 | 4 | 2.8 | 3 |
| 黄色 | 5 | 3.5 | 4 | 3.5 | 3 |

注：DE2000 下的容差值仅做参考

不同国家对同一产品不同印张的颜色误差也有规定的范围，如我国国家标准对彩色装潢印刷品同批同色色差规定的数据如表6-11所示。

表6-11 中国国家色差标准

| 指标名称 | 单位 | 符号 | 指标值 | |
|---|---|---|---|---|
| | | | 精细产品 | 一般产品 |
| 同批同色色差 | NBS | $\Delta E_{a^*b^*}$ | ≤ 4.00 ~ 5.00 | ≤ 5.00 ~ 6.00 |

与同批同色色差相近的颜色质量指标还有颜色公差。

③ 颜色公差。是指客户所能接受的印刷品与原稿或打样样张之间的色差。根据美国、日本及我国某些印刷厂的经验，对于一般印刷品而言，颜色公差$\Delta E_{a^*b^*}$≤ 6.00NBS，精细印刷品的颜色公差$\Delta E_{a^*b^*}$≤ 4.00NBS。

小　明：欧美国家的色度值与色差值有哪些标准？能否介绍？

张老师：表6-12至表6-16是欧美代表性的色度与色差数据，可以仔细对比看一看。

表6-12 美国卷筒纸胶印规范（SWOP）与欧洲色标（Euroscale）对照表

| | | $L^*$ | $a^*$ | $b^*$ | $hab$ | $\Delta E_{a^*b^*}$ |
|---|---|---|---|---|---|---|
| 黄 | SWOP | 86.8 | -12.4 | 73.9 | 99.5 度 | 3.4 |
| | Euroscale | 86.1 | -10.1 | 71.6 | 98.0 度 | |
| 品红 | SWOP | 53.4 | 60.5 | -1.8 | 358.3 度 | 2.4 |
| | Euroscale | 53.5 | 58.4 | -0.8 | 359.2 度 | |
| 青 | SWOP | 61.3 | -27.0 | -34.1 | 231.6 度 | 6.9 |
| | Euroscale | 58.9 | -20.9 | -36.5 | 240.2 度 | |

注：测量条件：MacbethColor EYE 分光光度计，反射，2 度视场，D65 光源。

表6-13 日本印刷颜色标准（Japan color）

| | $Y$ | $x$ | $y$ | $L^*$ | $a^*$ | $b^*$ | $\Delta E_{a^*b^*}$（最小值和最大值） | |
|---|---|---|---|---|---|---|---|---|
| 黄 | 70.0 | 0.445 | 0.510 | 87.0 | -12.4 | 100.6 | 0.33 | 3.00 |
| 品红 | 12.7 | 0.508 | 0.241 | 42.3 | 76.4 | 1.4 | 0.51 | 2.63 |
| 青 | 18.0 | 0.144 | 0.196 | 49.4 | -22.9 | -51.6 | 0.27 | 1.89 |
| 黑 | 1.6 | 0.311 | 0.322 | 13.1 | 0.7 | -0.9 | 0.17 | 2.55 |

注：1. 此表为日本颜色 SF—90 的主要数据。其中：SF 是“单张给纸”，90 表示 1990 年制订。
　　2. 测量条件：Minolta CM 1000 分光光度计。

表6-14　欧洲单张纸印刷颜色标准（2度视场，D65光源）

| | $L^*$ | $a^*$ | $b^*$ | $hab$ | $\Delta E_{a^*b^*}$ |
|---|---|---|---|---|---|
| Y | 89.62 | -9.91 | 102.88 | 95.5 度 | 3.8 |
| M | 49.30 | 74.80 | -7.28 | 354.4 度 | 4.8 |
| C | 57.70 | -26.17 | -44.29 | 239.4 度 | 3.2 |

表6-15　欧洲报纸卷筒纸胶印颜色标准（2度视场，D65光源）

| | $L^*$ | $a^*$ | $b^*$ | $hab$ | $\Delta E_{a^*b^*}$ |
|---|---|---|---|---|---|
| Y | 90.48 | -9.27 | 92.02 | 95.8 度 | 3.8 |
| M | 47.17 | 69.84 | -1.66 | 358.6 度 | 4.8 |
| C | 57.70 | -26.17 | -44.29 | 239.4 度 | 3.2 |

表6-16　欧洲热固卷筒纸胶印颜色标准（2度视场，D65光源）

| | $L^*$ | $a^*$ | $b^*$ | $hab$ | $\Delta E_{a^*b^*}$ |
|---|---|---|---|---|---|
| Y | 89.62 | -9.91 | 102.88 | 95.5 度 | 3.8 |
| M | 49.30 | 74.80 | -7.28 | 354.4 度 | 4.8 |
| C | 57.70 | -26.17 | -44.29 | 239.4 度 | 3.2 |

从上述各表可以看出：色度值与色差值都是针对C、M、Y三原色实地印刷色块进行测量和计算的，个别加上了黑色实地色块。

## 项目训练二：测量印刷品的色度值与色差值

一、训练目的：学会使用分光光度计测量油墨的实地色度值与同批同色色差值，加深对中国国家标准色度值与色差值的认识。

二、训练过程

1. 测量仪器的校准

（1）预热　提前打开仪器预热，使仪器达到稳定状态。

（2）校白　测量与仪器配套的标准白板，使仪器的输出值与标准值一致。

2. 测量油墨实地色度值与同批同色色差（测图6-18下方测控条实地色块）

（1）测量实地色度值（X-Rite530）

① 选取测量功能 - 颜色。

② 选颜色空间$L^*a^*b^*$。

③ 进入样品模式。

④ 分次测CMY实地。

⑤ 记录对应$Lab$数据。

（2）测量原稿与印样色差（X-Rite939）

① 选取测量功能 - 比较。

② 测量原稿实地色度。

③ 测印样实地。

④ 自动得出色差。

⑤ 记录数据。

（a）　（b）　（c）

图6-18　测量色度值与色差值
（a）原稿（b）印刷样1（c）印刷样2

3. 填表（见表6-17）

表6-17　原稿、印样色度值与色差值

| 图片名称 | 色块 | CIE 1976 Lab 均匀颜色空间的色度值与色差值 | | | |
|---|---|---|---|---|---|
| | | $L^*$ | $a^*$ | $b^*$ | $\Delta E_{a^*b^*}$ |
| 原稿 | C | | | | 标准 |
| | M | | | | 标准 |
| | Y | | | | 标准 |
| 色样 A | C | | | | |
| | M | | | | |
| | Y | | | | |
| 色样 B | C | | | | |
| | M | | | | |
| | Y | | | | |

注：色差值是以原稿为标准稿，色样与其相比所得值

4. 反思与提高

目前采用主观与客观评价相结合的方法：即以技术为依据，以测量为基础，以客户和专家认可为准。因为如果完全采用客观评价，1% ~ 2% 的网点，仪器测量的误差较大，但借助放大镜查看控制条的细微控制部分则一目了然。此外印刷品的整体阶调再现及墨色的均匀性，整体观察比局部测量更准确、清晰、方便和有效。

小　明: 通过前面三个任务的学习，我对印刷品颜色质量评价的条件、方法、内容与标准有了清晰的认识，但对具体的评价，还是感到心里没底，能否通过真实的案例示范来指引我去实践体验，有利于我真正地掌握评价的技能呢?

张老师: 你的建议很好，下面的任务4将通过4个评价案例的实境视频，引导你去实践评价，只要认真观看，照着视频去实践体验，相信很快你就能掌握印刷品颜色质量评价的要点与技能。

学习任务 4

# 印品测评

## 案例1：密度与相对反差的测评

实地密度和相对反差的测量与评价，是通过测量类似于图6-19下端的布鲁纳尔测控条（或IDEAlliance ISO12647或Fogra-MediaWedgeV3.0等色条）中相关色块的实地密度值和相对反差值，并与标准实地密度和相对反差数据进行对比分析评价的（注：测控条与滚筒轴向平行排列）。具体的测评操作请扫码观看微课视频。

第84讲

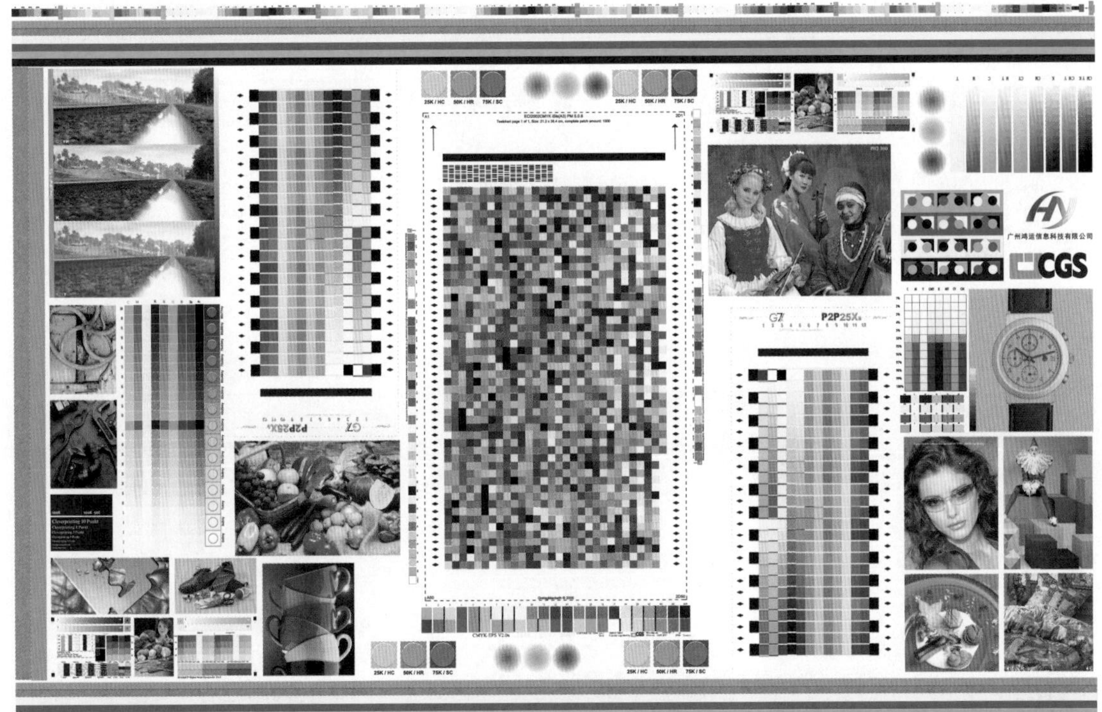

图6-19　标准测评图

## 案例2：网点扩大测评

网点扩大的测量与评价，是通过测量类似于图6-19下端的布鲁纳尔测控条（或IDEAlliance ISO12647或Fogra- MediaWedge V3.0等色条）中相关色块的网点值，并与标准网点扩大值进行对比分析评价的，具体的测评操作请扫码观看微课视频。

第85讲

## 案例3：色度值测评

色度值的测量与评价，是通过测量类似于图6-19下端的布鲁纳尔测控条（或IDEAlliance ISO12647或Fogra-Media Wedge V3.0等色条）中的黄、品红、青、黑、红、绿、蓝实地色块的色度值，并与标准色度值进行对比分析评价的，具体的测评操作请扫码观看微课视频。

第86讲

## 案例4：色差值评价

同批同色色差值的测量与评价，是通过测量类似于图6-19下端的布鲁纳尔测控条（注：不同印张同一位置处）中的相应色块，并与标准色差值进行对比分析评价的，具体的测评操作请扫码观看微课视频。

第87讲

## 学习评价

### 自我评价

是否清楚印刷品颜色质量评价的内容、标准与方法？　　是□　否□

能否分别用密度计或分光光度计测量实地密度与色差？　能□　否□

### 小组评价

1. 是否积极主动地与同组成员沟通与协作，共同完成学习任务？

评价情况：

2. 完成本学习任务后能否熟练地列出评价印刷品颜色质量的条件与标准？并能主观评价和客观评价印刷品的颜色质量？

评价情况：

## 学习拓展

在网络上查找不同国家评价印刷品颜色质量的指标，查找中国举办印刷品质量评比活动的相关信息。

## 训 练 区

### 一、知识训练

（一）选择题（可以是一个，也可以是多个答案）

1. 在评价反射印刷品颜色质量时，照明条件应选用（　　）。
（A）标准光源 D65 （B）标准光源 D50 （C）日光灯 （D）LED 灯

2. 在评价印刷品颜色质量时，环境条件应满足孟塞尔明度值（　　）。
（A）N6/ ~ N8/ （B）N7/ ~ N9/ （C）N4/ ~ N5 （D）N5/ ~ N6

3. 在评价印刷品颜色质量时，背景条件应满足孟塞尔明度值（　　）。
（A）N4/ ~ N5/ （B）N5/ ~ N7/ （C）N3/ ~ N5/ （D）N8/ ~ N9/

4. 在对印刷品颜色质量进行主观评价时，应遵循（　　）原则。
（A）忠实性与真实性 （B）感觉相同即可 （C）完全相同 （D）以专家意见为准

5. 在一定厚度下，油墨层越厚，其密度（　　）。
（A）越小 （B）越大 （C）恒定 （D）不好说

6. 客观评价印刷品颜色质量时，要借助（　　）才能进行评价。
（A）分光光度计和密度计 （B）放大镜
（C）测控条 （D）人眼

7. 中国国家标准中，精细印刷品 Y 墨的实地密度值为（　　）。
（A）0.85 ~ 1.10 （B）1.25 ~ 1.50 （C）1.30 ~ 1.55 （D）1.40 ~ 1.70

8. 中国国家标准中，一般印刷品 C 墨的实地密度值为（　　）。
（A）0.80 ~ 1.05 （B）1.15 ~ 1.40 （C）1.25 ~ 1.50 （D）1.20 ~ 1.50

9. 中国国家标准中，同批产品不同印张实地密度允许误差 M 墨为（　　）。
（A）≤ 0.2 （B）≤ 0.1 （C）≤ 0.15 （D）≤ 0.25

10. 中国国家标准中，精细印刷品黄墨的相对反差 $K$ 值应为（　　）。
（A）0.20 ~ 0.30 （B）0.30 ~ 0.40 （C）0.35 ~ 0.45 （D）0.25 ~ 0.35

（二）填空题

1. 我国国家标准规定，同批产品不同印张的实地密度允许误差：青≤________、黑≤________，黄≤________。

2. 相对反差公式 $K$= ____________________________。

3. 我国国家标准规定，一般包装印刷品同批同色色差 $\Delta E_{a^*b^*} \leqslant$_________ NBS，精细印刷品同批同色色差 $\Delta E_{a^*b^*} \leqslant$_________ NBS。

4. 颜色公差是指客户能接受的_________与_________或打样_________之间的色差。一般印刷品颜色公差 $\Delta E_{a^*b^*} \leqslant$_________，精细印品颜色公差 $\Delta E_{a^*b^*} \leqslant$_________。

（三）判断题

1. 对印刷品颜色质量进行评价时，只需使用仪器测量就行了。（　　）
2. 对印刷品颜色质量进行评价应采取主观评价与客观评价相结合的方法（　　）。
3. 对印刷品颜色质量评价时，环境与背景不重要，重要的是照明光源（　　）。
4. 密度描述的是油墨墨层的厚薄，而色度是描述人眼对颜色的感受（　　）。
5. 油墨颜色越深时，其反射率越小（　　）。
6. 主观评价标准的忠实性相对于原稿而言，真实性针对人对物体的记忆色而言（　　）。

（四）名词

1. 色差；2. 油墨密度；3. 颜色的主观评价法；4. 颜料的客观评价法。

## 二、职业能力训练

测量图 6-20 原稿与印样的实地密度、相对反差、色度值与色差值，将所测各值填写在表 6-18 中的对应栏目内，并对颜色质量进行评价。

表6-18 能力训练测量表

| 图片名称 | 色块 | 实地密度 | 相对反差 | $L^*$ | $a^*$ | $b^*$ | $\Delta E_{a^*b^*}$ |
|---|---|---|---|---|---|---|---|
| 原稿 | C | | | | | | C 色差 |
| | M | | | | | | |
| | Y | | | | | | M 色差 |
| 色样 | C | | | | | | |
| | M | | | | | | Y 色差 |
| | Y | | | | | | |

## 三、课后活动

每个同学对“如何测量与评价印刷品颜色”内容进行归纳，并写出自己认为最重要、最难理解和最难掌握的内容。

## 四、职业活动

在小组内比一比谁收集到的印刷品颜色质量测量与评价的相关资料多，比一比谁测量实地密度、相对反差、色度值与色差值快。

(a)

(b)

图6-20 原稿与印样
(a)原稿(b)印样

## 参考文献

1. 胡成发著. 印刷色彩与色度学 [M]. 北京：印刷工业出版社，1993.

2. 色彩学编写组编著. 色彩学 [M]. 北京：科学出版社，2003.

3. 王卫东编著. 印刷色彩学 [M]. 北京：印刷工业出版社，2001.

4. 吴欣主编. 文字图像处理技术 [M]. 北京：中国轻工业出版社，2003.

5. 吴欣编著. 最新实用印刷色彩 [M]. 北京：中国轻工业出版社，2006.

6. 顾桓编著. 彩色数字印前技术 [M]. 北京：印刷工业出版社，2004.

7. 邬国民编著. 印前图像处理高级指导 [M]. 北京：清华大学出版社，1999.

8. 全国印刷标准化技术委员会印刷工业出版社编. 常用印刷标准解读 [M]. 北京，2005.

9. 刘武辉. 印刷色彩管理 [M]. 化学工业出版社，2011.

10. 朱元宏，贺文琼等编著. 印刷色彩 [M]. 北京：中国轻工业出版社，2013.

11. 吴欣等编著. 印刷色彩与色彩管理 [M]. 北京：中国轻工业出版社，2014.